Martin Korte

# Jung im Kopf

Martin Korte
in Zusammenarbeit mit Gaby Miketta

# Jung im Kopf

## Erstaunliche Einsichten der Gehirnforschung in das Älterwerden

Deutsche Verlags-Anstalt

Für Maria, wem sonst als Dir!

# Inhalt


Einleitung ..................................... 7

1 Das bewegte Gehirn der 50plus-Generation ....... 19

2 Das Alter als Entwicklungsstufe .................. 38

3 Neuronales Denkstübchen:
Wie unser Gehirn alle seine Aufgaben meistert .... 57

4 Gedächtnis ohne Ruhestand:
Wie Erinnerungen Lebensgeschichte schreiben .... 98

5 Fröhliche Senioren?
Wie das Altern unser Gefühlsleben verändert ..... 150

6 Weise Greise:
Ältere Gehirne sind clevere Gehirne .............. 180

7 Kahlschlag im Gehirn:
Erkrankungen des alternden Gehirns ............. 204

8 Frischekur fürs Gehirn............................. 247

9 Rezepte für eine alternde Gesellschaft –
ein Plädoyer ........................................ 306

Literaturhinweise und Adressen .................... 323

# Einleitung

*»Alt werden ist immer noch die einzige Möglichkeit, lange zu leben.«*

Hugo von Hofmannsthal

Eigentlich altern wir konstant, vom ersten Tag der Geburt an. Denn Altern heißt sich zu entwickeln. Wir werden größer, kräftiger, schlauer. Und so ist auch unser Gehirn nach der Geburt massiven Umbauprozessen unterworfen: Es lehrt uns laufen, sprechen, denken. In der Pubertät findet abermals ein Neuordnungsprozess im Gehirn statt, um planerisch klug handeln zu können, seine Impulsivität in den Griff zu bekommen und später all das Erlernte umsichtig anzuwenden, so dass wir imstande sind, die Herausforderungen des Lebens – privat und beruflich – zu meistern. Die enorme Fähigkeit des Gehirns, sich ein Leben lang zu verändern, finden wir nicht weiter bemerkenswert, aber nur, solange dies ohne merkliche Beeinträchtigungen vor sich geht, also bis etwa zum 50. Lebensjahr. Manch einer jammert zwar schon ab dem vierten runden Geburtstag, aber das darf man getrost für Koketterie halten. Spätestens ab dem 50. Geburtstag jedoch beklagen die meisten von uns graues oder schütteres Haar, Alterssichtigkeit, lockere Zähne, Falten, ein Bäuchlein, schlaffes Bindegewebe, schmerzende Gelenke und vor allem ein nachlassendes Gedächtnis. Eine milliardenschwere Anti-Altern-Industrie ist bemüht, die Zeichen der Zeit zu minimieren. Manchmal klappt das ganz gut, oft aber auch nicht. Das Klagen über das Älterwerden gehört zu den irrationalsten Auswüchsen unserer Jugendwahn-Gesellschaft. Sollten wir nicht froh sein, älter zu werden, nachdem wir die stürmischen Jugendjahre, den Berufseinstieg oder die Familiengründung hinter uns gelassen haben?

Noch nie in der Menschheitsgeschichte sind die Menschen so alt geworden wie heute. Nur sind wir uns dieses Glücks selten bewusst. Die Angst vor Erkrankungen steigt mit jedem Lebensjahr. Herzinfarkt, Krebs, Demenz. Insbesondere gegen Letzteres, dagegen dass unser Gehirn im Laufe des Lebens an Leistungskraft einbüßt, glauben wir wenig bis gar nichts tun zu können. Und da wir anders als an unserem Äußeren unter der Schädeldecke weder Falten noch graue Haare noch andere Alterserscheinungen sehen können, wollen wir in der Blüte und gefühlten Mitte des Lebens auch nichts vom alternden Gehirn wissen. Wer informiert sich schon über Fußpilz, wenn er glaubt, keinen zu haben?

Also verschieben wir es auf später, uns mit dem Altern des Gehirns zu beschäftigen. Bis wir 80 oder 90 sind? Vielleicht gar in der Hoffnung, dass die Vergesslichkeit uns den Schrecken vor dem Verlust unserer Geisteskraft nimmt? Und genau das ist der große Irrtum, dem wir Menschen in der westlichen Zivilisation so oft erliegen. Das Altern hat hier definitiv ein Imageproblem. Dabei gibt es aus wissenschaftlicher Sicht viel Positives und Neues über das Altern im 21. Jahrhundert zu berichten. Insbesondere folgende Nachrichten habe ich für Sie:

1. Das Gehirn gehört zu den Organen, welche im »abgeschalteten Zustand« schneller altern, also dann, wenn wir fernsehen, dösen, reine Routinen bewältigen und uns, egal in welcher Situation, passiv verhalten. Umso mehr sollten wir das Gehirn und alles, was es kann und uns ein Leben lang ermöglicht hat, schützen und seine Fitness erhalten. Leider kann uns dabei weder ein Schönheitschirurg noch ein Apotheker helfen, aber – und das ist die gute Nachricht – wir können selbst einiges dafür tun. Genau dabei will ich Ihnen helfen. Es ist nämlich gar nicht so schwer und verglichen mit einer Fettabsaugung oder einer kompletten Zahnsanierung auch nicht teuer.

2. Das Gehirn kann Unglaubliches leisten, und das sehr lange – viel länger als die meisten Gelenke in unserem Körper, die früher Verschleißerscheinungen zeigen als unser Gehirn. Man muss nur

wissen und verstehen, was die 100 Milliarden Neuronen und die vielen Hilfszellen des alternden Gehirns brauchen, um weiterhin gut zu funktionieren, und was Sie selbst dazu beitragen können, und zwar unabhängig davon, ob Sie 50, 60 oder 75 Jahre alt sind. Wenn Sie die Gründe dafür kennen, warum Sie immer häufiger im Gedächtnis nach dem Namen Ihres Gegenübers kramen, schwindet die Angst davor. Und Sie werden sehen, wenn Ihr Gehirn weiterhin flexibel, intelligent und fit die Anforderungen des Alltags bewältigt, macht Sie das weitaus glücklicher als ein straffer Bauch. Vergeuden Sie keinen Tag, und freuen Sie sich mit jedem Lebensjahr mehr über dieses weise und durch viel Lebenserfahrung gestählte Universum in Ihrem Kopf.

3. Sich geistig fit zu halten ist deshalb noch kein sprudelnder Jungbrunnen für den ganzen Menschen, doch profitieren zwei zentrale Organe unseres Körpers davon: Denn was dem Gehirn nützt, kommt auch dem Herzen zugute und umgekehrt. Das Herz versorgt alle anderen Organe des Körpers mit Blut, vor allem aber das Gehirn, das trotz seines marginalen Gewichts 20 % des Blutsauerstoffs verbraucht.

An dieser Stelle seien zunächst einige positive Beispiele für ein gelungenes, ja außergewöhnliches Altern genannt, denn kein rationales Argument beeindruckt uns so sehr wie ein gutes Vorbild. Kennen Sie Isa Ardey? Sie ist eine bemerkenswerte Frau. Im dritten Anlauf erreichte sie 2011 im Alter von 98 Jahren ihr Ziel: einen Doktortitel in Germanistik. Oder denken Sie nur an Charles Eugster! 2011 wurde er 91 Jahre alt und hat seit zehn Jahren in jeder Altersklasse-Weltmeisterschaft der Ruderer eine Goldmedaille gewonnen. Er hält außerdem weitere Weltmeister-Titel in verschiedenen Disziplinen. Zudem ist der Senioren-Sportstar Gastredner bei großen internationalen Fitness-Tagungen. Er selbst ist überzeugt, ein Vorbote einer Zeit zu sein, in der Leistungssport auch jenseits des 70. Lebensjahres ganz normal sein könnte. Und auch der ehemalige deutsche Bundeskanzler Helmut Schmidt, 1918 geboren, begeistert trotz seines hohen Alters noch mit seinen Büchern, Einsichten und Erkenntnissen. Obwohl seit einiger Zeit an den Rollstuhl gebunden, hindert ihn dies nicht daran, rhetorisch gestochen scharf die aktuelle politische Lage zu analysieren und mit viel jüngeren Gesprächspartnern hart ins Gericht zu gehen.

Stecken wir in einem zu starren Korsett der Lebensabschnitte, wenn wir Menschen als alt bezeichnen? Was heißt überhaupt »alt«? Meinen wir damit eine biographische, biologische, gar medizinische oder emotionale Kategorie? Wenn wir stereotyp aufzählen, was ältere Menschen weniger gut können als junge, vergessen wir die lange Liste der Dinge, die sie immer noch gut oder sogar besser können. Wer hat schon so viel Wissen angesammelt oder kann so gut und präzise Geschichten erzählen, hat einen so großen Wortschatz oder eine hohe emotionale Intelligenz wie ältere Menschen? Die obigen drei Lebensbeispiele sollten dies deutlich machen. Zu viele Mythen ranken sich um das Älterwerden, wobei viele der vermeintlichen Fakten längst von der Wissenschaft widerlegt wurden.

Ein Ziel des Buches ist es, die vielen Gesichter des kognitiven Alterns sichtbar werden zu lassen, denn nur so können wir die Chancen, die das Altern bietet, individuell und gesellschaftlich nutzen. Und wenn Sie sich »alt fühlen«, hinterfragen Sie doch einmal, woher dieses Gefühl kommt, sich nicht seinem Lebensabschnitt gemäß zu fühlen, denn genau das heißt: sich »alt fühlen«.

## Alterungsprozesse des Gehirns gestalten

Altern ist nicht gleich Altern, und entsprechend ist das Alter im Personalausweis nicht gleich dem kognitiven Alter: Wir altern höchst unterschiedlich. Das betrifft nicht nur ältere Menschen untereinander, sondern auch die eigenen kognitiven Fähigkeiten, von denen es einige gibt, die in keiner Weise vom Alter beeinträchtigt sind, ja sogar besser werden, und andere, deren Leistungen deutlich abfallen. Ein Grund dafür, warum Menschen kognitiv so unterschiedlich altern, ist der, dass wir einen gewichtigen Teil dieses Alterns selbst bestimmen. Und nicht nur wir als Individuen können unseren eigenen Alterungsprozess beeinflussen, auch die Gesellschaft, die Wirtschaft, der Arbeitsmarkt und die Politik müssen sich den Herausforderungen des Älterwerdens der Menschen stellen. Natürlich sind hier Mediziner und die Gesundheitspolitiker im Besonderen gefragt: Sollte das Gehirn nicht auch von Vorsorgeuntersuchungen profitieren? Es ist eine eigentümliche Entwicklung, dass wir der Prostata des Mannes und der Brust der Frau mehr Altersvorsorge angedeihen lassen als unserem Gehirn. Was nicht heißen soll, dass die Vorsorge bei anderen Organen nicht sinnvoll ist!

Auch wenn das Gehirn nicht direkt schmerzt und keine sichtbaren Alterserscheinungen zeigt, wir sollten es stärker beachten. Warum nicht mit einer Art Präventionsprogramm für kluges Altern? Das könnte für Krankenkassen höchst interessant sein, denn immerhin machen im Gesundheitswesen die Kosten der über 65-Jährigen schon jetzt mehr als 60 % aus und werden zukünftig, wenn sich die Altersstrukturen weiter verschieben, noch steigen. Genauso lohnt es sich, angesichts der demographischen Entwicklung über neue Lebensarbeitszeitmodelle, Altersgrenzenregelungen und flexiblere Arbeitszeitstrukturen nachzudenken, die es einem erlauben, auch jenseits der 65 noch zu arbeiten. Denn auf die Expertise älterer Menschen zu verzichten kann sich eine Gesellschaft eigentlich nicht leisten.

### Fakten, Mythen und Erwartungen

Gerade vor dem Hintergrund negativer Altersmythen sei eine erste kontraintuitive Schlussfolgerung über das Altern vorgestellt: Das Alter ist, historisch gesehen, jung, sehr jung sogar – und seine Bedeutung liegt eher in der Zukunft als in der Vergangenheit. Es ist genau genommen eine Errungenschaft des 20. Jahrhunderts, dass die Menschen alt werden, während viele unserer Vorstellungen (und Mythen) des Alterns noch aus vorherigen Jahrhunderten stammen. Zwar gab es schon immer einzelne Menschen, die alt, manchmal sogar sehr alt wurden, aber heute wird in den westlichen Industrienationen mehr als die Hälfte der Bevölkerung 70 Jahre alt oder älter. Zu verdanken ist dies nicht zuletzt der medizinischen Grundlagenforschung. Ergänzend muss man sich folgende Zahlen vor Augen führen: In den 5000 Jahren vor dem Stichtag 01.01.1900 hat sich allen Berechnungen nach die Lebenserwartung der Gattung Mensch um ganze 27 Jahre verlängert – ziemlich genau die Zahl, um die sich allein von 1900 bis 2000, also in nur 100 Jahren, die Lebenserwartung nochmals um 27 Jahre verlängert hat. Von allen Menschen, die auf diesem Planeten jemals über 65 Jahre alt geworden sind, leben 50 % heute – 500 Millionen sind es zur Zeit! Noch im Jahre 1900 wurden nur 19 % der Menschen in Deutschland über 65 Jahre alt, heute sind es 75 %! Im Jahre 2030 werden die Menschen über 65 zum ersten Mal in der Menschheitsgeschichte zahlreicher sein als die Kinder unter fünf Jahren. Wer 2005 in Europa geboren wurde, hat eine reelle Chance, (im Altersdurchschnitt!) 100 Jahre alt zu werden. Und seit 100 Jahren werden wir jeden Tag sechs Stunden älter.

»Seit das Phänomen der Langlebigkeit untersucht wird, gab es immer wieder Versuche, eine maximale, biologisch unüberwindbare Grenze der Lebenserwartung zu definieren. Gemeinsam ist solchen Obergrenzen ihre eigene begrenzte Lebensdauer«, schreibt der Altersforscher James Vaupel vom Max-Planck-Institut in Rostock. Das geht so weit, dass einige Schätzer nicht einmal merkten, dass ihre Angaben schon zum Zeitpunkt der Veröffentlichung »ver-altet« waren: So setzten die Vereinten Nationen 1979 die Obergrenze der maximal erreichbaren Lebenserwartung auf 80 Jahre fest, eine Altersgrenze, die Isländerinnen bereits drei Jahre zuvor überschritten hatten.

Heute ist es nicht einmal klar, ob es überhaupt eine biologisch festgelegte »Höchstlaufzeit« des menschlichen Lebens gibt. Aber es geht ja auch nicht darum, Rekorde aufzustellen, was das Lebensalter anbelangt, sondern um die Qualität des Lebens und

Erlebens im Alter. Die Fragen, die uns umtreiben, sind weniger die, wie alt man im Extremfall im künstlichen Koma werden kann, sondern wie lange man noch in der Lage ist, zu reisen, mit den Enkeln/Urenkeln zu spielen, seinen Hobbys nachzugehen und der Familie oder der Gesellschaft nützlich zu sein.

In der Tat können wir heute den Alterungsprozess des Gehirns auf eine Art und Weise gestalten, wie man sie vor wenigen Jahren noch nicht für möglich gehalten hätte. Wie wir inzwischen wissen, wirken sich nämlich schon unsere eigene Erwartungshaltung ebenso wie gesellschaftliche Erwartungen an das kognitive Altern auf unsere geistige Leistungsfähigkeit aus.

Testen Sie jetzt bitte selbst Ihre Einstellung zum Alter in einem kleinen Experiment: Stimmen Sie unten stehenden Aussagen aufgrund Ihrer Vermutung zu – oder nicht?

| | **Ja** | **Nein** |
|---|---|---|
| Mindestens 10% der alten Menschen leben in Institutionen. | | |
| Das Vorkommen von ernsten geistigen/seelischen Erkrankungen (wie Depressionen) nimmt mit dem Alter zu. | | |
| Die Mehrzahl alter Menschen hat kein Interesse an Sexualität. | | |
| Psychotherapien haben wenig Erfolg bei alten Menschen. | | |
| Die Mehrheit älterer Menschen fühlt sich elend. | | |
| Die Mehrheit der alten Menschen ist sozial isoliert und einsam. | | |
| Wenn das letzte Kind das Haus verlässt, erleben es die meisten Eltern als ernstes Problem, sich dieser Situation anzupassen. | | |

*P. Baltes, Fakten des Alter(n)s: ein Fragebogen über »Vorurteile«. Beispiele aus 36 Fragen*

Anders als Sie es wahrscheinlich aufgrund Ihres Allgemeinwissens und Ihrer Erwartungen getan haben, müssen alle (!) Fragen auf wissenschaftlicher Evidenz basierend mit »Nein« beantwortet werden! Schlimm ist hierbei nicht nur, dass wir das Alter mit Stereotypen belegen, sondern auch, dass diese Vorurteile zu einem großen Teil nicht stimmen. Noch bedenkenswerter ist, dass diese Vorstellungen vom Altern unsere eigene Leistungsfähigkeit im Alter (und auch die anderer älterer Menschen) beeinflussen: Menschen vermögen mehr zu leisten, wenn man ihnen in einem realistischen Rahmen etwas zutraut.

## Alter als eine Entwicklungsstufe des Menschen

In diesem Buch wird das Altern nicht vornehmlich als Lebensphase des Verfalls, sondern als eine eigene menschliche Entwicklungsphase aufgefasst mit all ihren Eigenheiten, Stärken und Schwächen. Es gilt hier, ebenso wie in der Pubertät, Veränderungen zur Kenntnis zu nehmen, mit ihnen umzugehen und einen Rollenwechsel für sich selbst und die Gesellschaft einzuleiten.

Altern ist eine veränderte Lebenssituation und sollte als solche erlebt werden. Das alte Paradigma des Funktionsverlustes hat ausgedient. »Alter«, betont die Berliner Essayistin Silvia Bovenschen, »ist zunehmende Zukunftslosigkeit« – oder um es in den Worten Karl Valentins zu sagen: »Die Zukunft war früher auch besser.« Die Irreversibilität der Zeit wird uns beim Älterwerden besonders bewusst. Aber viele Menschen orientieren sich im Alter auch neu und erleben diese Lebensphase, die nicht zuletzt von einer neuen Freiheit, besserer emotionaler Kontrolle und der Chance, Weisheit zu erwerben, geprägt wird, ganz bewusst.

Dieses Buch möchte vor allem Mut machen, auch im Alter noch geistige und körperliche Anstrengungen zu riskieren – es lohnt sich sogar, wenn man in diesem Lebensabschnitt erst damit anfängt! Für diese gewagte These halten die neueste wissenschaftliche Literatur und das Leben allgemein viele gute Beispiele bereit. Vor allem vor dem Hintergrund, dass viele Längsschnittstudien, die nach dem Zweiten Weltkrieg begonnen wurden, nun nach 50 bis 60 Jahren zu ersten validen Aussagen kommen, was Altern kognitiv und emotional bedeutet – eine Datenqualität, die seit der berühmten Berliner Altersstudie Anfang der 90er Jahre immer besser geworden ist und manche Überraschung parat hält.

Auch gilt es von vielen Mythen über das Altern Abschied zu nehmen: Die Midlife-Crisis gibt es nicht. Es stimmt nicht, dass Hans nicht lernen kann, was Hänschen nicht schon gelernt hat. Auch die Annahme, man könne am Alterungsprozess des Gehirns nichts ändern, ist nicht weiter haltbar. Denn mindestens bis zum 85. Lebensjahr haben wir mehr Macht über unser Altern als unsere genetische Disposition. Aber Macht bedeutet auch Verantwortung, und es zeigt sich, dass wir mit der »Altersvorsorge« so früh wie möglich beginnen sollten. Denn das Risiko, z. B. an Alzheimer zu erkranken, wird schon in mittleren Jahren entscheidend durch unseren Lebenswandel beeinflusst (siehe Kapitel 7).

**»Wenn es auch keine echte ›Belle Epoque‹ des Alters in unmittelbarer Zukunft gibt, so glaube ich doch, dass die Kultur des Alters ihren Höhepunkt noch nicht erreicht hat; dass unsere Gesellschaft ihre Kräfte noch nicht erschöpft hat, eine bessere Lebenslage für das Altwerden zu schaffen und dadurch mehr und mehr von uns »erfolgreich« altern zu lassen. (…) Auf jeden Fall dürfen wir nicht loslassen, über das Alter neugierig und innovativ zu sein, etwa dadurch, dass wir uns daran gewöhnen würden. Wie ein Philosoph, um Philosoph zu bleiben, sich an nichts gewöhnen darf, so dürfen wir uns auch nicht ans Alter gewöhnen. Es gibt da mehr und Besseres, als wir gegenwärtig sehen.«**

Paul Baltes

Sie werden beim Lesen dieses Buches vieles entdecken, was falsch ist an unseren Vorstellungen vom Altern. Sie werden darüber lesen, wie jeder seinen persönlichen Alterungsprozess, im Guten wie im Schlechten, beeinflussen kann, und auch über das, was es in diesem Zusammenhang an offenen Fragen über das Alter und das Altern gibt. Denn dieses Buch möchte nicht nur verhindern, dass wir durch die Brille der Mythen auf das Alter schauen, sondern auch Respekt vor dem Altern entfachen, eine Neubetrachtung des Alterns einleiten sowie das Interesse am Altern wecken. Interesse wird durch Fragen geweckt und nicht durch simplifizierende Antworten, und entsprechend wird das Buch auch versuchen, die Arbeitsweise des Gehirns zu beschreiben und als denkende und fühlende Wesen besser zu begreifen.

Altern sollte eine positiv besetzte Phase des Lebens sein, in der es Freude macht, unser so wichtiges und komplexes und für unser Sein so elementares Denkorgan auf sinnvolle Weise frisch zu halten. Alte Menschen als hilfsbedürftig, unselbständig und defizitär wahrzunehmen wird dann besonders bedenklich, wenn alle älteren Menschen qua Alter gleich behandelt werden, ohne Rücksicht auf ihre individuelle Situation, Kompetenzen und Handlungsmotivation.

Dies soll nicht einem übertriebenen Altersoptimismus das Wort reden, denn das wäre nicht nur wirklichkeitsverklärend, sondern würde auch Gefahren in sich bergen. Die Bilder vom Alter dürfen die Realität des biologischen Alterns nicht aus den Augen verlieren. Denn dass in bestimmten Bereichen des Denkens die Leistungsfähigkeit abnimmt, die »Biologie des Alters dem Alter Grenzen setzt« (Paul Baltes), erlaubt dem Einzelnen, einen Bewertungsmaßstab zu nutzen, der das eigene Selbstbild vor Überforderung und Schuldgefühlen schützt.

Vielleicht sollten wir, um ein negatives Schemadenken in Bezug auf das Altern zu umgehen, anfangen, unsere Lebensjahre rückwärts zu zählen – also die Jahre zählen, die wir noch zu leben haben, statt derer, die wir schon hinter uns haben. In jedem Fall sollte man versuchen, dem Alter entschlossen zu begegnen, damit der folgende Ausspruch von Otto von Bismarck nicht zutreffen möge: »Das Leben ist wie ein geschicktes Zahnausziehen. Man denkt immer, das Eigentliche sollte erst kommen, bis man plötzlich sieht, dass alles vorbei ist.«

## Was die einzelnen Kapitel bieten

Im 1. Kapitel »Das bewegte Gehirn der 50plus-Generation« erfahren Sie Grundsätzliches darüber, wie unser Gehirn lernt und vergisst und welche Alterungsprozesse man im Gehirn beobachten kann. Im 2. Kapitel sehen Sie, warum man das Altern ebenso wie das Erwachsenwerden als Entwicklungsstufe des Menschen begreifen muss. Im Zuge dieser Sichtweise sei hier der Versuch unternommen, eine lebenslange Projektion der Gehirnentwicklung zu betrachten und zu beschreiben. Im 3. Kapitel »Neuronales Denkstübchen« erkläre ich Ihnen, wie sich das Gehirn von der Kindheit über das Erwachsenenalter bis hin zum Seniorenalter verändert. Sie werden außerdem Antworten darauf bekommen, warum das Hirn asymmetrisch altert und inwiefern sich die Alterungsprozesse im Gehirn bei Männern und Frauen unterscheiden.

Im 4. Kapitel »Gedächtnis ohne Ruhestand« werden Sie verschiedene Gedächtnissysteme des Gehirns kennenlernen und wie sie sich im Laufe unseres Lebens verändern. Wie erinnern wir, und warum verändern sich die Zeitwahrnehmungen von Erinnerungen mit dem Alter? Woran merken wir, dass unser Gedächtnis schlechter wird, oder besser: anders funktioniert als noch in jungen Jahren? Hinsichtlich unseres autobiographischen Gedächtnisses wird die Frage behandelt, welche Lebensphase man am besten erinnert. Außerdem wird das Nadelöhr unseres Gedächtnisses, das Arbeitsgedächtnis, vorgestellt.

Im 5. Kapitel »Fröhliche Senioren?« geht es darum, wie sich Charakterzüge, emotionale Befindlichkeiten und unsere soziale Kompetenz im Alter verändern. Warum weinen wir schneller als in der Pubertät? Warum berühren uns Schicksale stärker? Wie gehen ältere Menschen – Männer und Frauen – mit Stress um? Insgesamt kann hier vor allem über die bemerkenswerte psychologische Widerstandsfähigkeit älterer Menschen berichtet werden. Im 6. Kapitel »Weise Greise« wenden wir uns der Frage zu, was Weisheit ist und warum man alt sein muss, um diese hochgeschätzte menschliche Tugend zu besitzen. Es wird hier weiterhin gezeigt, dass die kognitiven Fähigkeiten unterschiedlich schwinden – so nimmt der Wortschatz mit dem Alter nicht ab, die Fähigkeit, Geschichten zu erzählen, nimmt sogar zu, während das Arbeitsgedächtnis nachlässt. Im 7. Kapitel »Kahlschlag im Gehirn« gehe ich auf die häufigsten Erkrankungen des alternden Gehirns ein, ihre Ursachen, hirnphysiologische Grundlagen und Therapiemöglichkeiten. Im Mittelpunkt stehen Alzheimer-Demenz, Parkinson-Erkrankung und Schlaganfälle. Außerdem wird in diesem Kapitel eine klare Unterscheidung getroffen, was normale Alterungsprozesse sind und wann man von einer Erkrankung sprechen muss. Im 8. Kapitel »Frischekur fürs Gehirn« sind konkrete Maßnahmen dargestellt, wie jeder selbst das kognitive Altern beeinflussen kann. Die goldenen Regeln gegen die Alterungsuhr des Gehirns sollen Ihnen Anregung sein, Ihrem Gehirn eine ähnlich gute Pflege angedeihen zu lassen wie Ihrer Haut. Im 9. Kapitel »Rezepte für eine alternde Gesellschaft – ein Plädoyer« will ich Entscheidungsträgern Fakten an die Hand geben, was sich ändern muss, damit wir alten Menschen eine Chance geben, ihr Potenzial – für sich und (!) für die Gesellschaft – zu nutzen. Das Kapitel ist als Denkanstoß gedacht, ein Plädoyer für eine neue Sichtweise des kognitiven Alterns, welche für jedes alternde Individuum, aber auch gesellschaftlich und institutionell bedeutsam ist.

Aber nicht allein die Wissenschaft erkundet, was im Alter möglich ist. Dies geschieht vor allem durch ältere Menschen selbst, die mit neuen, innovativen Ansätzen und Handlungen ihre Leistungsgrenzen austesten.

KAPITEL 1

# Das bewegte Gehirn der 50plus-Generation

**Das Alter**

*Das Alter ist ein höflich' Mann:*
*Einmal über's andre klopft er an;*
*Aber nun sagt niemand: »Herein!«*
*Und vor der Türe will er nicht sein.*
*Da klinkt er auf, tritt ein so schnell,*
*Und nun heißt's, er sei ein grober Gesell.*

Johann Wolfgang von Goethe

## Das Janusgesicht des Alters

Altern ist oft ein Synonym für Verfall, Abstieg, Vergesslichkeit, Starrköpfigkeit. Gleichzeitig werden alte Menschen als umsichtig, weise und mit einem großen Wissensschatz gesegnet gepriesen. Kulturen unterscheiden sich in ihrem Ansehen für ältere Menschen ebenso, wie einzelne Menschen das Altern unterschiedlich für sich und bei anderen beurteilen. Und richtig: Die Gehirne der 50plus- und 60plus-Menschen scheinen alles in allem zwiespältige Geschöpfe zu sein. Sie lernen langsamer, vergessen schneller, sind leichter ablenkbar und mitunter beharrlich resistent gegenüber Neuem. Doch wir sehen auch, wie enorm leistungsfähig sie sein können: 50plus-Gehirne leiten Unternehmen, Banken, ganze Länder, sind imstande, hochkomplexe Maschinen zu bedienen, und steuern sicher durch die digitalen Welten. Zu Hause müssen dieselben Gehirne mit Teenagern umgehen, die, wenn sie überhaupt kommunizieren, eine gänzlich andere Sprache sprechen. Sie müssen Rechnungen bezahlen, ihr Privatleben organisieren und den Streit mit dem Nachbarn geschickt beilegen – und das alles vor dem Hintergrund, dass diese Gehirne manchmal schon auf dem Weg zur Arbeit vergessen, was sie zum Frühstück gegessen haben oder wie der Name des neuen Kollegen lautet.

Diese in der Tat vorhandenen Widersprüche des Alterns – eine enorme Leistungsfähigkeit einerseits, Defizite andererseits – nehmen wir häufig gar nicht wahr. Die klassische Lebenstreppe (Abb. 1) beschreibt dies so: Ab einem bestimmten Alter geht es abwärts – und was für eine Reihe körperlicher wie kognitiver Tätigkeiten auch stimmt, wird verallgemeinert für den ganzen Menschen. Einige offensichtliche Altersschwächen ziehen alle anderen Fähigkeiten in der Wahrnehmung und Selbsteinschätzung vieler Menschen mit hinunter ins Tal der Vergänglichkeit.

**Abbildung 1: Lebenstreppe**

Diese Darstellung einer Lebenstreppe aus dem 19. Jahrhundert beschreibt den Aufstieg und Niedergang menschlicher Fähigkeiten als unausweichliche Folge des menschlichen Alterns.

Das Alter zeigt aber kein einfaches Janusgesicht, es ist ein multivariates, vielgestaltiges Geschöpf mit zahlreichen Facetten. Anders als die ab einem bestimmten Punkt abwärts gerichtete Lebenstreppe vermuten lässt, gleicht es eher einer komplexen Gebirgslandschaft mit Tälern, Abstiegen und Gefällen, aber auch Gipfeln und neuen Höhen, wie jüngste wissenschaftliche Studien belegen.

So zeigen große interdisziplinäre Studien, dass Gedächtnis, Intelligenz und kognitive Fähigkeiten sich im Laufe der Lebensjahre verändern, allerdings keineswegs einheitlich. Das Gehirn ist gekennzeichnet durch eine hohe Formbarkeit (Plastizität), eine hohe Variabilität in der Leistungsfähigkeit und einem hohen Maß an biologisch/genetischer Individualität. Deshalb altern Menschen nicht nur unterschiedlich (inter-individuelle Variabilität), sondern auch die einzelnen Fähigkeiten, die eine Person besitzt, verändern sich in unterschiedlicher Weise: So nehmen mit zunehmendem Alter Präzision und Geschwindigkeit, mit der wir Wahrnehmungs- und Denkaufgaben lösen, ab, während Fähigkeiten, die auf Wissen und Lebenserfahrung beruhen, bis in späte Lebensphasen hinein erhalten bleiben – und manchmal sogar noch besser werden.

Wissenschaftler erklären das mit den organischen und biochemischen Veränderungen im Gehirn. Die Lebensjahre hinterlassen Spuren in unserem Gehirn, nur dass wir diese, im Gegensatz zu anderen körperlichen Veränderungen, nicht zu sehen vermögen. Der Blick in den Spiegel verrät uns nichts über das Innenleben in unserem Kopf. Dieses Kapitel wird Ihnen gewissermaßen einen neuronalen Spiegel vorhalten, es soll Ihnen zeigen, wie der Alterungsprozess in unserem Gehirn stattfindet. Und genauso wie Sie ein graues Haar, wenn Sie es bei der Morgentoilette entdeckt haben, vielleicht herauszupfen oder sich regelmäßig eine Antifaltencreme um die Augen tupfen, möchte ich Ihnen auch ein Instrumentarium an die Hand geben, um kleine Altersspuren im Gehirn zu minimieren. Doch vor der Anwendung steht die Erkenntnis.

**Kognitive Bestandsaufnahme:**
**Was wir im Alter besser können – und was nicht**
Eine der bemerkenswertesten Studien über kognitives Altern wird im amerikanischen Seattle durchgeführt, wo Wissenschaftler seit 1957 mehr als 6000 Teilnehmer über mittlerweile 50 Lebensjahre hinweg beobachten. Alle sieben Jahre werden die Probanden, genauso viele Männer wie Frauen, die zu Beginn der Studie alle gesund waren, hinsichtlich ihrer geistigen Fitness untersucht. Das selbst für die Forscher überraschende Ergebnis des Experiments ist, dass die über 50-Jährigen in kognitiven Tests besser abschneiden als die Teilnehmer und Teilnehmerinnen in der Altersgruppe 25 bis 35 Jahre, und zwar in vier von sechs Testbereichen:

- Sprachkompetenz: Dabei mussten die Testpersonen Synonyme für bestimmte Begriffe finden.
- Sprachgedächtnis: Dabei wurden die Probanden daraufhin getestet, wie viele Wörter sie nach einer bestimmten Zeit noch erinnern konnten.
- Räumliche Orientierung: Die Studienteilnehmer sollten Objekte im Raum erkennen und virtuell drehen.
- Schlussfolgerndes Denken: Dabei wurden die Testpersonen aufgefordert, logische Probleme zu lösen.

Nur in der Geschwindigkeit der sensorischen Verarbeitung (wie Reaktionsgeschwindigkeit, Geruchsdifferenzierung, Seh- und Hörgenauigkeit) und im Umgang mit Zahlen, z. B. beim Kopfrechnen, zeigten die älteren Teilnehmer einen Leistungsabfall im Vergleich zu den jüngeren. Männer und Frauen unterschieden sich hierbei darin, dass Männer ihr Leistungshoch etwas eher erreichen als Frauen, und zwar im statistischen Mittel mit 55 bis 57 Jahren, während es bei Frauen zwischen dem 60. und 63. Lebensjahr liegt. Außerdem waren die männlichen Teilnehmer in der räumlichen Orientierung und im schlussfolgernden Denken besser als die Frauen, während die Frauen in den ersten beiden Kategorien, Sprachgedächtnis und Sprachkompetenz, überlegen waren (was im Übrigen für die gesamte Lebensspanne gilt).

Diese Erkenntnisse widersprechen massiv unserer Intuition. Fast jeder von uns würde doch behaupten, dass sein Gehirn zwischen dem 20. und 30. Lebensjahr, oder sogar noch früher, am leistungsfähigsten ist! Diese Wahrnehmung könnte damit zusammenhängen, dass unsere Gehirne darauf geeicht sind, Unterschiede zu erkennen. So vergleichen wir unsere Leistungsfähigkeit immer mit der vom Vorjahr, nicht mit der, als wir 20 oder 30 Jahre alt waren. Stellen wir eine Verschlechterung fest, meinen wir, unsere Leistungsfähigkeit hätte insgesamt seit dem 25. Lebensjahr abgenommen. Darüber hinaus verwechseln wir die Geschwindigkeit des Lernens mit der Qualität des Lernens. Es zeigt sich, dass viele ältere Menschen, die ein Problem zu lösen haben, nur noch wenige neue Informationen verarbeiten müssen, während junge Gehirne – vor dieselbe Aufgabe gestellt – ein Vielfaches an Informationen prozessieren müssen (siehe Kapitel 4 und 6).

**»Alte Leute sind gefährlich; sie haben keine Angst vor der Zukunft.«**
George Bernard Shaw

Dennoch: Mit zunehmendem Alter lässt sich ein bestimmter Leistungsabfall in unserem Gedächtnis nicht leugnen. So nehmen etwa unsere Fähigkeit, mehrere Dinge gleichzeitig zu tun (das berühmte Multitasking), unsere Reaktionsfähigkeit und insgesamt die Geschwindigkeit der Informationsverarbeitung ab. Allerdings – und das ist der entscheidende Punkt – wissen wir heute aus vielen wissenschaftlichen Studien, dass unsere Gehirne nicht gleichmäßig altern. Wie oben beschrieben, sind einige Fähigkeiten jenseits des 60. Lebensjahres sogar besser als jemals zuvor.

Das Zwei-Komponenten-Modell für kognitive Fähigkeiten bzw. Intelligenz trägt diesem Umstand Rechnung: Es unterscheidet eine pragmatische (kristalline) und eine mechanische (fluide) Intelligenz (Abb. 2). Dabei bezeichnet die fluide Intelligenz die allgemeine, weitgehend angeborene Fähigkeit, sich neuen Problemen und Situationen anzupassen, ohne dass es dazu umfangreicher früherer Lernerfahrungen bedarf. Alltagssprachlich könnte man sie als schnelles Schalten, Sofort-im-Bilde-Sein oder als schnelle Rechengeschwindigkeit des Gehirns beschreiben. Es handelt sich um eine Fähigkeit, die sich kulturfrei erfassen lässt. Kristalline Intelligenz dagegen bezeichnet kognitive Fähigkeiten, in denen sich gesammeltes Expertenwissen aus bisherigen Lernprozessen kristallisiert und verfestigt hat (berufsbezogenes Wissen, Bildung). Sie beinhaltet in hohem Maße kulturspezifische Elemente und nimmt mit dem Alter nicht ab – im Gegenteil, sie wird tendenziell besser.

Anhand des Schreinerberufs lassen sich diese beiden Formen der Intelligenz gut illustrieren: Wie gut ein Schreiner Möbel anfertigen kann, hängt von seiner Geschicklichkeit, seinem biologisch festgelegten räumlichen Vorstellungsvermögen und von seiner Arbeitsgeschwindigkeit ab (fluide Intelligenz). Wie kreativ er beim Entwerfen von Modellen ist, wie gut er den Geschmack seiner Kundschaft trifft, wie viel Erfahrung er mit Materialien hat, ist aber eine Frage des Expertenwissens. All das ebenso wie seine Fähigkeiten, ob und wie gut er Mitarbeiter motivieren kann, wie er mit Stress umgeht und wie impulsiv er ist, gehört in den Bereich der kristallinen Intelligenz; sie nimmt bis in das hohe Alter hinein zu.

Diese beiden Komponenten der Intelligenz werden auch als Mechanik (= fluide Intelligenz) und Pragmatik (= kristalline Intelligenz) bezeichnet. Die Pragmatik repräsentiert die menschliche Individualentwicklung und damit einhergehend Bildung und Erfahrung. Sie umfasst kulturgebundene Fähigkeiten wie Sprache, berufliches Expertenwissen und soziale oder emotionale Intelligenz und umschreibt vor allem Lebenserfahrung und Alltagspraxis. Diese Komponenten können bei entsprechendem lebenslangem Training besser werden; sie sind außerdem beeinflussbar durch unseren Lebens- und Arbeitsstil.

Die Leistungsfähigkeit der kognitiven Mechanik äußert sich beispielsweise in der Geschwindigkeit und Präzision, mit der grundlegende Prozesse der Informationsverarbeitung ablaufen.

Kristalline Intelligenz (Pragmatik): Altersresistent
Fluide Intelligenz (Mechanik): Altersabhängig

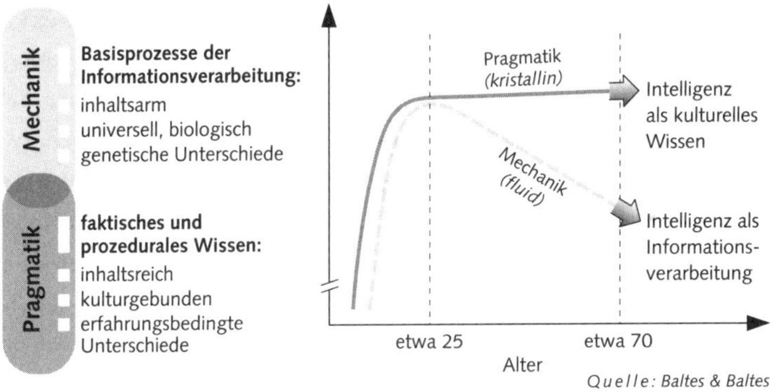


**Abbildung 2: Zwei-Komponenten-Modell der Intelligenz**
Idealisierte Lebensverlaufskurve verschiedener Formen der kognitiven Fähigkeiten (nach Martin Baltes). Fluide Intelligenz (Mechanik) als allgemeine, weitgehend angeborene Fähigkeit, sich neuen Problemen und Situationen anzupassen, ohne dass es dazu umfangreicher früherer Lernerfahrungen bedarf. Kristalline Intelligenz (Pragmatik): Kognitive Fähigkeiten, in denen sich gesammeltes Expertenwissen aus bisherigen Lernprozessen kristallisiert und verfestigt hat (berufsbezogenes Wissen, Bildung). Sie nehmen mit dem Alter nicht ab, im Gegenteil, diese Fähigkeiten werden mit zunehmendem Alter tendenziell besser.

Mit fortschreitendem Alter ist bei ihr ein Leistungsrückgang zu erwarten. Hinsichtlich der Mechanik wird bei älteren Menschen das Kurzzeit- und Arbeitsgedächtnis schlechter – Beschwerden hierüber gibt es ab dem 50. Lebensjahr, wobei das Arbeitsgedächtnis genau genommen schon ab dem 25. Lebensjahr nachlässt. Dennoch können auch im hohen Alter noch Lernaufgaben gelöst werden, man muss den Probanden nur mehr Zeit geben und dafür sorgen, dass es keine Ablenkungen gibt. Generell werden im Alter die Denktätigkeiten schlechter, die zu gänzlich neuen gedanklichen Konstruktionen führen. Das Problemlösen nimmt vielmehr die Form von Mustererkennung an, unterstützt von den im Laufe unseres Lebens angesammelten Schablonen und Matrizen. Je mehr wir erlebt haben, umso wahrscheinlicher ist es, dass Randbedingungen oder charakteristische Punkte einer neuen Situation Ähnlichkeit mit einer bereits erlebten Situation haben. Entsprechend sind wir mit zunehmendem Lebensalter viel besser imstande, eine neue Situation mit einer alten in Beziehung zu setzen und selbst in uns neuen Situationen auf »alte« Lösungsstrategien zurückzugreifen. Je älter wir sind, desto mehr Herausforderungen »passen« zu einer bereits vorhandenen Schablone, und häufig muss man lediglich kleine Modifikationen vornehmen, nur wenige neue Elemente abspeichern und prozessieren, um eine neue Situation einschätzen und bewältigen zu können. Junge Gehirne mögen eine hohe und schnell getaktete Gehirnrechenleistung besitzen, aber sie brauchen in der Regel länger, um die Informationen einer Situation zu verarbeiten. Ältere Menschen sind deutlich besser darin, Wichtiges von Unwichtigem zu trennen und sich auf die entscheidenden Aspekte einer Situation zu konzentrieren, jedenfalls dann, wenn sie dabei auf ihre Berufs- oder Lebenserfahrungen Zugriff haben. Die Entscheidungsfindung kommt also weniger durch die Verarbeitung vieler Einzeldaten als durch Mustererkennung zustande.

Dies wird auch durch eine Untersuchung belegt, die der Psychologe Art Kramer in den USA durchgeführt hat: Vor dem Hintergrund, dass Flugkontrolleure und Fluglotsen in vielen Ländern schon im Alter von 55 Jahren in Pension gehen müssen, während sie anderswo bis zum normalen Pensionsalter weiterarbeiten dürfen, hat Kramer Angestellte in Kanada, wo Fluglotsen erst mit 65 pensioniert werden, in real inszenierten Arbeitssituationen beobachtet. In mehrstündigen kognitiven Tests kam er zu dem Ergebnis, dass junge Fluglosten hinsichtlich der Verarbeitungsgeschwindigkeit besser waren als ältere. Aber: Die älteren Fluglotsen schnitten besser ab, wenn es darum ging, ein zweidimensionales Flugobjekt von einem Bildschirm in einer dreidimensionalen Welt an der richtigen Stelle des Himmels zu verorten (visuelle Orientierung) oder in unklaren, uneindeutigen oder vieldeutigen Situationen zu reagieren, etwa wenn sich Informationen widersprachen, der Computer abstürzte oder offensichtliche Fehlinformationen lieferte.

Ein ähnlich interessantes Ergebnis erbrachte eine Studie, in der in einem Zeitraum von drei Jahren die Leistungen älterer Flugpiloten (über 60 Jahre alt) mit denen jüngerer (40 Jahre alt) verglichen wurden. In der Tat lernten die jüngeren Piloten schneller, im Flugsimulator ein Flugzeug zu steuern, mit den Flugkontrolleuren zu kommunizieren, die Fluginstrumente zu kontrollieren, mit einer neuen Situation umzugehen, Kollisionen mit anderen Flugzeugen und umliegenden Bergen zu verhindern und am Ende sicher zu landen. Als die Lernübungen in einer zweiten Sitzung wiederholt wurden, zeigte sich aber ein erstaunlicher Effekt. Die älteren Piloten waren den jüngeren voraus, und zwar in zwei entscheidenden Punkten: ein hohes und zu dichtes Verkehrsaufkommen in der Luft zu verhindern und Kollisionen zu vermeiden. Damit stand am Ende dieser Übung fest, dass die jüngeren Piloten zwar schneller lernten und generell reaktionsschneller waren (gut, wenn zwei Flugzeuge unmittelbar zu kollidieren drohen). Die älteren Piloten jedoch waren besser darin, Kollisionen von Beginn an zu vermeiden – wenn man es genau nimmt, der wichtigere Flugtestparameter, denn als Passagier wünscht man sich ja einen Piloten, der es gar nicht erst zu gefährlichen Situationen kommen lässt. In gewisser Hinsicht agierten die Älteren also deutlich effektiver als die Jüngeren.

Dieser Effekt zeigte sich auch in Studien mit Sekretärinnen: So waren ältere Sekretärinnen tatsächlich langsamer im Tippen als jüngere, brauchten erwartungsgemäß länger für die Informationsverarbeitung, und die Kapazität ihres Arbeitsgedächtnisses erwies sich als geringer. Was sie aber nicht davon abhielt, beim Tippen früher am Seitenende anzukommen als ihre jüngeren Kolleginnen. Sie vermochten einfach sehr effizient den Text zu antizipieren, den man ihnen diktierte, wodurch es ihnen gelang, ihre etwas geringere Verarbeitungs- und Tippgeschwindigkeit wieder wettzumachen. Fazit: Gedächtnisverschlechterungen können durch Strategien und Methoden gut kompensiert werden.

Inwiefern sich das 50plus-Gehirn außerdem verändert, zeigt die folgende Übersicht:

| **Im Alter verlangsamen sich einige geistige Funktionen:** | **Einige geistige Funktionen bleiben unverändert oder verbessern sich:** |
|---|---|
| Töne, Bilder und Gerüche werden nicht mehr so rasch verarbeitet. | Sprachkompetenz |
| Das Gedächtnis behält neue Informationen weniger gut. | Sprachgedächtnis |
| Es wird schwieriger, gezielt auf Erinnerungen zuzugreifen und diese mit neuen Informationen in einen größeren Kontext zu stellen. | räumliche Orientierung |
| Konzentrationsfähigkeit und Aufmerksamkeit nehmen ab. | schlussfolgerndes Denken |
| Reaktionen werden langsamer. | Expertenwissen |
| Vokabellernen braucht mehr Zeit. | Weisheit |
| Das Arbeitsgedächtnis wird schlechter. | emotionale Kontrolle |
| Es fällt älteren Menschen schwerer, wichtige von unwichtigen Informationen zu unterscheiden. | emotionale Intelligenz (EQ) |
| Generell gilt, bei Aufgaben, die ein besonders schnelles Auffassen und Umsetzen erfordern, sind ältere Menschen (>65 J.) langsamer als jüngere (25 J.). | In existenziellen Krisen sind ältere Menschen häufig umsichtiger in ihren Entscheidungen und bedenken besser die Konsequenzen |

Einer genauen Betrachtung bedürfen noch die Konzentrationsfähigkeit und das Vermögen, sich auf mehrere Aufgaben gleichzeitig zu konzentrieren (Multitasking), denn beides hängt eng mit dem Arbeitsgedächtnis des Gehirns zusammen und dies kann im Alter, wenn es nicht trainiert wird, deutlich nachlassen (Abb. 3). Das Arbeitsgedächtnis ist zeitlich gesehen eine Art Kurzzeitgedächtnis, in dem verschiedenste Informationen für wenige Sekunden bis wenige Minuten zwischengespeichert werden können. Es ist vor allem ein Zwischenspeicher für

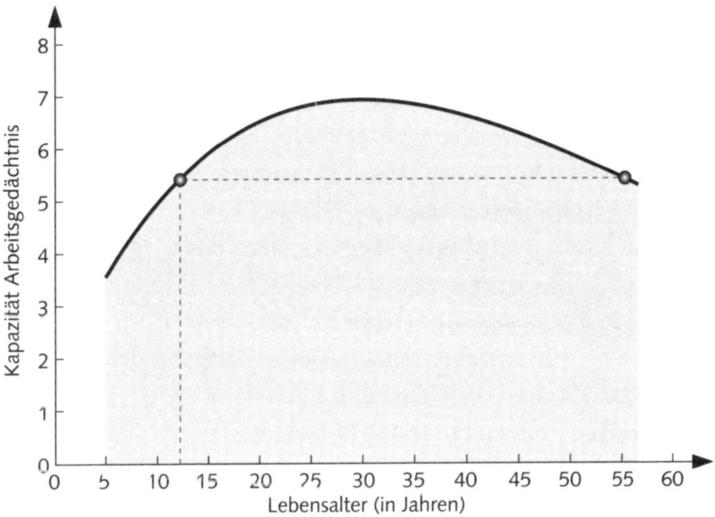


*Quelle: Klingberg, Multitasking, C.H. Beck, 2008*

**Abbildung 3: Leistungsabfall beim Arbeitsgedächtnis**
Bis zum 25. Lebensjahr steigt die Kapazität des Arbeitsgedächtnisses noch an, dann nimmt es in seiner Leistungsfähigkeit ab – so weit, dass ein 55-jähriger Mensch »nur« noch die Leistungsfähigkeit eines 12-Jährigen besitzt – allerdings gilt dies lediglich für die reine Kapazität dieses Zwischenspeichers. Aufgetragen ist die Menge an Einzelinformationen, die man zu einem bestimmten Zeitpunkt zwischenspeichern kann. Statistisch sind dies bei einem 25-Jährigen sieben, bei einem 55-Jährigen noch fünf Informationseinheiten.

Ziele, Aufgaben und entscheidend für unsere Fähigkeit, uns zu konzentrieren und uns selektiv auf bestimmte Umweltreize zu fokussieren und dafür andere Reize auszublenden. So speichert es z. B. vorübergehend sprachliche Informationen, etwa, um einen Satz inhaltlich zu verstehen, den Satzanfang, so dass wir diesen noch erinnern, wenn der Sprecher an seinem Ende angelangt ist (phonologische Schleife). Vor allem aber benötigen wir es wegen seiner Fähigkeit, parallel Probleme zu bearbeiten, eigene Gedankengänge zu protokollieren oder um uns bei Kopfrechenaufgaben Zwischensummen zu merken. Bedauerlicherweise hat das Arbeitsgedächtnis nur eine geringe Kapazität, wie jeder an sich selbst testen kann, der versucht, kurz dargebotene Gegenstände eine Minute später wieder zu rekapitulieren. Wir kommen selten über sieben hinaus.

Wie in Abbildung 3 zu sehen ist, nehmen die Leistungen des Arbeitsgedächtnisses im Alter ab. Die selektive Aufmerksamkeit – sie umschreibt die Fähigkeit, bestimmten Reizen im Gehirn ein Vorfahrtsrecht einzuräumen und sich auf diese zu fokussieren – lässt nach ebenso wie die geteilte Aufmerksamkeit, die wir benötigen, wenn wir zwischen verschiedenen Aufgaben hin und her springen. Mit der Folge, dass alte Menschen leichter ablenkbar sind und sich schwerer tun, Multitasking-Aufgaben zu bewerkstelligen.

### Lernen im Schlaf

Der Schlaf gehört nicht gerade zu unseren denkintensivsten Zeiten, aber ein gesunder Schlaf ist eine entscheidende Voraussetzung für unsere Lern- und Konzentrationsfähigkeit und ganz nebenbei auch für unser Wohlbefinden. Mit zunehmendem Alter wandelt sich auch das Schlafmuster, unser Schlaf wird generell fragiler und störanfälliger, und diese Veränderungen sind durch Alterungsprozesse im Gehirn induziert. Was allerdings gleich bleibt, ist das Schlafbedürfnis insgesamt.

Entgegen dem, was häufig behauptet wird, nimmt die REM-Schlafphase (engl. *Rapid Eye Movement),* in der wir träumen und die bislang als ganz entscheidend für Lernvorgänge galt, im Alter nicht ab. Hirnforscher und Psychologen, die mittlerweile in der Lage sind, den Einfluss des Schlafs auf das Lernen sehr detailliert zu untersuchen, haben diese These inzwischen widerlegt. Heute wissen wir, dass Erlebnisse und gelernte Fakten im Laufe des Schlafs mehrfach eine Aktivitätsschleife aus Hippocampus und Großhirnrinde durchlaufen, und zwar zum Teil während des REM-Schlafs, aber in gleichem Maße auch in der Tiefschlafphase.

Motorische Programme werden ebenfalls des Nachts eingeübt, allerdings in anderen neuronalen Schaltkreisen, die aus Basalganglien, Kleinhirn und Großhirnrinde bestehen. Der amerikanische Forscher Robert Stickgold von der Harvard-Universität ist dabei auf erstaunliche Effekte gestoßen. Er ließ seine Versuchspersonen lernen, ein bestimmtes, schwer zu identifizierendes Muster möglichst schnell zu erkennen. Die Probanden mussten den ganzen Tag üben. Wie zu erwarten, verkürzte sich mit zunehmendem Training die Reaktionszeit. Erstaunlich war aber, dass die Leistung der Probanden nach einer durchschlafenen Nacht am Morgen darauf sprunghaft anstieg – ihre Gehirne hatten in der Nacht weitergeübt, unabhängig davon, ob es sich um jüngere oder ältere Probanden handelte! Der Effekt ließ sich auch Tage nach dem Versuch noch nachweisen. Verwehrte man den Probanden den ersten nächtlichen Schlaf, nachdem sie neues Wissen erworben hatten, blieb der Lerneffekt aus, und zwar unwiderruflich. Selbst wenn sie in der darauffolgenden Nacht ausreichend schliefen, stellte sich keine bessere Leistung ein. Fazit: Entscheidend für den Lernerfolg ist der Schlaf, unmittelbar nachdem man etwas Neues gelernt hat! Eine Erkenntnis, die für Schulkinder ebenso gilt wie für Senioren.

Das Gehirn scheint also das tagsüber Gelernte nachts weiter zu trainieren – in jungen Jahren ebenso wie im Alter –, indem die Verbindungen in einem Netzwerk von Nervenzellen für eine bestimmte Aufgabe im Wesentlichen durch Wiederholung optimiert werden. Dies gilt gleichermaßen für das explizite (Fakten und Episoden) wie für das implizite Gedächtnis (unbewusstes Lernen). Offenbar gibt es auch für das Gehirn keine Alternative zu dem Prinzip »Übung macht den Meister« – am liebsten im Schlaf. Und entsprechend ist auch im Alter ein gesunder Schlaf wichtig. Während sich bei jüngeren Menschen nur fünf kurze, oft unbewusste Wachmomente je Nacht und eine entsprechend lange Tiefschlafphase messen lassen, zeigt sich, dass im Alter vor allem Letztere häufig gestört ist – ein älteres Gehirn ist nicht mehr in einem gleichen Maße in der Lage, die für den Schlaf notwendigen neuronalen Rhythmen zu induzieren bzw. diese Muster gleichmäßig und lange aufrechtzuerhalten. Bis zu 150 Wachmomente in einer Nacht konnten bei älteren Probanden festgestellt werden. Der Schlaf älterer Menschen ist also insgesamt fragmentierter, außerdem schlafen sie im statistischen Mittel schlechter ein, wachen morgens früher auf; dazu kommen altersbedingte Probleme wie erhöhter Harndrang. Dementsprechend verkürzt sich ihre Nachtschlafzeit häufig auf weniger als sechs Stunden, allerdings nicht unbedingt die Schlafdauer innerhalb von 24 Stunden, da viele Senioren den nachts unterbrochenen Schlaf tagsüber nachholen – auch wenn ihnen das nicht unbedingt bewusst ist.

»Ich habe heute Nacht überhaupt nicht geschlafen.« Diese Klagen kennt jeder aus dem Mund älterer Menschen. Fragt man genauer nach, ergibt sich folgendes Bild: Vormittags haben sie ein kleines Nickerchen gehalten, nachmittags zwei Stunden im Sessel geschlafen, nachts schien der Schlaf dann fragmentiert und nicht in gewohnter Weise erholsam. Schläft man tagsüber etwa drei Stunden, ist es nicht ungewöhnlich, dass man den üblichen Sieben-Stunden-Nachtschlaf nicht mehr braucht. Insofern kann man das Jammern vieler älterer Menschen »Ich kann nicht schlafen!« – und auch die eigenen Schlaferfahrungen – durchaus gelassen sehen.

**Digitale Seniorenkluft**

Nach all diesen Erkenntnissen ist Vorsicht geboten bei schnellen Urteilen. Denn wir müssen einen Faktor bedenken, der das Können und Nicht-mehr-Können der 50plus-, 60plus-, 70plus-, 80plus-Gehirne in ein neues Licht rückt. Unsere Welt, vor allem die digitale elektronische Welt, verändert sich so rasant, dass ältere Menschen mit den Entwicklungen vor allem bei Handy/Smartphone, PC, Laptop, Tablet-PC, iPad und Internet oft kaum hinterherkommen. Sie sind groß geworden in einer Zeit, in der drei Schwarz-Weiß-Programme eine enorme Errungenschaft bedeuteten. Heute verfolgen Jugendliche US-Serien per Stream am Laptop. Festplattenrekorder und digitale Fernsehwelten bedeuten, dass Fernsehen unabhängig von der Sendezeit wird. Die digitale Kluft zwischen jungen – den digital natives – und alten Menschen – den digital learners – ist groß.

Drei kleine Beispiele aus dem Leben sollen Ihnen die Relativität dieser Kluft verdeutlichen:

Der Sohn will seine 70-jährige Mutter erreichen können, wenn er länger nicht von ihr hört. Also schenkt er ihr ein Handy – mit großen Tasten, einfach zu bedienen. Die Kurzwahl ist mit seiner eigenen Telefonnummer belegt, den Nummern des Hausarztes und der Nachbarin. Das nimmt ihm ein wenig die Sorge um seine zwar rüstige, aber dennoch herzkranke Mutter. Er wählt keine Flatrate, da ja nicht zu erwarten steht, dass die Mutter diese überhaupt ausnützen würde. Höchst irritiert erhält er nach einigen Wochen die erste Rechnung: 125 Euro. Das muss ein Fehler sein. Er ruft seine Mutter an und fragt nach, wie ihr das Handy gefalle. (Er hatte sie in vier Wochen fünf Mal angerufen, sie ihn nicht ein einziges Mal.) »O ja«, vermeldet die Rentnerin erfreut, »so ein Handy ist ganz wunderbar. Ich habe alle Freundinnen aus alten Tagen angerufen und ausgiebig telefoniert – es ist ja so praktisch im Bett und im Fernsehsessel. Und das Beste ist, es kostet nichts, weil keine Schnur dran ist.« Jetzt hatte der Sohn verstanden, dass er seiner Mutter nicht nur die Handhabung, sondern auch die

Abrechnungsmodalitäten des neuen Wundergeräts hätte erklären sollen.

Die 82-jährige Oma ist immer völlig verblüfft, wenn die Enkelin im Internet etwas herausbekommt, woran sie sich partout nicht erinnern kann (Wer hat nach dem Krieg immer in den Filmen mit Rock Hudson mitgespielt?), oder günstig kauft oder – angeblich – kostenlos mit Freundinnen überall auf der Welt spricht und diese dabei auch noch sieht. Sie findet mit der Zeit Gefallen an dem »Wunderding« und bittet die 17-Jährige nach Telefonnummern von verschollenen Schulfreunden, den besten Preisen beim Discounter, den Öffnungszeiten des Friseurs usw. zu fahnden. Als sie feststellt, dass sowohl Tochter als auch Enkelin auch ihre Bankgeschäfte per Internet erledigen, kommt ihr eine Idee, mit der sie an einem Samstag vorstellig wird. »Könnt ihr nicht das Geld für die Grabpflege im Computer überweisen?« Seit ihr Mann verstorben ist, hat die Dame das Geld bei der Bank am Schalter an den Friedhofsservice überweisen lassen, es diese Wochen aber vergessen, und nun ist Samstag. Ihre Idee ist klug. Die Enkelin fragt nach Kontonummer und Betrag, um am Computer und vor Omas Augen das »Wunder« zu vollbringen. Alles läuft perfekt, bis die alte Dame sich schreckensbleich vor die Stirn schlägt. »Jetzt hab ich doch ganz vergessen, dass heute Samstag ist, da kann das Geld ja gar nicht durch den Schlitz gehen, die Bank hat ja heut geschlossen.« Gemeint war mit dem Schlitz das CD-Laufwerk.

Man kann über diese wahren Begebenheiten schmunzeln oder verständnislos den Kopf schütteln, aber nur, wenn man sich nicht klarmacht, dass auch von der 50plus-Generation die wenigsten vor 20 Jahren ein Autotelefon besaßen – und wenn doch, dann wog es 5 Kilogramm. Digitale Bankgeschäfte begannen 1980 als BTX, hatten kaum private Nutzer und erst im Laufe der 90er Jahre gewannen sie als Online-Banking an Bedeutung. Facebook existiert erst seit 2004. Also Vorsicht! Die Digitalisierung unserer Welt hat unser Leben im Zeitraffer verändert – und zwar in fast allen Bereichen: Einkaufen, Partnersuche, Transparenz von Politik (siehe WikiLeaks), Lernen, Kommunikation.

Dazu passt auch folgende Begebenheit: Die 18-jährige Tochter möchte nach bestandenem Abitur nach Indien reisen. Die Mutter ist skeptisch. Ob das Kind das jetzt schon bewältigt – so ganz alleine. »Kein Problem«, versichert das Kind, »ich schick dir jeden Tag eine SMS und lass dich wissen, dass es mir gut geht.« Na ja, besser als nichts, denkt die besorgte Mutter und bleibt skeptisch. Die reiselustige Tochter insistiert weiter: »Du hast doch auch mit 20 eine Rucksack-Tour nach Südamerika gemacht. Und die Oma ist doch superängstlich, wahrscheinlich hast du sie zweimal am Tag vom Handy aus anrufen müssen!!!!«

Die 52-jährige Mutter seufzt. Gott sei Dank war das damals nicht möglich. 1980 versuchte man in Brasilien vielleicht alle drei Wochen ein Telegramm zu schicken oder für ein horrendes Geld nach langer Warterei auf dem Postamt eine Leitung zu bekommen. Vor lauter Knacksen war die Schluchzerei der eigenen Mutter kaum zu hören. Das ist mehr als 30 Jahre her. Ein Jugendlicher im Jahr 2012 kann das schwer nachvollziehen. »Hattest du denn damals kein Handy, Mama?«

Schneiden wir uns als Ältere selbst von den neuen Kommunikationsmöglichkeiten, dem schnellen Wissenserwerb und dem sozialen Leben im Netz ab, erschwert dies das Miteinander mit den Jüngeren, für die diese Errungenschaften völlig selbstverständlich sind. Und tatsächlich mehren sich die Anzeichen, dass zumindest die Generation der 1940er- und 1950er-Jahrgänge schnell aufholt. Ein Viertel der Internet-Nutzer in Deutschland ist 60 Jahre und älter. Zwar sind 2010 nur 4 % davon in sozialen Netzwerken aktiv – aber immerhin sind es doppelt so viele wie 2009. In den USA lag der Anteil der über 65-jährigen Facebook-Nutzer 2010 bereits bei 2 %. Es ist zu erwarten, dass diese Aktivitäten auch unter älteren Menschen weiter rasant zunehmen werden, und dies zeigt, dass die digitale – und damit auch soziale – Kluft überbrückbar ist. Das

Erlernen neuer Techniken im Alter ist allerdings auch eine Frage der Einstellung und der Motivation.

Meine eigene Mutter ist dafür ein wunderbares Beispiel: Im Alter von 72 Jahren setzte sie sich zum ersten Mal in ihrem Leben selbst an einen Computer – und bereits zwei Monate später konnte sie an ihrem eigenen Laptop die E-Mails ihrer Kinder und Enkel lesen, deren Urlaubsbilder herunterladen sowie jede E-Mail fehlerfrei beantworten. Der Wunsch, mit den Kindern und Enkeln zu kommunizieren, war stärker als die Scheu vor dem so ungewohnten Gerät. Entscheidend war vor allem, dass sie keine Angst davor hatte, Fehler zu machen. Wenn der Computer nicht tat, was er sollte, oder meine Mutter an eine ihr unbekannte Stelle in einem Computerprogramm geriet, fing sie einfach wieder von vorne an. Kompliment.

**Postkarte aus dem Leben**

*Der bisher älteste Mensch der Welt war eine Französin, die ein Alter von 122 Jahre, 5 Monaten und 14 Tagen erreichte: Jeanne Calment. Sie wurde 1875 geboren und starb 1997 in Arles. Auf die Frage, wie sie es geschafft habe, so alt zu werden, antwortete sie den Forschern, dass es sicher für sie von Vorteil war, immer wohlhabend gewesen zu sein; außerdem machte sie das tägliche Glas Portwein, Olivenöl, Knoblauch und den Verzehr von Schokolade dafür verantwortlich, ebenso wie den Umstand, dass es ihr schließlich doch gelungen sei, mit dem Rauchen aufzuhören – allerdings erst im Alter von 119 Jahren (ein erster Versuch mit 117 war zunächst fehlgeschlagen)!*

*Frau Calment hat mit großer Wahrscheinlichkeit eine sehr gute genetische Konstitution mitbekommen, die ihr ein langes Leben ohne schwere Krankheiten ermöglichte – dafür spricht auch, dass ihr Bruder stolze 97 Jahre alt wurde. Und sie blieb selbst im Alter noch offen für Neues: So erlernte sie mit 85 Jahren das Fechten und fuhr mit 100 noch Fahrrad. Vor allem war sie bis zu ihrem 110. Geburtstag selbstständig und zog erst dann in ein Altersheim. Dennoch war ihr Leben keineswegs frei von Schicksalsschlägen: Ihr Mann starb bereits 1942 an einer Vergiftung, ihre Tochter – erst 36 Jahre alt – an einer Lungenentzündung; ihr Enkel, den sie daraufhin großzog, verunglückte 1963 bei einem Motorradunfall. Amüsant ist dagegen, auf jeden Fall aus Sicht von Frau Calment, dass sie ihre Wohnung als damals 90-Jährige gegen eine monatliche Rente von 2500 Francs an einen Rechtsanwalt verkaufte. Erst nach ihrem Tod sollte die Wohnung dem Anwalt zur Nutzung übergeben werden. Allerdings übertrafen die Rentenzahlungen, die dieser bis zu ihrem Tod leisten musste, den Wert der Wohnung um das Dreifache.*

*Was die »neuen« 100-Jährigen betrifft, so ist Jeanne Calment nur die Spitze des Eisbergs: In Deutschland haben im Jahre 2011 mehr als 10 000 Menschen ihren 100. Geburtstag gefeiert – das sind 45 Mal mehr als noch 1960. Damals schickte der Bundespräsident jedem 100-Jährigen persönlich einen Glückwunsch – heute undenkbar.*

KAPITEL 2

# Das Alter als Entwicklungsstufe

*»Wer freilich in sich selbst keine Mittel zu einem sittlich guten und glücklichen Leben findet, für den ist jedes Lebensalter beschwerlich; wer aber alle Güter in sich selbst findet, dem kann nichts als ein Übel erscheinen, was das notwendige Gesetz der Natur herbeiführt. Dahin gehört vorzugsweise das Greisenalter. Jedermann wünscht es zu erreichen; und hat man es erreicht, so klagt man doch darüber.«*

Cicero, De Senectute (Über das Altern)

## Die Entwicklung des Gehirns vom Embryo bis zum Greis

Es scheint mir entscheidend für eine faire Betrachtung des Alterns, diesen Lebensabschnitt nicht als eine Phase des Verfalls und des Abbaus, sondern als eine Entwicklungsstufe des Menschen aufzufassen. Denn die Entwicklung des menschlichen Gehirns, das sich zu einem großen Teil überhaupt erst nach der Geburt ausbildet, ist nicht mit dem Erwachsenwerden abgeschlossen, im Gegenteil, es entwickelt sich ein Leben lang weiter. Deshalb sei hier der Versuch unternommen, eine lebenslange Sicht der Gehirnentwicklung zu projizieren und zu beschreiben – angefangen bei der Gehirnentwicklung in der Kindheit und Jugend über das Erwachsenenalter bis hin zum Alter, ab 50plus aufwärts und dann jenseits des 85. Lebensjahres. Der Grundgedanke ist hier, dass das Alter einen anderen Betrachtungswinkel erhält und auch mit einem anderen Vokabular beschrieben wird, wenn es als eine Entwicklungsstufe aufgefasst wird. Um es mit den Worten Albert Einsteins zu sagen: »Alles, was in der Gesellschaft von Wert ist, hängt davon ab, welche Entwicklungsmöglichkeiten sie dem Individuum gewährt.«

Der Altersforscher Gene D. Cohen schreibt in seinem Buch *Geistige Fitness im Alter:* »Das gängige Bild des Älterwerdens ist das eines fortschreitenden Verlusts, bei dem nach Erreichen des Erwachsenenalters die Entwicklungsuhr gewissermaßen rückwärts zu laufen beginnt, bis wir wieder auf dem Niveau der Kindheit angelangt sind.« Bis zu einem gewissen Grad stimmt diese Beobachtung auch, allerdings vor allem für Menschen mit einer Erkrankung des Gehirns, wie sie die Alzheimer-Krankheit darstellt. Aber das Altern nur als den Versuch zu begreifen, die Leistungsfähigkeit des Erwachsenengehirns möglichst gut vor dem Verfall zu schützen, greift eben zu kurz. Dies wird auch belegt durch die Entwicklung der kristallinen Intelligenz (Pragmatik, vgl. Abb. 2), die sich bis zum 85. Lebensjahr, zum Teil sogar darüber hinaus, erstrecken kann. Entwicklung bedeutet in diesem Zusammenhang, dass das geistige und emotionale Potenzial eines Menschen immer weiter zur Entfaltung kommt – und bestimmte Fähigkeiten noch weiter entwickelt werden können (siehe Kapitel 6).

Die Weiterentwicklung des Gehirns nach der Geburt beginnt damit, dass erst einmal riesige Zellmengen produziert werden, die ihren Platz im Gehirn finden müssen. Die neuronalen Zellen, die alle noch vor der Geburt an ihren richtigen Platz verschoben werden müssen, sind schon immens, aber so richtig bricht der Entwicklungssturm erst nach der Geburt los, wenn die einzelnen Nervenzellen, ausgehend von ihren Stammplätzen, ihre Verzweigungen ausbilden: An jeder Nervenzelle wachsen lange Wurzeln und ein dichtes Netzwerk aus Zweigen mit unzählig vielen Knospen. Gemeint sind die Dendritenbäume der Nervenzellen, auf denen bei erregenden Nervenzellen sehr häufig sogenannte Dornen sitzen. Auf diesen Dornen befinden sich die Synapsen. Sie sind die Kontaktstellen zwischen Nervenzellen, über die eine Nervenzelle mithilfe chemischer Botenstoffe (Neurotransmitter)

Nachrichten aus vorgeschalteten Zellen empfängt. Während innerhalb einer Nervenzelle Informationen vor allem über elektrische Erregung weitergeleitet werden, übernehmen Neurotransmitter die Erregungsweiterleitung auf andere Zellen. Während bei der Geburt eine einzige Nervenzelle in der Sehrinde etwa 2500 Synapsen hat, sind es acht Monate später sechs Mal so viele! Danach geschieht allerdings etwas Überraschendes: Bis zum elften Lebensjahr hat sich die Zahl auf 10 000 Synapsen pro Nervenzelle reduziert und bleibt dann im statistischen Mittel über viele Jahrzehnte stabil.

## Synapsen über Synapsen

Die Synapsenbildung im größeren Maßstab dauert von der Geburt bis in das hohe Alter hin an. Was nicht in Abrede stellen soll, dass sie nach der Geburt besonders intensiv betrieben wird: Allein in den ersten Lebensmonaten erhöht sich ihre Zahl um den Faktor 20. Am Ende dieses Prozesses hat eine einzelne Nervenzelle in der Großhirnrinde 10 000 bis 15 000 Synapsen. Rechnet man von diesem Wert aus die Anzahl der Synapsen aus, die pro Sekunde von der Geburt bis zum zweiten Lebensjahr entstanden sei müssen, so kommt man auf den unglaublichen Wert von 1,8 Millionen Synapsen pro Sekunde! Um diesen riesigen Ansturm von Synapsen bewältigen zu können, erhöht sich die Komplexität und Länge der Dendritenbäume um das Fünffache. Es ist fast so, als ob aus einer Lichtung mit wenigen Bäumen im Zeitraffer ein dichter Wald mit überlappenden Baumkronen würde. Die Großhirnrinde verdreifacht dabei ihre Dicke – ohne dass neue Nervenzellen geboren werden. Diese Geschwindigkeit, mit der funktionelle und strukturelle Veränderungen im Gehirn vor sich gehen, wird nie wieder erreicht, auch wenn sich das Gehirn in jeder Altersstufe funktionell und strukturell in seinen Verschaltungseigenschaften verändert. Darüber hinaus konnte gezeigt werden, dass über das gesamte Leben hinweg an zwei Stellen im Gehirn noch neue Nervenzellen gebildet werden können (adulte Neurogenese). Aber dazu später mehr (siehe Kapitel 4).

## Immer fett umhüllt

Zurück zum kindlichen Gehirn: Bei seiner Geburt wiegt das Gehirn des Menschen zwischen 250 und 300 Gramm. Das sind etwa 20 % seines Endgewichts – im Gegensatz zu dem eines Schimpansen, das bei der Geburt bereits 40 % seines Endgewichts hat. Obwohl das Gehirn zu diesem Zeitpunkt nur 10 % des Körpergewichts ausmacht, liegt sein Energieverbrauch bei 50 % der gesamten Stoffwechselenergie des Körpers. Bei einem Erwachsenen verbraucht unser Gehirn noch 20 bis 25 % der Körperenergie; sein Gewicht macht dann nur noch 2 % des Körpergewichts aus. Das Gehirn ist also einer der Hauptabnehmer von Stoffwechselenergie, vor allem in Form von Glukose (Traubenzucker).

Sobald ein Baby auf der Welt ist, arbeitet sein Gehirn mächtig an seiner Organisation und Myelinisierung. Das ist der Prozess, bei dem die Fortleitungskabel der Nervenzellen, Axone genannt, von einer fettigen, elektrisch gut isolierenden Schicht namens Myelin umgeben werden, einer Substanz, die zu 80 % aus Fetten (davon 15 % Cholesterin) und zu 20 Prozent aus Proteinen besteht. Die Myelinisierung erhöht die Fortleitungsgeschwindigkeit der elektrischen Signale und isoliert die einzelnen Axone voneinander. Verantwortlich für die Produktion des Myelin ist ein spezieller Typ von Gliazellen. Oligodendrozyten nennt man sie im Gehirn, im peripheren Nervensystem heißen sie Schwann-Zellen (nach ihrem Entdecker Theodor Schwann, 1810–1882). Die Nervenfasern des Rückenmarks werden schon ab dem fünften Schwangerschaftsmonat myelinisiert, im Großhirn beginnt die Myelinisierung dagegen erst im neunten Monat, also kurz vor der Geburt, und dauert die nächsten fünf Jahrzehnte an. Das Gehirn entwickelt sich also hinsichtlich der Myelinisierung von der Geburt bis zum 50. Lebensjahr weiter! In der frühen Kindheit bestimmt dieser Prozess neben der Verdrahtung der Gehirnareale mit anderen Strukturen, wann welche Gehirngebiete »online« gehen können. Welche Fähigkeiten ein kleines Kind wann beherrscht, geht parallel einher mit der Myelinisierung des für die spezifische Fähigkeit zuständigen Gehirnareals. Wie beim Kleinkind gilt auch im Alter: Wo Myelin fehlt, werden Reaktionen und Rechenwege langsamer. Erst jenseits des 60. Lebensjahres nimmt die Myelinmenge ab ebenso wie die Anzahl der Gliazellen, deren Komplexität Alterungserscheinungen zeigt.

### Klug ausjäten

Während im ersten Lebensjahr das Gehirn um das Dreifache wächst und sein Gewicht von einem Viertel auf drei Viertel des erwachsenen Gehirngewichts steigert, verlangsamt sich dieser Prozess im zweiten Lebensjahr. Jetzt überwiegt ein anderes Phänomen: Fast so wichtig wie das Wachsen von Nervenzellen ist es, Synapsen, deren Bildung – wie wir gesehen haben – nach der Geburt besonders angekurbelt wird, zu beseitigen. Allein die Großhirnrinde büßt in dieser Zeit etwa 20 Milliarden Synapsen täglich ein. Dieses Ausjäten von Synapsen ist vor allem wichtig für das Entwicklungspotenzial eines Kindes. Ein Überschuss an Synapsen initiiert einen von Umweltreizen abhängigen Ausleseprozess, der die Gesamtqualität einer Fähigkeit festlegt. Erst die Eliminierung verirrter und unbrauchbarer Synapsen lässt die Verarbeitungsprozesse im Gehirn effektiv ablaufen. Neuronale Netze werden so innerhalb der ersten fünf Lebensjahre zu effizienten Maschinen der Informationsverarbeitung. Wie sich das Gehirn dauerhaft für eine bestimmte Art des Denkens, Wahrnehmens oder des Handelns verschaltet, darüber entscheiden die Umwelteinflüsse. Solange ein Überschuss an Synapsen vorhanden ist, bleibt das Gehirn in höchstem Maße formbar und kann sich in eine Vielzahl verschiedener Richtungen entwickeln. Mit dem Abbau des Synapsenüberschusses sind auch die sensiblen Phasen für bestimmte Fähigkeiten, z. B. der Erwerb der Muttersprache, beendet. Der Vorgang zeigt aber auch, dass durch das Einüben von Routinen und Denkprozessen ein Mehr an Denkkapazität mit weniger neuronalen Verschaltungen geleistet werden kann. Dieses Phänomen begegnet uns auch im Alter: Zwar tritt in einigen Gehirnarealen ein enormer Verlust von Rechenkapazität auf, auf der anderen Seite werden aber für bestimmte Aufgaben nur sehr wenige synaptische Verbindungen benötigt, da das Gehirn weiß, wie die Aufgabe am effektivsten zu lösen ist.

**Pubertäre Baumaßnahmen**

Während der Pubertät erreicht die Gehirnentwicklung noch einmal einen Höhepunkt. Die gefühlsmäßige Instabilität, die pubertierende Jugendliche vor allem auszeichnet, wurde lange mit hormonellen Veränderungen oder uneinsichtigen Eltern, die den Jugendlichen nicht genügend Freiheiten einräumen, in Zusammenhang gebracht. Mittlerweile gibt es aber Belege dafür, dass es sich schlicht und ergreifend um eine vorübergehende Baumaßnahme im Gehirn handelt, die zu Anpassungsstörungen bei Pubertierenden führt. Noch bis vor wenigen Jahren glaubte man, die Gehirnreifung sei im Wesentlichen nach den ersten drei Lebensjahren abgeschlossen. Ob dem wirklich so ist, hat der Neurologe Jay Giedd von den National Institutes of Health in den USA mit Hilfe eines bildgebenden Verfahrens (der funktionalen Kernspintomographie) an 150 Jugendlichen untersucht, die er von der Kindheit an bis in das Erwachsenenalter hinein beobachtete. Dabei stellte er fest, dass das jugendliche Gehirn ungefähr mit Beginn der Pubertät einen regelrechten Wachstumsschub erlebt. Von Stabilität konnte keine Rede sein, denn nach dem Wachstumsschub kam es genauso massiv zu einer Reduktion in der Größe einiger Stirnlappengebiete. Dieser Prozess betrifft innerhalb des Stirnlappens vor allem den präfrontalen Cortex, der für die Hemmung und Steuerung von Gefühlen zuständig ist. Er reguliert und kontrolliert die spontanen Impulse und ist eine Art Planungszentrale für zukünftige Handlungen. Er ist z. B. dann aktiv, wenn es einem gelingt, erst bis zehn zu zählen, bevor man seinen Chef oder seine Eltern wüst beschimpft. Und es ist auch dieses Areal, das einem erlaubt, trotz mannigfaltiger Ablenkung konzentriert bei einer Sache zu bleiben und nicht jeder Störung (seien es Gedanken, Geräusche oder eingehende E-Mails) sofort nachzugehen. Der präfrontale Cortex – wenn er voll entwickelt ist – wägt mögliche Handlungsausgänge ab und nimmt entsprechend Einfluss auf andere Gehirnzentren, um den vorhergesagten Konsequenzen Rechnung zu tragen. Erwachsene fällen so ihre täglichen Entscheidungen – wichtige und unwichtige. Unabhängig davon, ob sich die Entscheidungen im Nachhinein als richtig herausstellen, findet hier in Sekundenschnelle eine Nutzen-Risiko-Abwägung statt, derer wir uns selten konkret bewusst sind. Bei Teenagern ist der Einfluss des präfrontalen Cortex vorübergehend eingeschränkt. Ihre Impulsivität lässt sie entsprechend häufig die Konsequenzen ihres Handelns nicht richtig durchdenken.

## Das Gehirn wird erwachsen

Der kurzfristige Wachstumsschub im präfrontalen Cortex mit Beginn der Pubertät hängt mit dem enormen Auswachsen von bestehenden Nervenzellen zusammen. Durch dieses Wachstum werden neue Synapsen in Milliardenhöhe gebildet, um in einem zweiten Selektionsprozess an anderer Stelle in noch größerer Zahl wieder abgebaut zu werden. Es scheint fast so, als ob eine Unternehmensberatung dem Gehirn zu größeren Umstrukturierungen, in einigen Bereichen zu Neueinstellungen, in anderen zu massiven Entlassungen geraten hätte. Genau in diese Umbruchphase fällt die Pubertät, was nahelegt, dass das wenig kontrollierte und unstete Verhalten von Teenagern sowie ihre Entscheidungsschwierigkeiten auf diese »Umstrukturierungsprozesse« des präfrontalen Cortex zurückgeführt werden können. Dieser Bauabschnitt des menschlichen Gehirns ist erst nach dem 20. Lebensjahr abgeschlossen, und genau genommen hört der Umbauprozess in dieser Etage des Gehirns nie richtig auf. Etwa mit dem 20. Lebensjahr ist auch die isolierende Ummantelung (Myelinisierung) der Axone endgültig beendet, die maßgeblich die Verarbeitungsgeschwindigkeit von Nervenzellen bestimmt. Allein zwischen dem zwölften und 20. Lebensjahr hat sich die Myelinmenge im Gehirn verdoppelt. Dies bewirkt eine effektivere Verarbeitungsgeschwindigkeit. So werden auch die Verbindungen zwischen den beiden Großhirnhälften verbessert, mit dem Ergebnis, dass sich die muttersprachlichen Fähigkeiten steigern. Zwar arbeiten die von Myelin umgebenen Neuronen effektiver, aber sie sind starrer, was es uns ab dem Beginn der Pubertät erschwert, Fremdsprachen zu lernen – daher auch die Redewendung: Was Hänschen nicht lernt, lernt Hans nimmermehr. Die Spezies Mensch beweist aber das Gegenteil: Sie zeichnet sich bis in das hohe Alter dadurch aus, lernen zu können. Was abnimmt, ist die Bereitschaft der Nervenzellen, sich plastisch zu ändern, was eine der Voraussetzungen für Lernvorgänge ist. Diese Abnahme in der Plastizität erklärt, warum Lernvorgänge häufig länger brauchen und mühsamer sind, allerdings beginnt dieser Prozess bereits im frühen Erwachsenenalter. Vor allem die Großhirnrinde verändert sich durch plastische Lernvorgänge noch bis zum 25. Lebensjahr hin makroskopisch sichtbar, insbesondere im Stirnlappengebiet, was unter anderem dazu führt, dass wir mit ca. 25 Jahren die größte Kapazität unseres Arbeitsgedächtnisses erreichen. Danach lässt sie, wie bereits weiter oben ausgeführt, kontinuierlich nach.

**Warum das Gehirn nie ganz erwachsen ist – aber auch nicht jugendlich bleibt**

Dass sich unser Gehirn unablässig, ein Leben lang entwickelt, hängt vor allem mit Veränderungen an den Kontaktstellen zwischen den Nervenzellen zusammen, den Synapsen. Sie verändern sich aufgrund von Lernvorgängen, also wenn wir Informationen abspeichern, in ihren funktionellen Eigenschaften, d. h. sie werden stärker oder schwächer, was sich auf die Verschaltungseigenschaften ganzer Netzwerke von Nervenzellen auswirkt.

Wie das Abspeichern von Informationen an einer Synapse funktioniert, lässt sich an einem Beispiel illustrieren: Eine Rose duftet üblicherweise nur da, wo man sie auch sehen kann. Und man kann sie nur da sehen, wo sie auch gut riecht. Der Anblick der Rosen und ihr Geruch kommen gemeinsam vor. Die neuronalen Verbindungen vom Auge führen zu einer Synapse, und zu ebendieser Kontaktstelle führen auch die Verbindungen von der Nase. Beide sind sowohl mit dem Duft als auch dem Aussehen der Rose verbunden. Dadurch hat sich die Art der Übertragung zwischen den Nervenzellen verändert. Sie ist stärker geworden. Es gibt mehr Informationen, die auf die Rose hinweisen. Duft und Aussehen dieser Pflanze sind miteinander verknüpft. Die Kontaktstelle ist stärker geworden und hat damit ihre Übertragungseigenschaften verändert und die Information gespeichert. Treten Ereignisse oft gleichzeitig ein, sehen und riechen wir die Rose zugleich, dann wird der Informationsfluss zwischen den Synapsen stärker.

Aber das Gehirn verändert sich nicht nur funktionell an den Synapsen, die beim Lernen stärker oder schwächer werden, sondern es unterliegt auch strukturellen Veränderungen – von der Geburt bis zum Tod. Lange Zeit galt das Gehirn eines erwachsenen Menschen als fest verdrahtet, und es wurde angenommen, dass keine neuen Nervenzellen gebildet werden können. Davon ausgehend, dass jede verlorene Nervenzelle und jede verlorene Synapse irreversibel verschwinden, kann das Altern nur mit Verlusten einhergehen. Dass dies auf der strukturellen Ebene nicht stimmt, konnte 1997 erstmals an Taxifahrern gezeigt werden. Wie Neurologen vom University College London bewiesen, ist die Größe des Hippocampus eine Frage des Trainings. In der rechten Hälfte des Hippocampus, der im vorderen Bereich des Gehirns sitzt, werden räumliche Erinnerungen gebildet; er wächst und schrumpft je nach Anforderungen. Die Forscher verglichen Londoner Taxifahrer, die wie im Schlaf ihren Weg durch das Straßengewirr finden und neben 300 Standardstrecken in der Stadt 25 000 Straßen in einem Neun-Kilometer-Radius um das Zentrum kennen, mit nicht taxifahrenden Personen und stellten fest, dass Erstere einen deutlich größeren Hippocampus besitzen. Darüber hinaus fanden sie heraus, dass bei Taxifahrern im Ruhestand der Hippocampus wieder schrumpft.

Studien mit Vögeln scheinen diese Beobachtung zu bestätigen. Wissenschaftler sind sich einig, dass bei den Arten, die Futter für die Wintermonate verstecken, wie z. B. bei Meisen, die Überlebenschancen größer sind, wenn sie ihren Vorrat über ein größeres Gebiet verteilt bereithalten. Je anspruchsvoller das Territorium der Meisen ist, desto größer wird bei ihnen der Hippocampus, schreibt Nicky Clayton von der Oxford University, die Sumpfmeisen mit in Gefangenschaft aufgewachsenen Blaumeisen verglich und zu dem Ergebnis kam, dass bei Sumpfmeisen die Gesamtzahl von Nervenzellen ebenso wuchs.

Entscheidend ist hier vor allem, dass sich einzelne Gehirnareale je nach Nutzung strukturell verändern. Dabei ist eine hohe Beanspruchung für das Gehirn besser als eine Denk-Schonhaltung, wie auch die folgenden Experimente beweisen: So konnte bei Medizinstudenten nachgewiesen werden, dass z. B. während des Lernens für das Zwischenexamen, das Physikum, der Hippocampus wächst. Wer intensiv Jonglieren übt, bei dem reagieren Gehirnareale, die beim Jonglieren mit Bällen besonders beansprucht werden! Wahrscheinlich bilden die Nervenzellen auch hier neue Synapsen aus oder gar ganze Dendritenäste von Neuronen. Dies könnte dazu führen, dass die neuronalen Netze, die mit bestimmten Prozessen häufig beschäftigt sind, ausgebaut werden. Aber nicht nur die grauen Zellen, die Neuronen, verändern sich über Jahre hinweg in unserem Kopf, auch die weiße Substanz wächst noch bis in das 50. Lebensjahr hinein.

Nach all diesen Erkenntnissen fragt man sich, warum bei einem Gesundheitscheck nicht auch eine regelmäßige Vorsorgeuntersuchung des Gehirns ansteht! Immerhin ist es für unsere Persönlichkeit und insgesamt für unser Wohlergehen wichtiger als viele andere Organe. Und vor allem: Es kann nicht ersetzt werden. Was hält uns davon ab? Die Kosten? Die Angst vor problematischen Befunden? Oder die Unwissenheit darüber, dass auch das Organ Gehirn altert und man diesen Alterungsprozess in gewissen Grenzen beeinflussen kann?

## Warum altern wir?

Bisher haben wir bestimmte Alterungsprozesse im Gehirn als gegeben vorausgesetzt, auch wenn deren genaue Betrachtung wesentlich differenzierter ausfällt, als man intuitiv denken würde. Älterwerden ist ein Prozess und kein plötzliches Ereignis, so als durchschritte man als junger Mensch in den besten Jahren eine Tür und käme auf der anderen Seite als alter Mensch heraus. Es vollzieht sich allmählich und ist unwiderruflich – warum aber altern wir überhaupt?

Genau genommen beginnt das Altern des Menschen mit seiner Geburt und schreitet dann unaufhaltsam fort bis zu seinem Tod. Der Begründer der modernen Altersforschung, der Mediziner Max Bürger, bezeichnete die nach biologischen Gesetzmäßigkeiten ablaufenden Veränderungsprozesse eines Lebewesens von der Geburt bis zum Tod als Biomorphose, als einen Prozess, der die Entwicklung des Körpers (und damit auch des Gehirns) in der Kindheit über die Pubertät bis hin zum jungen Erwachsenen, Erwachsenen, mittelalten und alten Menschen beschreibt. Den degenerativen Abschnitt des Alters, den er getrennt von der Biomorphose betrachtete, nannte er Seneszenz. Aber dieser Lebensabschnitt ist es, den wir gemeinhin vor Augen haben, wenn wir über Alter reden. Hiermit sind vor allem »die Prozesse des Alterns eines Menschen durch die Abnahme seiner Anpassungsfähigkeit gegenüber Umwelteinflüssen gemeint« (Max Bürger). In dieser Phase laufen physiologische Mechanismen, die der Aufrechterhaltung des inneren Milieus (Homöostase) in unserem Körper im Allgemeinen und in unseren Gehirnen im Besonderen dienen, nicht mehr mit ausreichender Schnelligkeit und Präzision ab. Kurz, die Homöostase ist gestört.

Altern ist also ein »biologisches Schicksal«. Nun ist es zwar richtig, dass nach der Geburt die allgemeine Leistungsfähigkeit des Körpers im Allgemeinen und des Gehirns im Besonderen bis in das junge Erwachsenenalter stetig (manchmal auch sprunghaft) zunimmt. Aber nach Ablauf der Jugend und bereits mit Beginn des jungen Erwachsenenalters sinkt die Leistungsfähigkeit unseres Körpers in vielen Aspekten kontinuierlich wieder ab (so z. B. unser Arbeitsgedächtnis, siehe Abb. 3). Alterungsprozesse betreffen jeden Organismus, sie sind in gewisser Hinsicht quasi vorherbestimmt und unumkehrbar – allerdings verlaufen sie genetisch bedingt sehr unterschiedlich und können darüber hinaus durch den Lebensstil gestaltet werden.

Die Suche nach den Ursachen für die Alternsprozesse ist immer noch Gegenstand der Wissenschaft. Genau genommen haben die Lebenswissenschaften noch keine endgültige Antwort darauf gefunden. Es gibt aber einige Erklärungsversuche: Eine Theorie geht davon aus, dass die Summe der während des Lebens auf den Körper einwirkenden äußeren Einflüsse zu Verschleiß- und Vergiftungserscheinungen führt. Darüber hinaus vermutet man, dass die Sauerstoffradikale, wie sie in den Kraftwerken der Zelle, den Mitochondrien, entstehen, eine Rolle spielen könnten. Sauerstoffradikale fallen als Nebenprodukt der Zellatmung an, die die meiste Energie in unseren Körperzellen erzeugt. Die aggressiven Radikale selbst entstehen zwar immer, aber in jungen Zellen in einem geringeren Umfang. Und in jeder Zelle arbeiten viele Enzyme daran, diese Radikale schnellstmöglich zu entsorgen. In älteren Zellen wird die Zellatmung jedoch »unsauberer«, es entstehen mehr Radikale, die weniger gut entsorgt werden können und zunächst die Eiweißmoleküle der Zellatmung selbst schädigen, so dass eine weniger universelle Energiewährung in Form von ATP – das ist eine energiereiche chemische Verbindung – produziert werden kann (Abb. 4). Darüber hinaus beein-

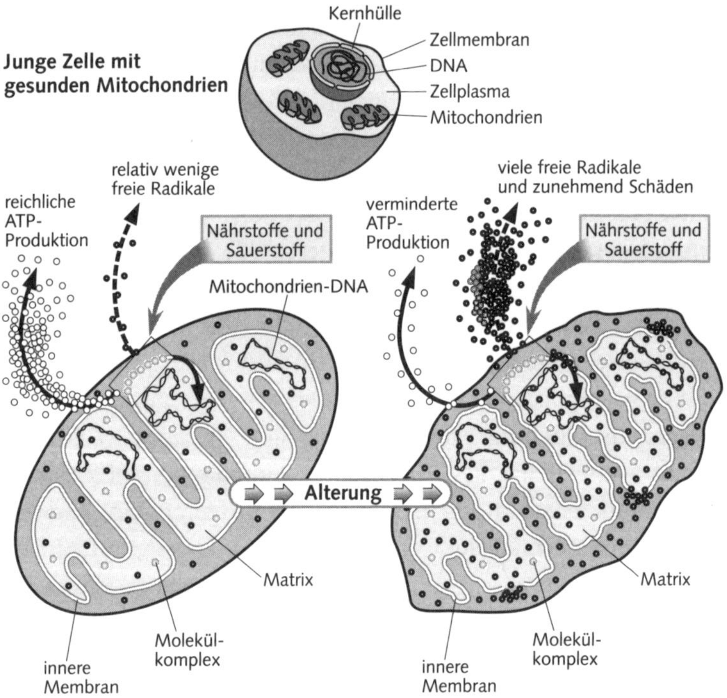


**Abbildung 4: Mechanismen der Zellalterung**

Wenn es zu einem Funktionsverlust in den Mitochondrien der Zellen kommt, kann weniger energiereiches ATP hergestellt werden; es werden vermehrt Sauerstoffradikale produziert, die die umliegenden Zellen schädigen können.

trächtigen sie die mitochondriale DNA – ja, die Mitochondrien haben eine eigene DNA, die dafür sorgt, dass Mitochondrien ihre eigenen Eiweißmoleküle herstellen können. Sie sind das einzige Organell in tierischen Zellen, dem diese Art von Autonomie erlaubt ist. Die Radikale greifen aber auch andere Organellen und Strukturen in Zellen an, so dass durch die betroffene Atmungskette in den Mitochondrien nicht nur weniger Energie produziert wird, sondern kontinuierlich und unaufhaltsam immer mehr Zellstrukturen beschädigt werden – ein Teufelskreis, der irgendwann nicht mehr zu stoppen ist. Die Folge ist, dass einzelne Zell- und Gewebebestandteile im Laufe der Zeit ihre Funktionsfähigkeit einbüßen, weshalb Zellfunktionen beeinträchtigt und einzelne Gewebe weniger belastbar sind.

Interessanterweise konnte gezeigt werden, dass bei verringertem Kalorienangebot eine unsaubere Zellatmung und der Angriff auf elementare Strukturen von Zellen minimiert wird – Alterungsprozesse laufen dann verlangsamt ab. Experimente belegten, dass extrem schlanke Tiere länger als normalgewichtige leben, und erste Studien beim Menschen deuten ebenfalls auf die Richtigkeit dieser These hin.

Noch offen ist, ob die beobachteten Veränderungen der DNA, welche die gesamte Erbinformation eines Menschen enthält, Ursache oder Folge des Alterns sind. Einige Annahmen gehen davon aus, dass Altern und letztendlich der Tod im »genetischen Programm« jeder Zelle bereits verankert sind und daher in festgelegter Weise ablaufen. Aufgrund dieser Prozesse, die in jeder einzelnen Zelle des Körpers in mehr oder minder starker Ausprägung vonstattengehen, verändern sich nach und nach die Eigenschaften, Funktionen und die Funktionsfähigkeiten einzelner Gewebe, Organe und Organsysteme. Das hat Auswirkungen auf den gesamten Menschen.

Unabhängig von diesen vielfältigen Veränderungen im Körper des Menschen kommt es schließlich zu einer verringerten Anpassungsfähigkeit an äußere Einflüsse, wie veränderte Lebens-

oder Klimabedingungen, die sowohl auf den Körper als auch auf unsere kognitiven Fähigkeiten einwirken. Sie erhöht z. B. die Infektionsanfälligkeit und das Risiko, an Krebs zu erkranken, da das Immunsystem älterer Menschen nicht mehr so effektiv Keime und entartete Zellen vernichtet.

### Wann ist man alt?

Im Verlaufe dieses Buches war schon oft von alt versus jung die Rede. Aber ab wann ist man neurobiologisch alt? Die Weltgesundheitsorganisation (WHO) macht es sich hier einfach: Als alt gilt, wer das 65. Lebensjahr vollendet hat. In Deutschland und auch in den USA wird gar ab dem 70. Lebensjahr von einem »geriatrischen Patienten« gesprochen.

Aber ganz so einfach ist die Sache nicht. Das Lebensalter ist das eine; der sehr viel aussagekräftigere Gradmesser für den individuellen körperlichen Zustand und die Gesundheit eines Menschen ist sein biologisches Alter. Damit ist allerdings noch nicht beantwortet, wie alt man kognitiv ist, wenn man ein bestimmtes biologisches Alter erreicht hat. Nimmt man das Arbeitsgedächtnis als Kriterium, so beginnt das Alter schon ab dem 25. Lebensjahr.

Bisher gibt es keine eindeutige quantifizierbare Festlegung biologischer Alterungsprozesse des Menschen im fortgeschrittenen Leben. Vielmehr findet man eher qualitative Begriffe wie »deutlich gealtert«, »jung geblieben«, »gut gehalten« oder »jünger wirkend«. Dazu kommt, dass Altern ein sehr individueller Vorgang ist. Selbst innerhalb einer Familie, in der alle genetisch eng miteinander verwandt sind, können Alterungsprozesse unterschiedlich ablaufen. So können z. B. Geschwister, die kurz hintereinander geboren wurden, deutlich unterschiedlich altern. Auch außerhalb der Familie kann das biologische Alter bei ähnlich alten Menschen sehr unterschiedlich ausfallen. Jeder kennt das: Menschen, die im selben Jahr geboren sind, etwa die

Klassenkameraden aus der Grundschule, haben sich im Laufe der Zeit unterschiedlich entwickelt und wirken entsprechend unterschiedlich alt. Je nach Beanspruchung kann das biologische Alter verschiedener Organsysteme eines Menschen unterschiedlich ausfallen. So ist es beispielsweise möglich, dass bei einem durchtrainierten Leistungssportler das Herz in einer ausgezeichneten Verfassung ist. Es ist biologisch jünger, als es dem biographischen (zeitlichen) Alter dieses Menschen entspricht. Dagegen können die Gelenke desselben Sportlers durch die starke Belastung deutlich stärkere Verschleißerscheinungen aufweisen, als es für das biographische Alter typisch wäre. Die Gelenke sind also gewissermaßen vorgealtert und somit biologisch älter als der Mensch selbst.

Die Unterschiede zwischen biographischem und biologischem Alter können zum Teil auf eine angeborene »Veranlagung« zurückgeführt werden. Aber sie unterliegen auch in hohem Maße äußeren Einflüssen. Ein Beispiel für einen angeborenen Einfluss auf das Altern ist ein Mensch mit einer angeborenen, in der Familie gehäuft auftretenden Fettstoffwechselstörung. Er hat ein hohes Risiko, eine Arteriosklerose zu entwickeln. Dies führt zu einer krankhaften Veränderung und auch zu einer verfrühten Alterung der Arterien. Daneben ist ein Teil der Organe (insbesondere Herz und Gehirn) in Mitleidenschaft gezogen; sie sind in erhöhtem Ausmaß verfrühten Alterungsprozessen ausgesetzt und eher von Herzinfarkt und Schlaganfall bedroht. Letztendlich ist es immer eine Kombination aus angeborenen Voraussetzungen und äußeren Faktoren, die das Ausmaß und die Geschwindigkeit des Alterns bestimmen.

**»Das Alter zieht noch mehr Runzeln in unseren Verstand als in unser Antlitz.«**
Michel de Montaigne

Auch wenn sich also nicht so genau sagen lässt, ab wann wir alt sind – entscheidend ist, dass neben unseren Genen und Umweltfaktoren, die wir weniger beeinflussen können, unser Lebensstil einen erheblichen Einfluss darauf haben kann, wie wir altern, welche Fähigkeiten wir im Alter einbüßen, welche wir erhalten und welche wir sogar noch ausbauen können.

Auf der Grundlage von vielen Tausend Gesprächen, die er als Leiter einer großen Abteilung an der amerikanischen George-Washington-Universität über die Erforschung des Alters geführt hat, gibt der Altersforscher und Neurologe Gene D. Cohen folgende Grundkonstanten der Entwicklung von älteren Menschen an, die vielleicht für den ein oder anderen eine Bestätigung oder auch eine Anregung darstellen können:

- sich selbst endlich richtig kennen und verstehen lernen und mit sich selbst zufrieden sein
- lernen, gut und richtig zu leben
- sein Urteilsvermögen schärfen
- anderen Menschen, der Familie und der Allgemeinheit etwas von sich geben
- die eigene Lebensgeschichte erzählen
- nicht aufhören, Entdeckungen zu machen und sich auf Neues einzulassen.

## Das Vier-Phasen-Modell menschlichen Alterns

Auch wenn es schwierig ist festzulegen, ab wann wir altern (bereits nach der Geburt, nach dem 18. oder 25. oder 65. Lebensjahr), sei hier ein, wie ich meine, sinnvolles Modell der menschlichen Entwicklungsstufen vorgestellt. Ähnlich wie es der Psychologe Jean Piaget für die Kindesentwicklung vorgenommen hat, unterteilt der eben erwähnte Gene Cohen die Entwicklung des alternden Menschen in vier Phasen.

In Phase I (50. bis 55. Lebensjahr) tritt der Mensch in einen Lebensabschnitt ein, in dem es um eine Neuausrichtung, um das Ausloten und den Umbruch geht. Es werden Fragen gestellt wie: Wer bin ich? Wo bin ich gewesen? Wohin gehe ich? Diese Phase geht einher mit einer besseren Kontrolle impulsiver Regungen auf Alltagssituationen und auf andere Menschen. Menschen in diesem Alter reflektieren vermehrt ihre Einstellung gegenüber der eigenen Arbeit, sind offener für neue Ideen und haben mehr Achtung vor Gefühlen und Intuitionen. Die II. Phase, die Cohen zwischen dem 55. und 65. Lebensjahr ansiedelt, ist eher eine Zeit der Befreiung, des Experimentierens mit neuen Rollen. Cohen vergleicht diese Phase mit der Pubertät: Ähnlich wie in der Jugend sei dies eine Phase des Experimentierens mit Rollen, einem neuen Gefühl der Autonomie, bedeutsamen Verschiebungen des Identitätserlebens etc. Zwischen dem 65. und dem 75. Lebensjahr erfolgt eine Phase III des prüfenden Rückblicks, in der häufig ein Lebensresümee gezogen wird. Menschen in diesem Alter versuchen, ihren Lebensweg nachzuzeichnen und ihm Bedeutung zu geben, sie verspüren den Drang, Rückschau zu halten und anderen etwas von ihren Lebenserfahrungen mitzugeben. Das, was man selbst erlebt hat, soll auch anderen zugute kommen.

In der IV. Phase (meist wenn man auf die 80 zugeht) wird häufig das Erreichte gefeiert, es wird reflektiert, und häufig ist es auch die Phase, in der Erlebtes in ein neues Licht getaucht wird. Sowohl für die Phase III als auch IV gilt laut Cohen: »Auch wenn wir uns mit Krankheit oder körperlichen Einschränkungen abfinden müssen, sind nach wie vor machtvolle Antriebskräfte in uns wirksam wie etwa Bedürfnisse nach Liebe, Miteinander und Selbstbestimmtheit und der Wunsch, der Welt etwas zurückzugeben.«

Cohen zeigt an diesem Vier-Phasen-Modell: Unsere Persönlichkeit, unser Selbst und unsere Kreativität entwickeln sich ebenfalls ein Leben lang weiter! Mit anderen Worten: Auch die Entfaltung der Persönlichkeit ist ein Prozess, der nie zu Ende ist.

## Postkarte aus dem Leben

### Stufen

*Wie jede Blüte welkt und jede Jugend*
*Dem Alter weicht, blüht jede Lebensstufe,*
*Blüht jede Weisheit auch und jede Tugend*
*Zu ihrer Zeit und darf nicht ewig dauern.*
*Es muß das Herz bei jedem Lebensrufe*
*Bereit zum Abschied sein und Neubeginne,*
*Um sich in Tapferkeit und ohne Trauern*
*In andre, neue Bindungen zu geben.*
*Und jedem Anfang wohnt ein Zauber inne,*
*Der uns beschützt und der uns hilft, zu leben.*
*Wir sollen heiter Raum um Raum durchschreiten,*
*An keinem wie an einer Heimat hängen,*
*Der Weltgeist will nicht fesseln uns und engen,*
*Er will uns Stuf' um Stufe heben, weiten.*
*Kaum sind wir heimisch einem Lebenskreise*
*Und traulich eingewohnt, so droht Erschlaffen,*
*Nur wer bereit zu Aufbruch ist und Reise,*
*Mag lähmender Gewöhnung sich entraffen.*
*Es wird vielleicht auch noch die Todesstunde*
*Uns neuen Räumen jung entgegen senden,*
*Des Lebens Ruf an uns wird niemals enden …*
*Wohlan denn, Herz, nimm Abschied und*
*gesunde!*

Hermann Hesse

KAPITEL 3

# Neuronales Denkstübchen: Wie unser Gehirn alle seine Aufgaben meistert

*»Das menschliche Gehirn lässt sich vergleichen mit einem verzauberten Webstuhl, in dem Millionen von Weberschiffchen hin- und herflitzen, während sie an einem endlosen Musterwechsel weben.«*

Charles Sherrington, Neurophysiologe

## Anleitung zum Gehirnverständnis

Im vorangegangenen Kapitel habe ich die kognitiven Veränderungen beschrieben, die mit der Alterung des Gehirns einhergehen, aber wir haben die Gehirnveränderungen selbst nur oberflächlich gestreift. Das soll sich in diesem Kapitel ändern. Nur so ist es möglich, das, was im Laufe der Jahre in unserem Gehirn geschieht, wirklich nachzuvollziehen und dann auch vorsorglich zu handeln. Kognitive Eigenschaften wie Denken, Gedächtnis und Persönlichkeit sind ebenso wenig extrakraniale – also außerhalb des Kopfbereiches liegende – Eigenschaften wie Gefühle und Emotionen, Verstand und Vernunft. Sie sind allesamt ein Produkt des Gehirns – des jungen, des mittelalten und des alternden Gehirns. Wenn diese Eigenschaften sich über die Lebensspanne hinweg verändern, hat sich auch in unserem Gehirn etwas getan.

In den letzten zehn Jahren hat die Hirnforschung mit Hilfe bildgebender Verfahren und vieler tierexperimenteller und molekularbiologischer Methoden eine Schatzkiste an Befunden gehoben. Sie ergeben ebenso wie die kognitiven Resultate ein differenziertes Bild des Alters. Begeben wir uns auf eine Reise in unser Gehirn und schauen wir uns den Aufbau unseres Denkstübchens und sein funktionelles Treiben an. Das Gehirn ist ein gelatineartiges, ca. drei Pfund schweres Gebilde, das von der Seite betrachtet viel Ähnlichkeit mit einem Boxhandschuh hat, wobei der Schläfenlappen als Bestandteil der Großhirn-

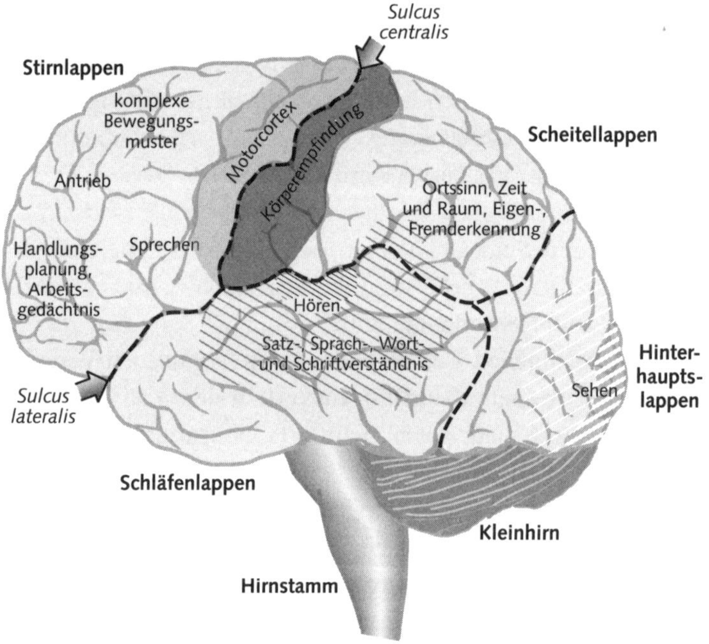


**Abbildung 5: Übersicht Gehirnanatomie**
Das Gehirn setzt sich aus 100 Milliarden Nervenzellen zusammen, die untereinander 15 Trillionen Verknüpfungspunkte (Synapsen) haben. Die einzelnen Areale haben besondere Bedeutung für bestimmte Funktionen. Im Scheitellappen an der Grenze zum Stirnlappen befindet sich z. B. der für die Körperempfindungen zuständige somatosensorische Cortex. In ihm ist die Körperoberfläche abgebildet – allerdings in der Größe verzerrt. Grundsätzlich gilt: Je dichter ein Gebiet mit Sinneszellen besetzt ist, umso größer ist seine Repräsentation im Gehirn.

rinde optisch dem Daumen ähnelt. Das Gehirn setzt sich in seiner Gesamtheit aus einem Netzwerk von vielen Milliarden Nervenzellen zusammen, die wiederum untereinander miteinander verknüpft sind.

Eine einzige Nervenzelle vermag zwischen 100 und 100 000 Verknüpfungen zu anderen Zellen herzustellen. Bei einer Gesamtheit von 100 Milliarden Nervenzellen bedeutet dies, dass jedes menschliche Gehirn etwa so viele Synapsen beinhaltet, wie der gesamte Amazonas-Regenwald Blätter hat! Die Verbindung zwischen zwei Nervenzellen heißt Synapse; sie ist der Schauplatz der synaptischen Übertragung. Jedes synaptische Endköpfchen enthält Bläschen (Vesikel), die mit Neurotransmittern – das sind chemische Botenstoffe – gefüllt sind. Erreicht ein Nervenimpuls des Axons eine Synapse, bewirkt dies eine Verschmelzung der Bläschen mit der Wand des Endköpfchens. Dies führt zur Freisetzung der Botenstoffe, die auf der anderen Seite des synaptischen Spaltes andocken, an dafür genau vorgeprägten Stellen, den Rezeptoren. Diese beeinflussen nun wieder das Gleichgewicht bestimmter Salze, wie Natriumchlorid (NaCl) oder Kaliumchlorid (KCl), oder setzen weitere Botenstoffe frei. Mittlerweile sind mehr als 100 solcher Botenstoffe bekannt. Im Gehirn wichtig sind vor allem die Botenstoffe, die von Aminosäuren abstammen: Glutamat als wichtigster erregender Botenstoff, Gamma-Aminobuttersäure (GABA) als hemmender Botenstoff oder auch Noradrenalin, Dopamin und Serotonin. Das Gehirn arbeitet auch mit Botenstoffen, die größer sind und aus einer Kette von Aminosäuren bestehen: etwa Acetylcholin oder Peptide. Wenn wir etwas lernen oder etwas im Gedächtnis behalten wollen, verändern sich die Synapsen, sie werden entweder verstärkt oder abgeschwächt. Sie sind die Orte, an denen sich Lernprozesse materialisieren, und an einigen dieser Synapsen kann man Alterungsprozesse beobachten.

Eine Nervenzelle besteht typischerweise aus einer Inputregion, Dendritenbaum genannt, in der die Signale über Synapsen ein-

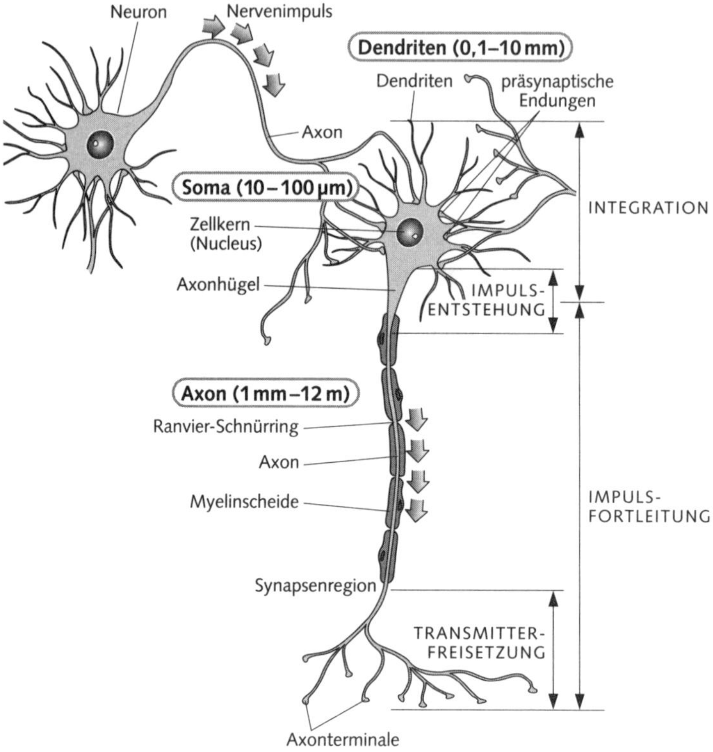


laufen (Abb. 6). Diese Signale werden dann passiv zum Zellkörper weitergeleitet, der nicht nur den Zellkern und alle Zellorganellen enthält, sondern auch eine Region, die Aktionspotenziale generieren kann – schnelle, immer gleichförmig hohe elektrische Potenziale, die ohne Verlust ihrer Signalgröße durch ein Axon laufen. Sie sind der neuronale Code, mit dem Informationen in Neuronen weitergegeben werden. Das Axon ist der lange, faserartige Fortsatz, der Output, einer Nervenzelle. Axone verzweigen sich meist erst weit entfernt vom Zellkörper und können zum Teil sehr lang (bis zu einem Meter) werden. Die »Haut« (Membran), die jede Nervenzelle umschließt, besitzt winzige Löcher, sogenannte Kanäle, die nur bestimmte Ionen als geladene Teil-

**Abbildung 6: Die Nervenzelle**

Eine Nervenzelle hat meist vier Komponenten:

1. Zellkörper (Soma oder Perikaryon): Er umfasst den Zellkern als Träger der genomischen Information und das Zytoplasma mit Zellorganellen für die Herstellung aller erforderlichen Moleküle des Erhaltungs- und Funktionsstoffwechsels.
2. Dendriten, als »afferente Strukturen«, empfangen die Mehrzahl aller Synapsen zur Informationsaufnahme durch das Neuron. Je nach Anzahl der primären Dendriten erfolgt eine Klassifikation der Neuronen in uni-, bi- und multipolar.
3. Axone, auch Neuriten genannt: Als »efferente Strukturen« sind sie zur Weiterleitung des am Axonhügel entstehenden Aktionspotenzials in mehr oder weniger weit entfernte Zielgebiete befähigt. Meist besitzt jedes Neuron nur ein Axon, welches aber oft viele Kollateralen ausbildet.
4. Synapsen: Sie sind die besonderen Differenzierungen am »Ende« eines Axons, wo die Aktionspotenziale zur Freisetzung von Transmittern führen und damit eine Sequenz von Prozessen initiieren, die der Informationsübertragung auf die nachgeschaltete, räumlich von ihr durch den synaptischen Spalt getrennte Nervenzelle (oder Muskelzelle) dient.

chen durchlassen. Die Botschaft bzw. der Nervenimpuls (Aktionspotenzial) wandert durch das Axon, weil sich Abschnitt für Abschnitt elektrisch geladene Teilchen (Ionen) durch die Kanäle der Membranen bewegen. Axone sind meist von Isolierhüllen (Myelinscheide) aus Gliazellen umgeben (griech. *glia* = Kitt), die die Fortleitungsgeschwindigkeit erhöhen. Ist die Myelinhülle geschädigt, so erfolgt die Informationsübermittlung langsamer, manchmal auch fehlerhaft. Dies ist besonders im Zusammenhang mit Alterungsprozessen von Bedeutung, da gerade die Gliazellen, die ja die Myelinhülle bilden, im fortgeschrittenen Alter gerne Schaden nehmen. Die Nervenzellen bilden übrigens nur 10 % aller Zellen des Gehirns, 90 % sind sogenannte Gliazellen.

**Die Architektur des Gehirns – vom Keller bis zum Dachboden**
Kommen wir zu einer mehr makroskopischen Betrachtung des Gehirns: Dabei beginnen wir im Hirnstamm (Abb. 7), quasi im Keller des Gehirns, wo die gehirneigenen Wecker sitzen, die uns mal langsamer, mal schneller aus dem Schlaf befördern. In der Tat ist der Hirnstamm gleichsam das Fundament des Gehirns. Er ist im Wesentlichen eine Erweiterung unseres Rückenmarks und wird auch als »Reptiliengehirn« bezeichnet, weil er, etwas vereinfacht ausgedrückt, der Teil des Gehirns ist, mit dem Reptilien und Fische auskommen müssen.

Seine hauptsächliche Funktion besteht darin, uns am Leben zu halten, indem er z. B. unsere Atmung und unseren Herzschlag reguliert – beides Funktionen, die auch im Schlaf präzise wie ein Uhrwerk funktionieren müssen. Im Zentrum dieses Hirnstammes liegt das sogenannte retikuläre Aufmerksamkeitssystem (RAS oder Formatio retucularis), welches uns beim Läuten des Weckers oder wenn wir ungewohnte Geräusche hören, weckt. Es bildet einen Komplex aus mehreren Kernen, die quasi in alle Geschosse des Großhirns projizieren und dieses auf ankommende Signale aufmerksam machen. Diese allgemeine Aufmerksamkeit (engl. *arousal* = Wachheit) ist entscheidend, um auf die Prozessierung von eingehenden Sinnesinformationen vorbereitet zu sein, die während der Nacht weitgehend heruntergedimmt wird. Aber auch nach innen spielt das RAS eine wichtige Rolle, z. B. dann, wenn wir »in uns hineinhorchen«, uns etwa an einen Namen erinnern wollen, der uns entfallen ist, während wir gleichzeitig versuchen, die visuellen und akustischen Geräusche um uns herum zu ignorieren.

Über dem Hirnstamm liegen die Räume des limbischen Systems (lat. *limbus* = Ring), das vor allem mit unseren Emotionen beschäftigt ist (Fühlen wir uns morgens wohl, oder sind wir schlecht gelaunt? Haben wir Angst vor etwas, was uns an diesem Tag erwartet?) und wie ein Treppenhaus die Funktionen des Hirnstammes mit der Großhirnrinde verbindet. Es enthält die Strukturen, die uns zu Säugetieren machen, von der Körpertemperatur bis zur Sexualität. Außerdem sitzen hier die inneren Uhren, die uns auf dem Kurs einer 24-stündigen Rhythmik halten, die während der Pubertät, aber auch im Alter durcheinandergeraten kann. Im Alter wird die Amygdala (Mandelkern) in ihrer

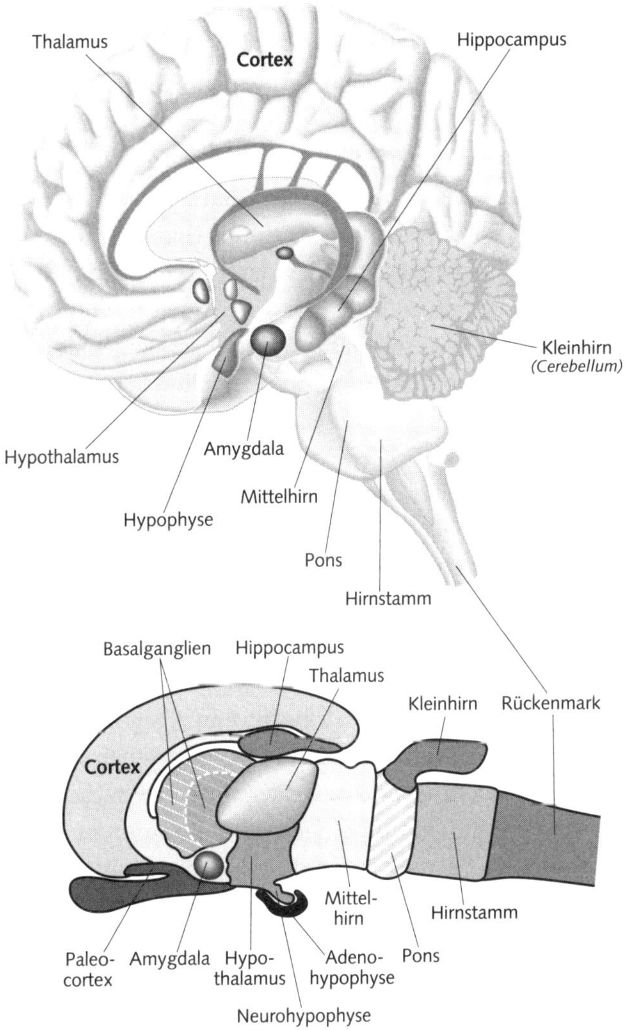


**Abbildung 7: Schematischer Aufbau des Gehirns**

Bedeutung zurückgebaut, sie hat dann weniger Einfluss über die Vorgänge im Oberstübchen, also der Großhirnrinde.

Innerhalb des limbischen Systems nimmt der Hypothalamus eine ganz zentrale Rolle ein: Kaum größer und schwerer als eine Erbse, fungiert er als eine Art Gehirn in unserem Gehirn, zumindest was unsere basalen Körperfunktionen betrifft. So reguliert er schon Stunden vor dem Aufwachen die Körpertemperatur langsam nach oben (während er vor dem Einschlafen die Temperatur herunterreguliert, weshalb es gerade abends so wichtig ist, sich vor Erkältungen zu schützen). Darüber hinaus steigert er vor Anbruch des Morgens langsam den Cortisol-Level im Blut. Das Stresshormon Cortisol ist insofern wichtig, als es dem Körper genügend Energie zuführt, wenn er sein Tagewerk beginnt. Allerdings kann die Produktion von Cortisol, die etwa gegen 4 Uhr morgens hochreguliert wird, zu Schlafstörungen führen. In jungen Jahren bereitet sie das Aufwachen bereits mit einigen Stunden Vorlauf vor; bei älteren Menschen, bei denen der Schlaf nachts häufig unterbrochen ist (z. B. durch einen Toilettengang), kann sie das Wieder-Einschafen erschweren. Das ist aber weder unnormal noch bedenklich.

Zudem reguliert der Hypothalamus mit chemischen und elektrischen Signalen die einzige Drüse des Gehirns, die Hirnanhangsdrüse (Hypophyse). Mit Hilfe dieser Signale weiß der Körper, ob er zu wachsen hat, welche Hautfarbe er annehmen, ob und wann bei der Frau ein Eisprung stattfinden und wie viel Testosteron in den Hoden produziert werden soll. Der Hypothalamus reguliert außerdem unseren Appetit und Durst, den Herzschlag und den Blutdruck, unseren Hormonhaushalt und unser sexuelles Verhalten sowie einen Teil unserer Gefühle. Kurzum, er sorgt dafür, dass unser Körper im Gleichgewicht bleibt, so wie das Lüftungs- und Heizsystem die Temperatur eines Hauses auf einem bestimmten Niveau hält. Der Hypothalamus ist im Alter Veränderungen unterworfen: So bewirkt ein Verlust von Nervenzellen im Hypothalamus, dass er viel zu spät anzeigt, ob wir bereits dehydriert sind, mit anderen Worten: dass wir die Wasserspeicher des Körpers wieder auffüllen müssen. Entsprechend trinken alte Menschen oft zu wenig – mit fatalen Auswirkungen: Der Blutdruck ist nicht optimal reguliert, und das Gehirn wird nicht optimal mit Sauerstoff und Traubenzucker (Glukose) versorgt. Dagegen kann die kognitive Leistung um bis zu 10 % gesteigert werden, wenn man sich »zwingt«, mehr zu trinken, als das Durstgefühl einem signalisiert.

Neben den Hypothalamus gehört der Hippocampus, wegen der Ähnlichkeit seiner Form auch Seepferdchen genannt, zu unserem limbischen System. Er orchestriert unser Faktengedächtnis ebenso wie unsere autobiographischen Erinnerungen. Und er ist ein Tag- und Nachtarbeiter. Tagsüber fungiert er als Türsteher, der darüber mitbestimmt, welche Informationen dauerhaft in das Langzeitgedächtnis gelangen, und dabei hilft, neue Erlebnisse mit alten in Beziehung zu setzen. Nachts »übt« der Hippocampus mit der Großhirnrinde, was von den tagsüber erfahrenen Fakten und Erlebnissen abgespeichert werden soll und wo in den Windungen des Cortex der richtige Assoziationsanker für die neuen Erlebnisse sein könnte. Das Gehirn arbeitet also nachts weiter, es sortiert das tagsüber Erlebte in Vorgänge, die abgespeichert werden, und in solche, die dem Vergessen anheimfallen. Für diese Vorgänge ist es entscheidend, dass der Schlaf, der in ganz bestimmten, wechselnden Rhythmen zwischen Tiefschlaf und REM-Schlaf (REM: *Rapid Eye Movement*, also der Schlaf mit schnellen Augenbewegungen) hin- und herpendelt, möglichst wenig unterbrochen wird, so dass diese Speicher- und Sortiervorgänge reibungslos ablaufen können. Entsprechend sind Schlafstörungen im Alter ernst zu nehmen, vor allem vor dem Hintergrund, dass der Hippocampus im Zuge der Alterungsprozesse des Gehirns besonders stark in Mitleidenschaft gezogen wird (siehe Kapitel 4).

**»Die Aufmerksamkeit ist der Meißel des Gedächtnisses.«**
François-Gaston de Lévis

Ein anderes wichtiges Areal im limbischen System ist die Amygdala, der Mandelkern. Sie ist wesentlich beteiligt an der

Entstehung von Angst und aggressivem Verhalten (besonders bei Männern, bei denen sie auch größer ist als bei Frauen). Generell spielt die Amygdala eine wichtige Rolle beim emotionalen Lernen und bei der emotionalen Erstbewertung neuer Situationen. Sie tritt in Aktion, wenn wir z. B. etwas aus Angst meiden oder durch Belohnung lernen, leitet aber auch unser impulsives, manchmal eben aggressives Verhalten. Empfinden wir Angst, sorgt die Amygdala dafür, dass sich das Gefühl über das gesamte Gehirn »verbreitet«, und zwingt die Großhirnrinde, einfache Regeln zu befolgen, schnell zu reagieren, Assoziationen zu vermeiden und stereotyp zu handeln. Wer also im Alter unsicher wird, weil sich Ängste häufen, wird in der Tat beim Denken in seiner assoziativen und kreativen Kraft eingeschränkt.

Noch unterhalb der beim Menschen höchst prominenten Großhirnrinde liegt ein Zwischengeschoss mit verschiedenen evolutiv alten Hirnkernen, die alle dem sogenannten Zwischenhirn angehören. Den größten Raum, ähnlich einer Empfangshalle, nimmt dabei der Thalamus ein. Er ist für die sensorischen Informationen zuständig, die fast alle bei ihm ankommen, umgeschaltet und zu den entsprechenden Hirnarealen versandt werden. Er ist wie ein großer Flur, der die entsprechenden Signale in bestimmte Räume, vor allem das Obergeschoss, weiterleitet. Dieser Thalamus ist aber nicht nur eine Informationsdurchgangsstation; wenn's schnell gehen muss, wie etwa bei Fluchtreaktionen, darf er selbst »mitentscheiden«. Zum Zwischenhirn zählt auch die ehemals unter Philosophen viel diskutierte Zirbeldrüse (Epiphyse). Da sie anders als die anderen Hirnkerne und Strukturen nicht in doppelter Ausführung vorliegt, hielt René Descartes sie für den Vermittler zwischen Seele und Körper. Tatsächlich hat die Zirbeldrüse jedoch mit trivialeren Dingen zu tun: Sie regelt etwa die Tönung der Haut nach Sonneneinwirkung und ist beteiligt am Tag/Nacht-Rhythmus.

Ebenfalls unterhalb des Obergeschosses der Großhirnrinde liegen die riesigen Wohnräume der Basalganglien, die sowohl an der Planung als auch an der Initiierung von Bewegungen beteiligt sind. Wir benötigen sie beispielsweise, um morgens aus dem Bett zu steigen. Beschädigte Basalganglien sind eine der Ursachen für die Parkinson'sche Krankheit, wie in Kapitel 7 ausführlich erläutert werden wird.

Das »Prunkstück« des menschlichen Gehirns ist das stark ausgebaute Dachstübchen, die Großhirnrinde oder Cortex genannt. Hier nehmen wir vor allem die »Ich«-Perspektive ein, die es uns ermöglicht, uns selbst beim Aufstehen morgens zu beobachten, und deren veränderter Aktivitätsrhythmus uns des Nachts das Bewusstsein verlieren lässt. Mit dem Großhirn treffen wir unsere Entscheidungen, speichern Gedächtnisinhalte ab, bewerten und kontrollieren Gefühle, hören Musik, verstehen und produzieren Sprache, sehen und entwerfen Bilder und verfolgen langfristige Ziele. Kurz: Mit dem Cortex organisieren wir unsere Welt. Es ist gewissermaßen Kontroll- und Exekutivorgan unseres Gehirns in einem. Es erhält von allen Sinnesorganen Informationen, analysiert diese, vergleicht sie mit vorherigen Erfahrungen, unserem Wissen und allen anderen Informationen, fällt auf dieser Basis eine Entscheidung und schickt seine Befehle und Instruktionen an die entsprechenden anderen Hirngebiete, Drüsen und Muskeln. Sein Aufbau gleicht einem postmodernen Gebäudetrakt mit Räumen in Räumen, die ineinander übergehen und miteinander in Verbindung stehen, aber dennoch ihre jeweils typische Ausstattung haben. Wird dieser Teil des Gehirns bei einem Schlaganfall oder bei der Alzheimer-Erkrankung geschädigt, gehen häufig nicht nur wichtige körperliche Funktionen verlustig, sondern im wahrsten Sinne des Wortes unser »Selbst«.

Evolutionsgeschichtlich ist unser Großhirn der jüngste Teil des Gehirns, so als wäre einem alten Haus ein hochmoderner Dachstuhl mit allerlei Ausbauten aufgesetzt worden. Es ist vor allem bei Säugetieren hochentwickelt. Quantitative Spitzenwerte in Volumen und Zellzahl erreicht es bei Delphinen, Schimpansen, Elefanten und beim Menschen, wo es etwa 70 % des gesamten Gehirnvolumens ausmacht (auch wenn das Kleinhirn wesentlich mehr Nervenzellen hat). Von allen Lebewesen (mit Ausnahme der Delphine) ist das menschliche Großhirn das am stärksten gefurchte. Durch die vielen Furchungen und Ausstülpungen kommt es zu einer enormen Oberflächenvergrößerung. Würde man das menschliche Großhirn wie einen Weihnachtsplätzchenteig zu einer Fläche ausrollen, hätte es eine Größe von 1,5 $m^2$, das entspricht einer Fläche von etwa 24 DIN-A4-Blättern. Die Gräben oder Furchen in der Großhirnrinde nennt man Sulci (Singular: Sulcus, wie der Wagen, in dem die Trabrennfahrer sitzen). Die Ausstülpungen zwischen den Sulci heißen Gyri (Singular: Gyrus). Dabei ist die Großhirnrinde selbst nur 3 mm dick und in der Regel in sechs Zellschichten unterteilt. Die Rinde selbst sitzt auf einem riesigen Gewirr an weiß aussehenden Kabeln (Fasern), die die Nervenzellen miteinander verbinden. Nur die Zellkörper sitzen in der Großhirnrinde. Von den Volumenverhältnissen verhält sich die Rinde zur weißen Substanz, den Teilen des Zentralnervensystems, die aus Leitungsbahnen (Nervenfasern) bestehen, wie sechs Schichten Zuckerguss auf einer Torte.

## Das denkende Großhirn

Der Cortex des Menschen, dieses so prominente Oberstübchen des Gehirns, soll nun gesondert und ausführlich betrachtet werden, da es sowohl unser Menschsein an sich als auch Alterungsprozesse entscheidend bestimmt. Schaut man sich den Aufbau des Großhirns genauer an, so ist sein hervorstechendstes Merkmal, dass es in zwei Hälften, die sogenannten Hemisphären, unterteilt ist. Beide Hälften sind hinsichtlich ihres Aufbaus und ihrer Struktur im Wesentlichen symmetrisch. Jede Hirnhälfte verarbeitet jeweils die Informationen, die von der anderen Körperseite kommen. So ist die rechte Hand in ihrer Sensorik und Motorik in der linken Hemisphäre abgebildet und umgekehrt. Die Hemisphären sind durch mehrere Stränge von Nervenfaserbündeln, die aus insgesamt mehr als 300 Millionen

Nervenfasern bestehen, miteinander verbunden; die größte dieser Verbindungsbrücken (»Datenautobahnen«) ist der Balken, auch Corpus callosum genannt. Über ihn kommunizieren die Hemisphären miteinander.

Jede der Hirnhälften ist nun ihrerseits wieder durch sichtbar tiefere Furchen in Hirnlappen oder Loben (Singular: Lobus), aufgeteilt: den Stirn-, Scheitel-, Schläfen- und den Hinterhauptslappen, die, naheliegenderweise, nach ihrer Platzierung im Gehirn benannt sind. Auch wenn sie alle in der Regel gut zusammenarbeiten, weisen sie doch charakteristische Unterschiede auf.

Da ist zunächst der gleich hinter unserer Denkerstirn befindliche Stirnlappen (Frontallobus). Er ist der größte der vier Großhirnlappen und wird besonders mit höheren geistigen Prozessen in Verbindung gebracht: logisches Denken, planerisches Handeln, die eigene Ich-Perspektive verinnerlichen. Er nimmt beim Menschen ca. 40 % des Großhirns ein und ist damit im Vergleich zu allen anderen Säugetieren am besten entwickelt. Er überwacht und kontrolliert viele andere Hirnfunktionen und hat auch die stärksten Verbindungen zum limbischen System, dem Kontrollorgan unserer basalen Körperfunktionen, geknüpft. Anatomen galt der Stirnlappen lange Zeit als »stumme Zone«, weil anders als in den übrigen Hirnteilen keine spezialisierten Funktionen erkennbar waren. Seitdem man aber anhand von Hirnverletzungen und mit Hilfe bildgebender Verfahren Funktionsbereiche lokalisieren kann, ist die Stirnhirnrinde allmählich erschlossen worden. Die wichtigsten Gebiete des Stirnlappens sind die motorische Rinde, das zusätzliche motorische Feld, das prämotorische Feld, das Broca-Zentrum und der präfrontale Cortex.

Die motorische Rinde (Abb. 5), die sich an der Grenze zum Scheitellappen befindet, enthält, wie wir annehmen, die komplette Repräsentation des menschlichen Muskelapparates. Durch ihre Aktivitäten löst sie die Muskelbewegungen aus und übernimmt deren Koordinierung, wobei die linke Rinde die Motorik der rechten Körperseite kontrolliert und steuert und umgekehrt. Allerdings gibt die motorische Rinde nur eine grobe Richtung der Bewegung vor, die Details werden dem Kleinhirn und den Basalganglien überlassen. Wie Bewegungen ohne Beteiligung des Kleinhirns aussehen, kann man sehr gut bei schwer angetrunkenen Menschen beobachten, die, über den Alkohol vermittelt, unter einer Verlangsamung der Kleinhirnfunktionen und damit einhergehend Funktionsverlusten im Bewegungs- und Gleichgewichtsapparat leiden.

Zum motorisch koordinierenden Apparat der Großhirnrinde gehört auch das prämotorische Feld. Es plant die Abfolge unserer Bewegungen. Wie S. E. Luria, einer der berühmtesten russischen Neurologen in der ersten Hälfte des 20. Jahrhunderts, festgestellt hat, äußern sich Schädigungen in diesem Feld darin, dass die Patienten zwar einzelne Bewegungen ausführen können – etwa einen Schlüssel in ein Schloss stecken –, aber Schwierigkeiten mit den Bewegungsabfolgen haben – etwa den Schlüssel auch umzudrehen, die Klinke herunterzudrücken und schließlich die Tür zu öffnen. Musiker z. B. machen von ihrem prämotorischen Feld regen Gebrauch, wenn sie im wechselnden Takt der Musik die Noten vom Blatt ablesen. Ist ihr prämotorisches Feld gestört, fällt es ihnen zwar nicht schwer, einen bestimmten Rhythmus, wie schnell er auch sei, beizubehalten; den Rhythmus zu wechseln ist aber ein Problem.

Der Stirnlappen enthält einen Teil unseres Sprachzentrums, das Broca'sche Sprachareal, das für die motorische Koordination unseres Sprechens und deren grammatikalische Verarbeitung zuständig ist. Bei diesem Vorgang müssen wir bis zu 100 Muskeln koordinieren, und das – je nach Redefluss – bei einer Geschwindigkeit von bis zu 20 Lauten pro Sekunde oder 180 Wörtern pro Minute. Patienten, deren Broca-Areal durch einen Schlaganfall geschädigt ist, fällt es eigenartigerweise schwer, Verben zu benutzen. Sie sprechen hauptsächlich in Substantiven. Erstaunlicherweise sind sie aber oft imstande, Wortfolgen, die sie nicht mehr sprechen können, zu singen.

Der präfrontale Cortex im Stirnlappen (Abb. 1) ist der Teil des Stirnlappens, an dem wir viele unserer Entscheidungen treffen, unser bewusstes Verhalten organisieren und koordinieren und unsere Zukunft planen. Insgesamt lassen sich die Funktionen des Stirnlappens mit den Aufgaben eines Geschäftsleiters vergleichen. Mit ihm planen und entscheiden wir und behalten unseren Plan auch lang genug im Kopf. Mit ihm entwickeln wir Strategien für verschiedene Eventualitäten, beobachten den Gang der Dinge und ändern, wenn nötig, unsere Vorgehensweise. Wird dieser Bereich des Gehirns geschädigt, sind wir nicht mehr in der Lage, Anspielungen, Umschreibungen und Metaphern zu verstehen, sondern nehmen sie wörtlich. Anders gesagt: Kompetenzen wie Abstraktionsfähigkeit und Kontextualisierung gehen verloren. Infolge von Alterungsprozessen treten vor allem in diesem Gehirnareal Veränderungen auf, die zwar einerseits mit Funktionsverlusten verbunden sind, andererseits aber auch mit einer Fähigkeit, die man nur im Zuge des Alterns entwickeln kann: Weisheit.

Neben dem Stirnlappen liegt der Scheitellappen (Parietallappen). Er gehört zum somatosensorischen Rindenanteil, der »Körperfühlsphäre«. Er wertet die Tastinformationen unserer Haut aus und scheint auch der Ort zu sein, wo wir uns wahrnehmen und unsere Umwelt konstruieren. Schädigungen in einem der beiden Scheitellappen können zu einer Form der Agnosie (einer Störung des Erkennens) führen. So konnte ein Patient, dessen rechter Scheitellappen durch einen Schlaganfall geschädigt war, sowohl seine gesamte linke Körperhälfte als auch einen Teil seiner Umgebung nicht mehr wahrnehmen. Er malte alle zwölf Zahlen einer Uhr in ihre rechte Seite (die linkshemisphärisch verarbeitet wird, und diese Seite war unversehrt geblieben). Ist der rechte Scheitellappen geschädigt, kommt es oft vor, dass die Lähmung der betroffenen Gliedmaßen von den Patienten einfach geleugnet wird. Ihnen ist häufig gar nicht bewusst, dass sie – zum Teil sogar schwer – erkrankt sind. Menschen mit einem linkshemisphärischen Schlaganfall dagegen neigen dazu, depressiv zu werden, da sie sich ihrer Erkrankung und der damit einhergehenden Funktionseinbußen bewusst sind.

Nach allem, was wir wissen, werden wir durch unseren Scheitellappen in die Lage versetzt, ein Modell von unserem Körper und unseres extrapersonalen Raums zu konstruieren. Das erklärt z. B., warum eine geübte Stewardess bei der Essensausgabe im Flugzeug trotz engsten Raums selten mit ihren Ellenbogen anstößt. Der Scheitellappen sorgt auch dafür, dass wir, obwohl unsere Augen ständig kleinere und größere Bewegungen ausführen, ein stabiles Bild unserer Umwelt haben. Und er kümmert sich bei der Analyse der visuellen Wahrnehmung vor allem darum, wo etwas ist (während der Schläfenlappen für das »Was«, also die Objekterkennung, zuständig ist). Weiterhin enthält der Scheitellappen das Lesezentrum. Hier fügen wir die Buchstaben zu Wörtern und die Wörter zu Gedanken zusammen. Er vermittelt zwischen optischer und akustischer Sprachinformation und tritt somit dann in Aktion, wenn wir etwas, was wir lesen, zugleich von uns geben.

Der Schläfenlappen (Temporallappen) macht den seitlich und unten gelegenen Teil des Großhirns aus. Er wird – in einem Gebiet von der Größe eines Zwei-Euro-Stückes – aktiv, wenn wir Gesichter erkennen, wobei sich unser rechter Schläfenlappen offenbar besonders für den emotionalen Gehalt des Gesichtsausdruckes interessiert. Die einzelnen Gesichtsmerkmale, etwa die Augenbrauen, werden vor allem entlang der Unterseite des Lappens verarbeitet, während der vordere Teil des Schläfenlappens mit der Speicherung von biographischen Informationen und Eigennamen befasst ist. Ein zwischen diesen beiden Seiten liegendes Gebiet stellt eine Beziehung zwischen den Gesichtsmerkmalen und den biographischen Informationen her. Allerdings arbeitet diese Region nicht immer perfekt, gehört sie doch zu den Arealen des Gehirns, die besonders stark unter Abbauprozessen und neuronalen Untergängen leiden. Zwar erkennt man dann eine Person, kann sich aber nicht mehr an ihren Namen erinnern. Wie man festgestellt hat, beschäftigt sich unsere rechte Hirnhälfte mit diesen Dingen viel mehr als unsere linke, und insbesondere der mit dem Abspeichern neuer Informationen beschäftigte rechte Schläfenlappenteil zeigt Alterserscheinungen.

Im Schläfenlappen befindet sich auch das sensorische Sprachverarbeitungszentrum, das sogenannte Wernicke-Areal. Es verarbeitet die auditorischen Informationen und spielt eine entscheidende Rolle dabei, die Wortbedeutung zu ermitteln. Auch die Funktionsweise des Wernicke-Sprachzentrums hat man aus der Arbeit mit Patienten erschlossen. Patienten, bei denen dieses Zentrum geschädigt war, konnten zwar einen brauchbaren Satzaufbau leisten, aber sie benutzten Wörter, die obwohl sie richtig klangen, keinen Sinn ergaben. Anders als Patienten mit einer Schädigung des Broca'schen Areals waren sie sich dessen aber nicht bewusst.

Auf der Vorderseite des rechten Schläfenlappens werden unsere musikalischen Fähigkeiten geregelt. Wird dieser z. B. bei einer Epilepsieoperation entfernt, sind die musikalischen Fähigkeiten des Patienten insofern reduziert, als ihm das Gedächtnis für Melodien oder Rhythmen fehlt. Bei Berufsmusikern ist die linke Hemisphäre entscheidend; bei ihnen ist die Musik wahrscheinlich wie Sprache organisiert.

Ist unser Schläfenlappen geschädigt, kann es – vor allem zu auditorischen – Halluzinationen kommen. Wir hören dann Stimmen, die es nicht gibt, ähnlich wie bei einer Schädigung des Wernicke-Areals kann es nach einem Schlaganfall zu Wortfindungsstörungen kommen. Die Fähigkeit, die Grundlaute unserer Muttersprache zu bedeutungsvollen Einheiten zusammenzusetzen, ist abhandengekommen; und das, was noch artikuliert werden kann, hört sich eher an wie das Gemurmel, das wir vernehmen, wenn Stimmen aus dem Zimmer nebenan zu uns dringen. Ist der rechte Schläfenlappen durch einen Schlaganfall beschädigt, treten häufig Schwierigkeiten bei räumlichen Koordinationsaufgaben auf. Wie Studien zeigen, kann es außerdem passieren, dass

Gegenwart und Erinnerung an ein Ereignis »nebeneinander liegen«. Jedenfalls geben Versuchspersonen, die man an dieser Stelle elektrisch reizt, häufig an, sie hätten das Gefühl, zur selben Zeit an zwei Orten zu sein.

Der hinterste Teil des Großhirns ist der Hinterhauptslappen (Occipitallappen). Er wird fast vollständig von verschiedenen Arealen ausgefüllt, die unserer visuellen Bildverarbeitung dienen. Von unserer Netzhaut im Auge ziehen Nervenfasern über das optische Chiasma (Verbindungsstelle der Augennerven) zum Thalamus, wo sie weiter verschaltet werden zur Sehrinde, die den Hinterhauptslappen einnimmt. Dabei werden die in unserer Sehrinde visuell aufgenommenen Informationen getrennt nach Farbe und Bewegung, Position und Orientierung, separat verarbeitet und dann erst zusammengesetzt. Schädigungen des Hinterhauptslappen führen, selbst wenn unser übriges Sehsystem intakt ist, zu Blindheit. Dieser Teil der Großhirnrinde ist jedoch kaum von Alterungsprozessen betroffen.

### Asymmetrien zwischen den Großhirnhemisphären

Obwohl die beiden Hemisphären des menschlichen Gehirns weitgehend symmetrisch sind, zeigen sich kleine, aber wichtige Asymmetrien. Mit anderen Worten: Es gibt eine neuroanatomische Ungleichheit und funktionale Aufgabenteilung der Großhirnhälften, Lateralität genannt. Neurologen, die zahlreiche Patientenakten daraufhin durchgesehen haben, ob links- oder rechtsseitige Hirnschädigungen eine bestimmte Funktion unterbunden haben, fanden heraus, dass im Mittel auf fünf Patienten, die nach einem rechtsseitigen Schlaganfall an einer sogenannten Ankleide-Unfähigkeit (Apraxie) leiden, nur ein Patient mit einer linksseitigen Schlaganfalls-Ankleide-Apraxie kommt. Die Ergebnisse heutiger Untersuchungen mit bildgebenden Verfahren zeigen, dass bei Rechtshändern ein großer Teil der Sprachverarbeitung, das Kategorisieren der Welt, mathematische Kalkulationen, das Planen komplexer Motoraufgaben und alle analytischen Tätigkeiten vor allem in der linken Hirnhemisphäre erfolgen, während die rechte Hemisphäre zuständig ist für Musikalität, das Erkennen komplexer Muster, für Teil-zum-Ganzen-Beziehungen, die räumliche Orientierung und das Wahrnehmen von Emotionen und deren Äußerung (Gesichtererkennung).

Diese Aufgabenteilung wurde wahrscheinlich aus Platzersparnisgründen evolutiv eingeführt: Sprache wird vornehmlich links verarbeitet, räumliches Vorstellungsvermögen dagegen rechts. Dementsprechend ist es durchaus möglich, dass die durchschnittlich bessere Leistungsfähigkeit von Männern in diesen rechtshemisphärischen Gehirnfähigkeiten mit ihrer größeren rechten Hirnhemisphäre zusammenhängt. Auch von Computern weiß man, dass graphisch orientierte Programme wesentlich mehr Rechenkapazität erfordern als textverarbeitende. Und die besseren Leistungen von Männern bei Fang- und Wurfbewegungen lassen sich ebenfalls mit der unterschiedlichen Gehirnorganisation der Geschlechter erklären. Bei Tätigkeiten wie diesen muss das Gehirn Informationen über den Ort des Ziels mit Richtung und Geschwindigkeit der Bewegung von Händen, Armen und dem gesamten Körper berechnen und koordinieren. Je schneller ein Objekt fliegt, desto schneller muss die räumliche Analyse erfolgen, und es könnte sein, dass die größere rechte Hirnhälfte bei Männern hier von entscheidendem Vorteil ist. Ob die Größenunterschiede zwischen weiblichem und männlichem Gehirn wirklich so bedeutsam sind, ist jedoch umstritten. Entscheidender als der Größenunterschied ist wohl eher, dass der relative Anteil bestimmter Gehirngebiete zwischen Männern und Frauen schwankt. So steht Frauen relativ gesehen mehr Gehirnvolumen für Sprachfertigkeiten zur Verfügung, während die Männer ein größeres Gehirnvolumen für räumliches Vorstellungsvermögen haben. Diese Unterschiede könnten in der Tat hormonell bedingt sein. Denn wie man herausgefunden hat, führt ein Mehr an Testosteron bei Frauen zwar zu einem besseren räumlichen Vorstellungsvermögen, umgekehrt aber gilt: Selbst Männer mit einem niedrigen Testosteronspiegel (der immer noch um ein Vielfaches höher ist als der einer Frau) schneiden bei allen Aufgaben zu mathematischen Fertigkeiten und zum räumlichen Vorstellungsvermögen grundsätzlich besser ab als Frauen. Das größere männliche Gehirn ist also von der Organisation her besser darauf vorbereitet, räumliche Informationen zu verarbeiten, während das weibliche Gehirn in der Sprachverarbeitung und der motorischen Feinkoordinierung gewisse Vorteile hat. Dies sagt in der Tat etwas darüber aus, wie verschiedene Formen von Intelligenz durch unterschiedlich organisierte Gehirne zustande kommen. Über die Ursachen dieser Unterschiede verrät die Hirnstruktur, die im Wechselspiel von Genen und Umwelterfahrungen entsteht und prinzipiell plastisch (formbar und durch Umwelteinflüsse veränderbar) ist, jedoch nichts.

Als besonders plastisch hat sich der Balken erwiesen, der die beiden Hemisphären des Großhirns durch eine Struktur von Nervenfasern miteinander verbindet. Die unterschiedliche Balkengröße bei den Geschlechtern bedeutet deshalb aber nicht automatisch, dass das Erbgut oder der direkte Einfluss von Hormonen dafür verantwortlich ist. So wird das Spielverhalten von Kindern zwar in der Tat von Geschlechtshormonen beeinflusst; während es bei Mädchen aber das Wachstum des Balkens fördert, wirkt es sich bei Jungen, die eine andere Art zu spielen haben, eher auf die Entwicklung der rechten Hemisphäre aus. Genauso gut kann sie aber mit unterschiedlichen Verhaltensweisen und individuell unterschiedlichen Erfahrungen zu tun haben. Vor allem motorische Tätigkeiten, die eine Koordination zwischen den Hemisphären erfordern, bewirken eine Veränderung in der Anzahl an Verbindungen (Axonen) zwischen den Hemisphären. Mit anderen Worten: Auch Umwelterfahrungen können sich in der Hirnstruktur widerspiegeln.

Dennoch sollte man die Funktionsaufteilung zwischen den Hirnhälften als nicht allzu statisch betrachten: Beide Hemisphären kommunizieren ständig miteinander, sie arbeiten zusammen, und alle Funktionen werden auch in der jeweils anderen Hälfte ausgeführt. Insofern ist es also unsinnig, von einer »weiblichen« rechten und einer »männlichen« linken Hirnhälfte zu sprechen. Selbst eine stark lateralisierte Fähigkeit wie die Sprache wird nicht ausschließlich linksseitig verarbeitet. So nehmen, wie oben berichtet, Patienten mit einer rechtsseitigen Hirnschädigung das Gesagte wörtlicher und verfügen nicht mehr über die Fähigkeit, die verschiedenen Konnotationen eines Wortes zu erfassen. Zwar ist der Effekt auf die Sprache auf der rechten Hemisphäre viel subtiler als auf der linken, aber er ist vorhanden.

Jenseits von Sprache, Musikalität, Kreativität und räumlichem Vorstellungsvermögen unterscheiden sich die beiden Hirnhälften in einem weiteren Aspekt: Die rechte Hemisphäre verarbeitet vornehmlich gänzlich neue Informationen, während die linke Hemisphäre vor allem uns Bekanntes verwaltet.

**Funktionen, die nicht gleich über beide Hemisphären verteilt sind (für Rechtshänder):**

| Linke Hemisphäre | Rechte Hemisphäre |
|---|---|
| analytische Aufgaben | Wahrnehmung und Zuordnung komplexer Muster |
| Kategorisieren | Teil-zum-Ganzen-Beziehungen |
| Kalkulationen | räumliche Orientierung |
| logische Organisation | Musikalität |
| Sprache | emotionale Expression |
| komplexe Motoraufgaben | Erkennung von Emotionen |
| Depot für komprimiertes Wissen | Verarbeitung neuartiger Informationen |
| positive Emotionen | negative Emotionen |

Natürlich ist diese kleine Übersicht der Gehirnfunktionen und -anatomie stark vereinfacht und stellt nur einen Teil dessen dar, was mit den Alterungsprozessen in unserem Gehirn in Beziehung steht. Insgesamt ist das Gehirn, um im Bild des Wohnhauses zu bleiben, unendlich viel komplizierter und verwinkelter gebaut. Stellen Sie sich eine alte Villa vor, an die im Laufe der Zeit ein Wohntrakt angebaut wurde, außerdem eine große Veranda, ein neuer überdachter Eingang, ein Anbau mit hohen Türmchen; zudem wurde sie um eine Etage aufgestockt, ein Zwischengeschoss wurde eingezogen, eine neue Dämmung, verzweigte Warmwasserleitungen, ein neues großes Walmdach kamen hinzu, und so ging es im Laufe der Evolution immer weiter. Das Gehirn ist also kein leicht zu durchblickendes, stringent gestyltes und geplantes Produkt der Evolution.

## Ein alterndes Gehirn arbeitet langsamer

Wie der Mensch, so durchläuft auch das Gehirn vier Lebensalter: Kindheit, Erwachsenenalter (bis 50 Jahre), mittleres Alter (50 bis 85 Jahre) und hohes Alter (über 85 Jahre). Und so wie die Übergänge der Lebensabschnitte beim Menschen fließend sind, gehen sie auch beim Gehirn schleichend ineinander über.

Das erste, was ein Neuroanatom bei der Betrachtung eines alten Gehirns bemerkt, ist, dass sein Hirnvolumen insgesamt abgenommen hat. Man spricht von einer Atrophie (Abmagerung, Auszehrung). Im Zuge dessen nimmt auch das Gewicht des Gehirns ab, und zwar jenseits des 55. Lebensjahres alle 10 Jahre um ca. 2 %. Dieser Gehirnschwund hat wahrscheinlich mehrere Ursachen: Zum einen wird das Gehirn nicht mehr so gut durchblutet, die Sauerstoffversorgung des Gehirns nimmt ab, was alternde Neuronen und Gliazellen besonders hart trifft. Zum anderen produzieren ältere Zellen mehr Sauerstoffradikale, die ihrerseits für Zellorganellen und für den Aufbau von Zellen schädlich sind – insbesondere die morphologisch komplexen und in ihren Ausläufern sehr großen Nervenzellen reagieren hier empfindlich.

Der Verlust von Nerven- und Gliazellen (weiße Substanz) zeigt sich unter anderem darin, dass die Sulci (Furchen) der Großhirnrinde tiefer und breiter werden und die Gyri (wallnussartige Ausstülpungen der Großhirnrinde) in der Höhe abnehmen. Das Gehirn wird insgesamt flacher. Aber nicht nur die Großhirnrinde wird kleiner, sondern auch der Hippocampus, der das Speichern und Abrufen von autobiographischem Wissen und Fakten dirigiert. Außerdem nimmt in einigen Gehirnarealen der Komplexitätsgrad der Nervenzellen ab: Die Dendritenbäume sind weniger verzweigt, und es sind weniger Synapsen vorhanden. Im Zuge der geringer werdenden Gehirnmasse, vor allem in den Großhirnhemisphären, vergrößern sich die Vent-

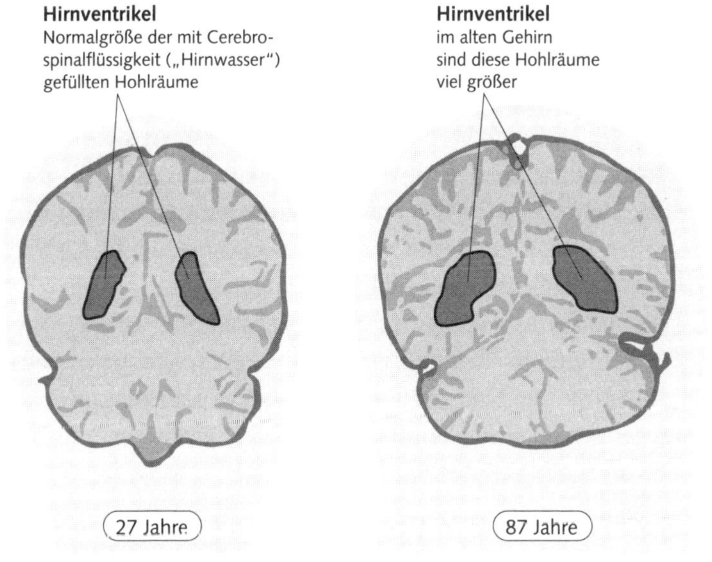


**Abbildung 8: Die Ventrikel vergrößern sich**

Vergleicht man das Gehirn eines 27-jährigen Menschen mit dem eines 87-Jährigen, dann kann man sofort erkennen, dass sich die mit Hirnwasser gefüllten Hohlräume im Gehirn, Ventrikel genannt, im Laufe der Jahrzehnte auf das Zwei- bis Dreifache vergrößern. Die Ursache dafür ist der Verlust von Nervengewebe.

rikel (Abb. 8), was makroskopisch betrachtet eine der augenfälligsten Veränderungen des alternden Gehirns ist. Ventrikel selbst wurden noch bis in das Mittelalter hinein als die entscheidenden Denk- und Speicherräume des Gehirns betrachtet. Mittlerweile ist klar, dass ihre Funktion vor allem darin besteht, das Gehirn gegen Erschütterungen zu schützen, und sie sind hier nur ein Indikator, dass sich die neuronale Substanz des Gehirns zugunsten flüssigkeitsgefüller Hohlräume verringert hat.

Darüber hinaus kann man auch in den Basalganglien und in der Substantia nigra Alterungsprozesse beobachten (Abb. 9). Dies ist der schwarze Kern in der Hirnmitte, einer der wichtigen Produktionsorte von Dopamin, der im Mittelhirn liegt und seine dunkle Farbe durch ein Abbauprodukt von Melanin und durch einen hohen Eisengehalt erhält. Auch hier sterben Nervenzellen ab.

Die Großhirnrinde zeigt ebenfalls Alterungserscheinungen: So nimmt die graue Substanz der Großhirnrinde, in der die Zellkörper der Nervenzellen sitzen, in ihrem Volumen ab. Auch die Kabel (Axone) der Nervenzellen sind jenseits des 60. Lebensjahres in ihrer Komplexität reduziert, was dadurch sichtbar wird, dass man auch in der weißen Substanz mit zunehmendem Alter vermehrt kleine, lokale Schädigungen (fokale Läsionen) findet, welche Gefäßerkrankungen und Demyelinisierung anzeigen. Die weiße Substanz erscheint im Vergleich zur grauen Substanz heller, da die Axone von Gliazellen mit einer hellen Tönung umwickelt sind. Diese elektrische Isolierung ist wichtig für die Leitungsgeschwindigkeit der Axone.

Entsprechend nimmt im Zuge des altersbedingten Verlustes an Isolierungen um die Axone deren Leitungsgeschwindigkeit ab. Sie bestimmt maßgeblich, wie schnell die Aktionspotenziale vom Zellkörper Richtung Kontaktstellen zu anderen Nervenzellen weitergeleitet werden können. Der Mechanismus beruht darauf, dass das elektrische Signal in gut isolierten Axonen springen kann (saltatorische Erregungsleitung); das spart zum einen Energie, zum anderen beschleunigt es den Prozess.

Allerdings ist die Beziehung zwischen fokalen Läsionen in der weißen Substanz und messbaren kognitiven Verlangsamungen nicht linear. Die Anzahl der kleinen Läsionen kann über viele Jahre zunehmen, ohne dass es Auswirkungen auf die kognitiven Leistungen hat. Man geht davon aus, dass sich viele solcher kleinen Schäden anhäufen müssen, bevor die kognitive Leistungsfähigkeit beeinträchtigt wird, eine genaue quantitative Analyse gibt es allerdings noch nicht. Das Gehirn kann in diesem und anderen Fällen ein erstaunliches Maß an Verlust und Leistungseinbußen kompensieren.

Insgesamt führen die oben beschriebenen Alterungsprozesse dazu, dass die reine Rechenkapazität des Gehirns abnimmt. Darüber hinaus ist das alternde Gehirn, was wiederum die Reaktionszeit,

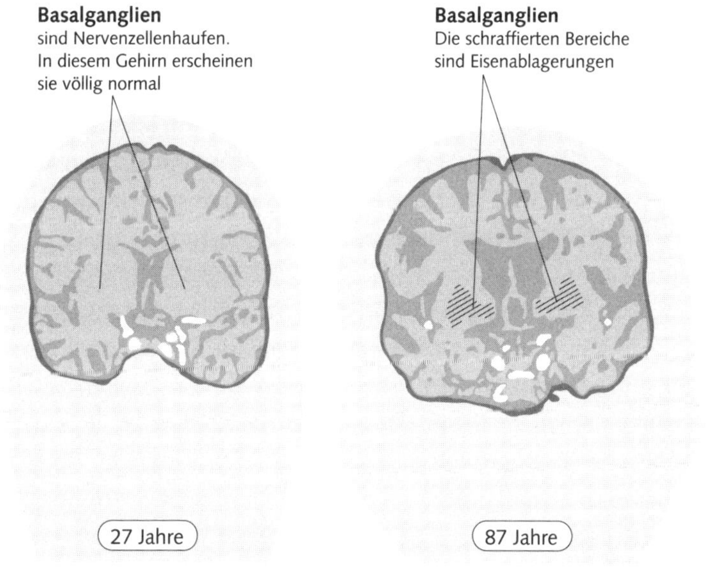


**Abbildung 9: Basalganglien im Alter**

Die Kernspinaufnahmen zeigen Unterschiede zwischen jungen und alten Menschen, hier am Beispiel der Basalganglien, die eine wichtige Rolle bei der Koordination und Initiierung von Bewegungen spielen.

die Rechengeschwindigkeit, das Arbeitsgedächtnis und die Prozessierung aller eintreffenden neuen Reize beeinflusst, langsamer. Das erklärt auch, warum die Mechanik des Gehirns beeinträchtigt ist: Das Gehirn braucht länger und muss mehr Ressourcen hinzuziehen, wenn wir Sinnesinformationen verarbeiten, Bewegungen koordieren oder über ein Problem nachdenken.

### Wie das Gehirn altert

Die Gehirnalterung verläuft nicht einheitlich. Sie ist vergleichbar mit dem Alterungsprozess der gesamten menschlichen Muskulatur oder des Knochenapparats des Menschen, auch hier sind einige Gelenke, wie Knie oder Schulter, manchmal stärker betroffen als andere. Analog dazu zeigen auch die verschiedenen Areale des Gehirns ein unterschiedliches Alterungsverhalten – und genau wie beim Muskelapparat führt Training in bestimmten Gehirnbezirken zu Wachstumsprozessen, die Alterungsprozesse abpuffern können. Insgesamt gilt: Je evolutiv jünger die Gehirnregionen sind, umso schneller altern sie. Und das Gehirn altert in den vorderen Teilen schneller als in den hinteren (Abb. 10); in seinem Fundament dagegen, dem Hirnstamm, altert es so gut wie gar nicht.

Kommen wir zurück zu der Frage, warum das Arbeitsgedächtnis im Alter schlechter wird, warum uns Multitasking schwerer fällt und wir so leicht ablenkbar sind. Wie wir gesehen haben, altern der Stirnlappen und der Hippocampus schneller als andere Gebiete des Gehirns: Die Nervenzellen im präfrontalen Bereich verlieren ihre Isolierschicht um die Axone (Beeinträchtigung der Rechengeschwindigkeit), es kommt insgesamt zu einem Verlust von Nervenzellen (Abnahme der Rechenkapazität). Dies hat zur Konsequenz, dass wir prozentual mehr Gehirnressourcen benötigen, um eine Aufgabe zu lösen. Mit anderen Worten: Im Alter beanspruchen alltägliche Handlungen prozentual gesehen mehr Kapazität des Gehirns als in jungen Jahren. Darüber hinaus sinkt

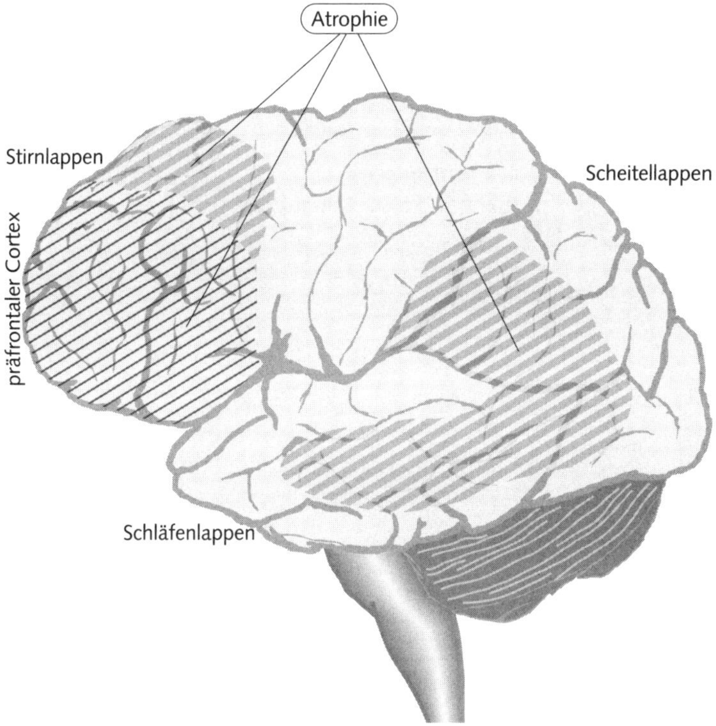


**Abbildung 10: Übersicht altersbedingter Gehirnveränderungen**
Dieses grobe Schema zeigt die Anteile des Gehirns, die im Alter Umbauprozessen unterliegen. Die evolutiv jüngsten Hirnareale – der untere Teil des Schläfenlappens (inferotemporaler Cortex), der Hippocampus, der untere Teil des Scheitellappens (inferoparietaler Cortex) und der vorderste Teil des Stirnlappens (präfrontaler Cortex) – sind zuerst von Alterungsprozessen betroffen. Der motorische Cortex und die Gehirnareale, die sich mit der Verarbeitung von Sinnesinformation befassen, sind wesentlich weniger davon beeinflusst.
Je länger eine Struktur braucht, um myelinisiert zu werden, umso altersanfälliger ist sie. Die rechte Hemisphäre altert stärker als die linke Hemisphäre. Andere Hirnregionen, wie das Stammhirn und der Hinterhauptslappen, sind weniger von Alterungsprozessen betroffen.

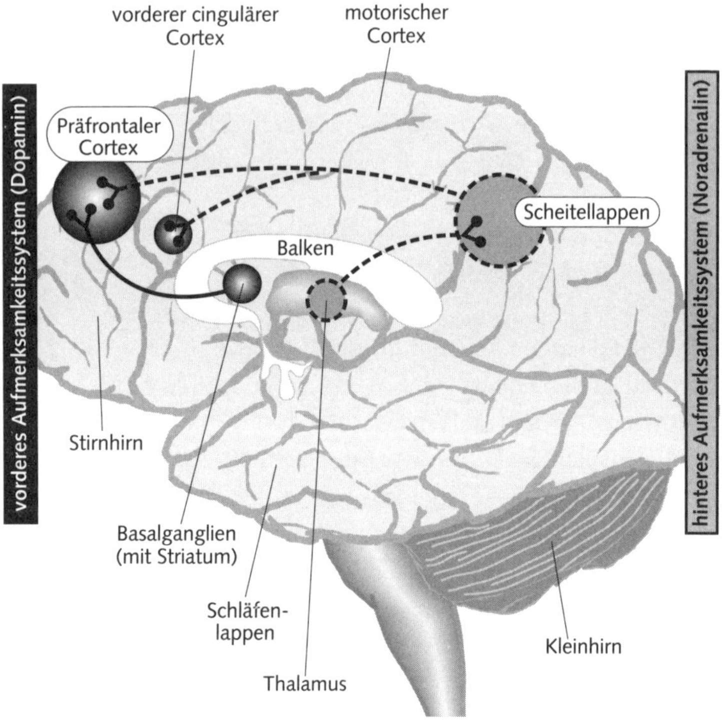


**Abbildung 11: Wachheit und selektive Aufmerksamkeit**
Das vordere Aufmerksamkeitssystem wird von Strukturen gebildet, die zu den Basalganglien gerechnet werden und Dopamin als Botenstoff benutzen, sowie von präfrontalen Cortex, der im Stirnlappen liegt. Das hintere Aufmerksamkeitssystem (befasst mit Arousal, der generellen Wachheit) wird gebildet aus Strukturen des Zwischenhirns, vor allem dem Thalamus und dem Scheitellappen.

der Dopaminspiegel, einer der wichtigen Turbolader im Gehirn; Dopamin wird besonders im Stirnlappen ausgeschüttet und steuert die selektive Aufmerksamkeit (Abb. 11).

Der Mangel an Dopamin führt zu einer Verminderung der selektiven Aufmerksamkeit (einige Reize bekommen Vorfahrt, andere werden aktiv unterdrückt). Die Folge ist: Die Fähigkeit von Menschen jenseits der 55, mehrere Dinge gleichzeitig zu tun, lässt im statistischen Mittel nach. Noch gravierender ist jedoch, dass das Gehirn nicht mehr so gut eingehende Signale filtern kann, was ja eine wichtige Voraussetzung der selektiven Aufmerksamkeit ist. Dadurch sind ältere Menschen leichter ablenkbar und verlieren schneller den Faden, wenn sie beim Erzählen oder Nachdenken gestört werden.

### Variable Leistungsfähigkeit im Alter

Generell kann man festhalten, dass Genie und Talente eine Sache der Jugend, während Weisheit und Kompetenz Kennzeichen eines alten Gehirns sind. Junge Menschen wagen etwas, während ältere Menschen eher Stabilität suchen. In der ersten Lebenshälfte sind wir schneller, in der zweiten weiser. Dabei ist bemerkenswert, wie stark die Leistungsfähigkeit im Alter schwanken kann: Die Bandbreite ist bei Menschen jenseits des 60. Lebensjahres größer als in jüngeren Jahren. So können 70- oder 80-Jährige im kognitiven Bereich noch die durchschnittliche Leistungsfähigkeit eines 50- oder 60-Jährigen aufweisen. Umgekehrt können Menschen mit 60 aber auch schnell kognitiv altern, so dass sie eher der Leistungsgruppe der 70- bis 80-Jährigen zuzurechnen sind. Welche Gehirnmechanismen liegen dem zugrunde?

Neben genetischen Faktoren spielt der Lebensstil bei der großen Variabilität im Alter eine entscheidende Rolle, wie in Kapitel 8 ausführlich erläutert wird. Zwar altert unser Gehirn unausweichlich, aber, um es personifiziert auszudrücken, das Gehirn schaut dem eigenen Verfall nicht tatenlos zu, es bleibt bis in das hohe Alter hinein plastisch (formbar). Wenn der rechte präfrontale Cortex mit zunehmendem Alter weniger Rechenkapazität zur Verfügung hat, um neue Informationen zu verarbeiten, wird anders als bei jungen Menschen, die bestimmte Aufgaben nur mit der rechten Hemisphäre erledigen, kurzerhand der linke präfrontale Cortex mit hinzugeschaltet. So wie ein kleines Kind, welches beim Tragen eines Koffers beide Hände benutzen muss, während ein Erwachsener dies locker mit einer Hand schafft – und dennoch haben beide die Aufgabe gleichermaßen bewältigt.

### Laboreinsicht: Wie viele Punkte erkennen Sie noch?

Es lohnt exemplarisch ein Einblick in die Labore zu wagen, die einige der oben gemachten Aussagen erforscht haben: In einem Experiment bearbeiteten junge Probanden (20 bis 30 Jahre) und ältere Probanden (zwischen 60 und 70 Jahre alt) eine Aufgabe, die das Arbeitsgedächtnis fordert. Die Probanden sollten sich, während sie in der Röhre des Kernspintomographen lagen, kurzfristig die wechselnde Position von Punkten auf einem Bildschirm merken. Dabei erschienen unterschiedlich viele Punkte an bestimmten Positionen des Bildschirms, verschwanden wieder, und neue Punktewolken tauchten auf – und genau dieses Positionsmuster musste zur Bearbeitung der Aufgabe im Arbeitsgedächtnis zwischengespeichert werden. Die Probanden mussten angeben, welche Punkte an der gleichen Position leuchteten und welche nicht. Mit Hilfe von bildgebenden Verfahren wurde während des Versuchs die Gehirnaktivität gemessen. Wie sich zeigte, wuchs bei jüngeren Erwachsenen die Gehirnaktivität, je schwieriger die Aufgabe war. Sich die Position vieler Punkte zu merken ist logischerweise neuronal aufwendiger, als sich nur an einen Punkt zu erinnern. Dementsprechend beanspruchte eine Sieben-Punkte-Wolke wesentlich mehr Gehirnaktivität, und zwar nicht beliebig über das Gehirn verteilt, sondern in ganz bestimmten Regionen; unter anderem waren der Stirnlappen und der hintere Scheitellappen vermehrt aktiv, Gehirnareale, die eine wichtige Rolle beim kurzfristigen Speichern von Informationen spielen. Während die Messungen bei den jüngeren Versuchsteilnehmern relativ einheitlich ausfielen, ergaben die erzielten Ergebnisse und die zu beobachtende Gehirnaktivität der älteren Teilnehmer ein wesentlich vielfältigeres Bild: Sie bestätigten, dass im Alter die kognitiven Fähigkeiten innerhalb einer Messkohorte sehr viel stärker schwanken als in jungen Jahren. Darüber hinaus zeigte die Studie, dass sich die Aktivität des Gehirns bei älteren Probanden mit schlechteren Testergebnissen mit zunehmendem Schwierigkeitsgrad nicht steigerte. Vielmehr war eine Abnahme der Gehirnaktivität zu beobachten, so als hätten die Gehirne dieser Probanden schon frühzeitig aufgegeben, die Aufgabe überhaupt lösen zu wollen. Auf der anderen Seite gab es eine Reihe älterer Menschen, die ähnliche Ergebnisse wie die jüngeren Probanden erzielten – sie konnten mit zunehmendem Schwierigkeitsgrad mehr Gehirnressourcen hinzuschalten. Allerdings sah die Aktivitätsverteilung im Gehirn dieser Seniorengehirne anders aus als bei den Jüngeren: Sie mussten mehr Gehirnressourcen hinzuschalten, indem sie beide Gehirnhälften für den Test einsetzten, während jüngere Gehirne die Zwischenspeicherung der Punktewolke vor allem im rechten Stirnlappen vornahmen. Dieses Experiment zeigt sehr deutlich, wie einige Senioren es schaffen, auch bei der Achillesferse der Gehirnalterung, dem Arbeitsgedächtnis und damit der Multitasking-Fähigkeit, ein hohes Leistungsvermögen zu erzielen.

> **»Ein Kopf ohne Gedächtnis ist eine Festung ohne Besatzung.«**
> Napoleon

Ein etwas lebensnäheres Experiment hat der Psychologe Brian Knutson von der Stanford University in den USA durchgeführt. Er untersuchte Menschen im Alter von 20 bis 85 Jahren im Hinblick darauf, wie gut sie zwischen den Risiken verschiedener Geldanlagen unterscheiden konnten. Es ging dabei um Aktien oder alternativ um Rentenpapiere, Geldanlagen, die nach experimentell festgelegten Wahrscheinlichkeiten unterschiedliche Gewinne und Verluste bringen. Aktie A entwickelt sich insgesamt nach oben, hat aber auch starke Ausschläge nach unten. Aktie B entwickelt sich langsam, ohne große Sprünge, aber auch ohne große Ausschläge nach unten usw. Insgesamt waren einige Aktien mit großen Risiken versehen, ließen aber auch auf großen Gewinn hoffen, andere waren weniger riskant, aber auch weniger ertragreich. Die Experimentatoren überprüften insbesondere, wie sehr die Probanden, die von der Manipulation der Aktienverläufe nichts wussten, von den Entscheidungen eines idealtypischen »rationalen Geldanlegers« abwichen – das heißt, ob sie wie dieser nur dann zu einer riskanteren Aktie griffen, wenn zu erwarten war, dass sich das auszahlen würde. Wiederum wurde mit Hilfe bildgebender Verfahren die Hirnaktivierung gemessen, während die Probanden ihre Entscheidungen im virtuellen Börsenmarkt trafen. Bei risikofreudigen Geldanlagen war ein kurzzeitiger Erregungsschub im Belohnungssystem des Gehirns zu beobachten, vor allem in einer als Nucleus accumbens bezeichneten Region. Er ist eine Art gehirneigene Drogenapotheke, die Opium und Morphium verwandte Substanzen im Gehirn ausschüttet, wenn das Gehirn eine Belohnung (ein erreichtes Ziel) als besonders überraschend bewertet.

Auf der Verhaltensebene ergaben die Versuche abermals bei den Senioren eine größere Schwankungsbreite: Sie gingen zum Teil höhere Risiken ein, und das Belohnungssystem in ihren Gehirnen war sehr variabel aktiv. Vor allem die Aktivität im Nucleus accumbens fiel bei den älteren Teilnehmern größer aus, was mit einer erhöhten Fehlerrate einherging – mit anderen Worten, ein Teil der Senioren ging unnötige Risiken ein. Warum? Ein Grund könnte sein, dass ihr Arbeitsgedächtnis nicht so effektiv arbeitete und der Stand vorheriger Aktienkurse nicht akkurat zwischengespeichert wurde. Ein anderer, dass es älteren Menschen schwerer fällt, Handlungsoptionen abzuwägen. Dies deutet auf ein Defizit in der neuronalen Verarbeitung hin. Umgekehrt verfügten ältere Menschen, die bei dieser Aufgabe gut abschnitten, über stabilere Hirnressourcen – ihre Erregungsmuster glichen eher denen junger Menschen. Woher diese Unterschiede kommen und ob man neuronale Verluste kompensieren, gar verhindern kann, darum soll es im Folgenden gehen.

**Dopamin – wenn der Turbolader fehlt**

Einer der Verursacher sowohl des Leistungsabfalls im Alter hinsichtlich des Arbeitsgedächtnisses als auch ein Vermittler in das Belohnungssystem des Gehirns hinein ist ein Botenstoff, der aus der Tiefe des Gehirns eine Reihe neuronaler Prozesse in unserem Oberstübchen beeinflusst: Dopamin. Er wird in der Substantia nigra, dem schwarzen Kern des Gehirns, und im ventralen Tegmentum, einem anderen Gebiet in der Nähe der Substantia nigra, produziert. Beide Gehirnstrukturen liegen im Mittelhirn und haben weit verzweigte Verbindungen in die Großhirnrinde hinein, vor allem in den Stirnlappen, wo das Dopamin die Leistungsfähigkeit des Arbeitsgedächtnisses und der selektiven Aufmerksamkeit befördert. Aber die Dopamin ausschüttenden Nervenfasern führen auch zum Belohnungssystem des Gehirns, unter anderem dem bereits erwähnten Nucleus accumbens. Damit nicht genug: Andere Nervenbahnen führen zum Hippocampus, wo sie den Übergang vom Kurz- zum Langzeitgedächtnis fördern. Eine weitere Datenverbindung existiert zu den Basalganglien, wo das Dopamin an der Bewegungsteuerung, der Bewegungsinitiierung und der Rhythmik von Bewegungen beteiligt ist.

Zurück zum Dopamin selbst: Es fungiert als Turbolader für Neuronen. Wo er ausgeschüttet wird, erhöht sich die Leistungsfähigkeit der Nervenzellen, die diesen Botenstoff empfangen. Es gehört zu den normalen Prozessen, dass die Nervenzellen, die das Dopamin produzieren, alterungsbedingt absterben. Damit steht der Botenstoff älteren Gehirnen nur noch in geringeren Mengen zur Verfügung – mit der Konsequenz, dass rhythmische Bewegungen schwieriger werden, da die Basalganglien, die hier entscheidend sind, weit weniger mit Dopamin versorgt werden, als dies noch in jungen Jahren der Fall war. Darüber hinaus spielt Dopamin eine wichtige Rolle bei der Abspeicherung neuer Informationen in das Langzeitgedächtnis, was erklärt, warum es mit zunehmendem Alter schwieriger wird, neue Informationen in größerem Umfang vom Kurz- in das Langzeitgedächtnis zu befördern. Neben dem Neurotransmitter Acetylcholin steuert Dopamin entscheidend die selektive Aufmerksamkeit, die es uns ermöglicht, uns auf bestimmte Prozesse oder Sinnesreize zu konzentrieren und andere dabei zu ignorieren.

Hier kommen nun strukturelle mit biochemischen Veränderungen im Gehirn zusammen, die dazu führen, dass die Leistungsfähigkeit des Arbeitsgedächtnisses im Alter generell abnimmt. Dies hat hirnphysiologisch folgende Ursachen:

Nimmt die Anzahl von Nervenzellen im Stirnlappen und Hippocampus ab, ist weniger Rechenkapazität vorhanden und es kann weniger zwischengespeichert werden.

Bedingt durch ein Absterben von Nervenzellen, die Dopamin produzieren, nimmt die Anzahl an Nervenverbindungen (Projektionen) in den Stirnlappen – und hier vor allem in den präfrontalen Cortex hinein – ab.

Der damit verbundene Verlust an Masse im vorderen Teil des Gehirns im Allgemeinen und in der Mitte des Gehirns in Form Dopamin herstellender Nervenzellen ist unausweichlich. Er ist genetisch bedingt, kann aber maßgeblich dadurch beeinflusst werden, wie stark wir unser Denkorgan bis in das hohe Alter hinein einsetzen, wie lange wir lernen und sozial aktiv bleiben. Das Gehirn gehört zu den Organen des Menschen, die nicht durch Schonung, sondern durch ständiges Training besser werden bzw. in ihrer Leistungsfähigkeit erhalten bleiben. Welche Faktoren noch zu geistiger Fitness beitragen, wird in Kapitel 8 erläutert.

In welcher Form genetische Faktoren für den Verfall unseres Gehirns eine Rolle spielen können, lässt sich am besten an einer Genvariante erklären, die für unterschiedlich aktive Dopamin abbauende Enzyme kodieren. Das Dopamin, wenn es an den Enden der Axonen ausgeschüttet wird, muss auch wieder abgebaut werden, damit seine Wirkung im synaptischen Spalt nur von kurzer Dauer ist. Dies geschieht zum einen durch Transportmoleküle, die es wieder in die Zelle zurückpumpen, und zum anderen durch Eiweißstoffe, die den Abbau des Dopamins erledigen, indem sie es in andere Stoffwechselprodukte umwandeln. Liegt nun eine Genvariante (»Genotyp«) vor, welche den Dopaminabbau durch ein Enzym namens COMT fördert, so ist die Menge des verfügbaren Transmitters bei Menschen mit dem Val/Val-Genotyp besonders niedrig (Abb. 12). Davon betroffene Menschen bestätigen das oben Gesagte auf eindrucksvolle Art und Weise, sie zeigen in einem stärkeren Maße kognitive Defizite als Menschen mit einem anderen Genotyp, der als Met/Met bezeichnet wird (Met und Val stehen für bestimmte Aminosäuren, aus denen Eiweiße gebildet werden). Dieser Genotyp, der

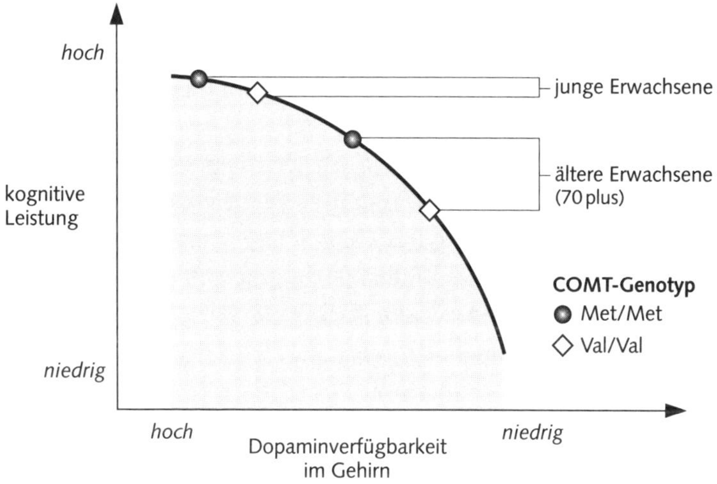


**Abbildung 12: Dopaminverfügbarkeit im Gehirn**

Der Zusammenhang ist eindeutig: Je niedriger der Dopaminspiegel, desto niedriger die kognitive Leistung. Die Abbildung zeigt weiterhin, dass die Geschwindigkeit des Dopaminabbaus erst im Alter relevant wird. Der COMT-Genotyp steht für ein wichtiges Enzym des Dopaminstoffwechsels, welches in einer effektiven Form vorhanden sein kann (Met/Met) oder in einer weniger effektiven Form. Der Kurvenverlauf zeigt, dass der Stoffwechselunterschied erst in einem Alter jenseits des 70. Lebensjahres bedeutsam ist.

mit einer größeren Dopaminmenge im Gehirn einhergeht (nicht weil mehr ausgeschüttet wird, sondern weil der Abbau von Dopamin langsamer vonstatten geht), ist von Vorteil, wenn man die kognitive Leistungsfähigkeit älterer Menschen misst. Der Befund erklärt, warum bei den kognitiven Aspekten, die von Dopamin beeinflusst werden, die Leistungsfähigkeit älterer Menschen heterogen ist im Vergleich zu jüngeren, bei denen der Unterschied hinsichtlich der Genotypen nicht messbar ist; mit anderen Worten: Es ist schlichtweg egal, in welcher der beiden Genvarianten Dopamin abbauende Enzyme hergestellt werden (Abb. 12).

Schlägt somit im Alter ein genetischer Faktor durch, der in jungen Jahren zunächst kaum eine Rolle spielt? In der Tat, denn hier kommen zwei Effekte zusammen: Die im Gehirn verfügbare Dopaminmenge nimmt grundsätzlich im Laufe des Lebens ab (Abb. 12). Wer aufgrund seines COMT-Genotyps ohnehin zu einem verminderten Level des Botenstoffs neigt, dem bereitet dies eher Probleme – verstärkte kognitive Defizite können die Folge sein. Nicht die Wirkung des Gens selbst verändert sich dabei mit den Jahren, vielmehr fallen genetische Unterschiede durch altersbedingte Veränderungen stärker ins Gewicht und erinnern einen daran, dass neben den individuellen Lebensbedingungen die Gene maßgeblich die Qualität des Alterns bestimmen. In jungen Gehirnen ist die Anzahl der Dopamin produzierenden Zellen so groß, dass eine kleine Abweichung in der Geschwindigkeit des Dopaminabbaus irrelevant ist. Liegt der Botenstoff aber nur noch in einer deutlich geringeren Konzentration vor, zählt die Geschwindigkeit des Abbaus. Denn je länger Dopamin im synaptischen Spalt verweilen kann und je langsamer es abgebaut wird, umso länger kann es auf die nachfolgenden Neuronen einwirken. So wird ein Weniger an Dopamin teilweise durch eine längere Wirkungsdauer kompensiert.

Es sei abschließend noch darauf hingewiesen, dass Dopamin nicht nur die selektive Aufmerksamkeit, das Arbeitsgedächtnis und das Langzeitgedächtnis fördert, sondern auch daran beteiligt ist, Neugierde zu entfachen, uns zu erregen und schnell und sicher Entscheidungen zu treffen. Untersuchungen an älteren Menschen zeigen, dass eine Abnahme des Dopaminspiegels Unternehmungslust und Risikobereitschaft bremst. Das erklärt auch, warum einige ältere Menschen einen ruhigeren Lebensstil bevorzugen und ihre Lust auf Neues nachlässt.

### Nervenwachstumsfaktoren entscheiden über Wohl und Wehe des Gehirns

An dieser Stelle sei ein weiterer wichtiger Faktor erwähnt, der unser Altern auf vielfältige biochemische Art und Weise beeinflusst: das kleine Eiweißmolekül BDNF *(Brain-Derived Neurotrophic Factor,* dt. etwa: vom Gehirn stammender neurotropher Faktor), das zur Familie der Nervenwachstumsfaktoren gehört. BDNF (amerikanische Kollegen haben es spaßeshalber auch als *Big Deal Neurotrophic Factor* bezeichnet, in etwa ein Faktor, der das ganz große Business verspricht oder die gesamte Weltwirtschaft in ein Chaos stürzen kann, wenn man den Vergleich aus der Ökonomie wagen will) wurde von Hans Thoenen und Yves-Alain Barde an einem Max-Planck-Institut vor den Toren Münchens entdeckt und ist auf vielfältige Art und Weise mit Alterungsprozessen verwoben. Zum einen wird vermutet, dass es ein wichtiger Überlebensfaktor für Nervenzellen ist, die Dopamin produzieren, und zwar ein Leben lang. Mit zunehmendem Alter nimmt aus nicht bekannten Gründen die Menge der zur Verfügung stehenden BDNFs ab, was möglicherweise negative Konsequenzen für die Dopamin produzierenden Neuronen hat, die in ihrem Überleben von Nervenwachstumsfaktoren abhängen bzw. ein höheres Risiko haben, abzusterben, wenn BDNF nicht in genügenden Mengen vorhanden ist. Darüber hinaus beeinflusst BDNF Lernvorgänge direkt, es erhöht die Wahrscheinlichkeit, dass Informationen dauerhaft im Gehirn gespeichert werden (Langzeitgedächtnis), und es scheint auch an der

Umstrukturierung des Gehirns beteiligt zu sein, wenn Neues gelernt wird. Neuere Befunde lassen darüber hinaus vermuten, dass BDNF zur Bildung neuer Nervenzellen im Hippocampus und deren Integration in bestehende neuronale Netze beiträgt. Das ist kein triviales Unterfangen, da die bestehenden Nervenzellen bereits Tausende von Kontakten geknüpft haben und es immer noch eines der Geheimnisse unserer Gehirne ist, wie in dieses komplexe Netz an Verflechtungen mit Hilfe von BDNF auf sinnvolle Art und Weise neue Knotenpunkte eingebaut werden. Fest steht dagegen, dass BDNF unter zwei Bedingungen besonders stark freigesetzt wird: Wenn wir lernen und wenn wir uns regelmäßig bewegen – beides führt zu einer vermehrten Neubildung von Nervenzellen im Hippocampus. Dieser Umstand könnte erklären, warum lebenslanges Lernen und regelmäßige körperliche Ertüchtigung Gehirne langsamer altern lassen (siehe Kapitel 8), denn neue Nervenzellen können die Funktion der verloren gegangenen Nervenzellen übernehmen, und je höher die Neubildung von Nervenzellen, desto besser kann der Verlust kompensiert werden.

So verlaufen diese feinen biochemischen Prozesse keinesfalls unabhängig von unserem Lebensstil. Sie werden beeinflusst von Ernährung, Bewegung, Stress und Umweltgiften, die zusammen mit genetischen Effekten bestimmen, wie wir altern. Ähnlich wie wir dies für ein Dopamin abbauendes Enzym gesehen haben, gilt auch für BDNF, dass es Genvarianten gibt, die kognitives Altern beeinflussen. Die Genvarianten für BDNF unterscheiden sich in nur einem Baustein (einer Aminosäure), deren Austausch dazu führt, dass das BDNF in zwei unterschiedlichen Varianten produziert wird, von denen die eine effektiver ist als die andere. Studien zeigen, dass dieser Unterschied im BDNF schon im jungen Erwachsenenalter die Leistungsfähigkeit unseres Arbeitsgedächtnisses beeinflusst, richtig dramatisch wird der genetische Unterschied aber jenseits des 85. Lebensjahres. Diese Befunde zeugen nicht nur von der außerordentlichen Dynamik genetischer Einflüsse, sie können auch erklären, warum sich die Schere der kognitiven Leistungen mit zunehmendem Alter immer mehr öffnet.

Darüber hinaus spielt noch eine Rolle, wie sehr wir uns vom Alter stressen lassen, denn das Stresshormon Cortisol unterdrückt die Produktion von BDNF! Empfinden wir eine Situation als extrem stressig, erzeugt der Körper das Stresshormon Cortisol. Dies führt dazu, dass eine ganze Reihe von Neurotransmittern in großen Mengen den Körper überflutet. Und wie jede Flut, so hat auch diese massive Folgeschäden: Menschen mit Dauerstress haben einen kleineren Hippocampus.

Zurück von den Molekülen auf die ganz konkrete Ebene des erlebten Stresses bei älteren Menschen, der aber wie oben erwähnt auch eine Rückwirkung auf unsere Hirnstrukturen hat: Eine ältere Dame steht vor dem Geldautomaten ihrer Bank. Dutzende Male hat ihr die Tochter erklärt, wie das geht: Die Bankkarte in den Automaten stecken, »Geld abheben« wählen, die PIN-Nummer eingeben, dann den Betrag, »bestätigen« drücken, Karte und Geld entnehmen. Es scheint so einfach – und es ist normalerweise auch kein Problem, den Anweisungen auf dem Bildschirm zu folgen. Doch als zwei Personen hinter ihr in der Reihe schon ungeduldig warten, dass sie den Vorgang beendet, weiß die ältere Dame plötzlich nicht mehr, was zu tun ist. Sie ist unsicher, was von ihr gefordert ist, vergisst, »bestätigen« zu drücken, der Vorgang wird abgebrochen. Die Wartenden hinter ihr beschweren sich grummelnd. Beim dritten Fehlversuch wird die Karte eingezogen. Die ältere Dame schämt sich, den Angestellten an der Kasse zu bemühen, und schwört sich, nie wieder zu versuchen, Bargeld am Automaten abzuheben. Sie gibt angesichts der vermeintlich komplizierten Technik auf. Durch Zeitdruck und sozialen Druck verursachter Stress lässt sie verzweifeln.

**Postkarte aus dem Leben**

*Es ist lange diskutiert worden, ob es eine »natürliche« Grenze menschlichen Lebens gibt. Eine andere, vielleicht sogar relevantere Frage ist, wie lange unser Gehirn geistig leistungsfähig sein kann, denn was nützt ein langes Leben, wenn das Organ, durch das wir dieses Leben genießen, nicht mehr funktioniert. Wir müssen Leben in unser Leben bringen und nicht nur auf die Lebensjahre gelebten Lebens schauen! In diesem Kontext hat eine niederländische Arbeitsgruppe eine bemerkenswerte Studie über die bisher älteste holländische Seniorin, Frau Andel-Schipper, veröffentlicht, die 2005 mit 115 Jahren verstarb. Schon 33 Jahre vorher hatte sie sich als damals 82-Jährige bereit erklärt, ihr Gehirn der Wissenschaft zur Verfügung zu stellen. Als sie 102 Jahre alt wurde, kamen ihr Zweifel, ob ihr Gehirn, »löchrig« wie es war, der Wissenschaft überhaupt noch von Nutzen sein könne. Zu ihrer großen Freude wurde ihr versichert, das würde es bestimmt sein, und in der Tat erwies sich das Gehirn dieser Frau nach ihrem Tod als äußerst wertvoll: Es wies keine Spuren einer beginnenden Demenz auf, keine alzheimertypischen Plaques (= Proteinausfällungen, siehe Kapitel 7) und auch keine Neurofibrillen, wie sie ebenfalls typisch für Alzheimer-Patienten sind. Selbst eine Arteriosklerose (Verengung der Gefäße durch Ablagerungen) war nur in einem geringen Ausmaß sichtbar. In Übereinstimmung damit haben auch kognitive Tests, die wenige Jahre vor dem Tod der Seniorin durchgeführt wurden, ergeben, dass sie trotz ihres hohen Alters noch mit 60- bis 70-Jährigen mithalten konnte, ja die Leistungen dieser Altersgruppe in Teilbereichen noch überflügelte.*

*Wie aber kam es dazu? Dass viel Bewegung gesund ist, war der begeisterten Anhängerin des Fußballclubs*

*Ajax Amsterdam bekannt. Ihr Gedächtnis war ebenfalls noch außerordentlich gut intakt und beinhaltete sogar die Thronbesteigung von Königin Wilhelmina 1898 (deren Urenkelin Königin Beatrix sie auch noch treffen durfte). Jetzt kann man aus einem Einzelbefund keine allgemein gültige Regel ableiten, aber es zeigt sich, dass die Annahme, dass Alterungsprozesse zwingend zum Abbau des Gehirns bis hin zu einer Demenz führen, nicht haltbar ist – eine wichtige Botschaft für die mehr als 9000 Menschen, die allein in Deutschland im Jahre 2011 das 100. Lebensjahr überschritten haben.*

KAPITEL 4

# Gedächtnis ohne Ruhestand: Wie Erinnerungen Lebensgeschichte schreiben

*»Das Gedächtnis verbindet die zahllosen Einzelphänomene zu einem Ganzen, und wie unser Leib in unzählige Atome zerstieben müßte, wenn nicht die Attraktion der Materie ihn zusammenhielte, so zerfiele ohne die bindende Macht des Gedächtnisses unser Bewußtsein in so viele Splitter, als es Augenblicke zählt.«*

Karl Ewald Konstantin Hering,
Physiologe und Hirnforscher

Wir sind, was wir geworden sind. Um aber innerhalb einer sich wandelnden Umwelt besser zu überleben, haben wir und auch alle anderen Lebewesen die Fähigkeit entwickelt, Verhaltensweisen im Laufe unseres Lebens abzuändern und an neue Situationen anzupassen, und zwar aufgrund individueller Erfahrung. Die Möglichkeit etwas zu lernen und im Gedächtnis zu behalten ist dabei nicht gleich verteilt. Bei uns Menschen beispielsweise sind Effektivität und Kapazität von Lern- und Gedächtnisvorgängen besonders stark – die Kehrseite ist, wir hängen stärker von diesen Lern- und Erinnerungsvorgängen ab als andere Lebewesen und reagieren sehr empfindlich, wenn unsere Erinnerungsschaltkreise gestört werden. Unsere diesbezüglichen Fähigkeiten sind neben unserer Sprache die Grundlage und Voraussetzung unserer Kultur und unserer individuellen Persönlichkeit. Die Mechanismen von Lernen und Gedächtnis nicht verstanden zu haben hieße deshalb auch, etwas Elementares über uns selbst als Menschen nicht zu verstehen, zumal Lern- und Gedächtnisvorgänge essenzielle Komponenten jeder kognitiven Leistung sind.

Entsprechend sollen in diesem Kapitel die Veränderungen in unserer Gedächtnistätigkeit im Alter vorgestellt werden ebenso wie die hirnorganischen Grundlagen unserer Gedächtnisleistungen, damit wir nicht Anforderungen an unsere Gedächtnisfunktionen stellen, denen unser Gehirn in keiner Lebensphase nachkommen kann. Das Gehirn hat – und das muss man sich immer wieder klarmachen – eine ungeheuer komplizierte Aufgabe zu erfüllen: Es muss nicht nur den kontinuierlichen Fluss an Sinnesinformationen verarbeiten, sondern zur gleichen Zeit (!) Erinnerungen abspeichern, zum Teil ein Leben lang, und diese abrufbereit halten. Dazu zählen genauso Erinnerungen, die nur wenige Stunden zurückliegen (z. B. Was stand heute Morgen in der Zeitung?), wie solche von vor 40 Jahren (z. B. Wie hieß noch unser Sitznachbar in der zehnten Klasse?). Wie das Gehirn diese komplexe Aufgabe bewältigt und warum wir uns im Alter häufig nicht mehr auf bestimmte Gedächtnisfunktionen verlassen können, soll im Folgenden erklärt werden.

In der Wahrnehmung vieler Menschen ist Altern gleichbedeutend mit Gedächtnisverlust. Entsprechend ist es nicht verwunderlich, dass uns im Alter am meisten die Angst vor dem Vergessen plagt. Und folgerichtig hatten laut einer amerikanischen Studie 83 % der über 50-Jährigen Angst, sich einen neuen Namen nicht merken zu können. 60 % waren besorgt, da sie gelegentlich ihren Autoschlüssel verlegten, 57 % gar beunruhigt, da sie eine vor wenigen Minuten gehörte Telefonnummer nicht vollständig erinnern konnten. In einer großen europäischen Studie mit über 4000 Befragten im Alter 65plus, die in Maastricht durchgeführt wurde, hielten 50 % der Senioren sich generell für vergesslich. Sie wissen sich in bester Gesellschaft: Der Philosoph Immanuel Kant, der britische Naturforscher Michael Faraday und selbst einer der bedeutendsten Wissenschaftler im 17. Jahrhundert, Isaac Newton, hatten alle im Alter massive Gedächtnisprobleme. Warum sollte es uns da besser ergehen?

Die vier apokalyptischen Reiter der Altersvergesslichkeit lauten:

- Wir haben den Namen von uns bekannten Personen nicht sofort parat, obwohl er uns »auf der Zunge liegt«.
- Wir vergessen Dinge, an die wir unbedingt denken wollten.
- Wir können nicht mehr so ganz genau zuordnen, wann etwas geschehen ist.
- Etwas neu Gelerntes will sich einfach nicht im Gedächtnis festsetzen.

Die Sachlage des Alters scheint klar zu sein: Das Gehirn wird kleiner, davon sind auch Gebiete der Gedächtnisspeicherung betroffen, und entsprechend arbeitet unser Gedächtnis schlechter. Natürlich leiden ältere Menschen unter der Angst, immer mehr zu vergessen und Neues nicht mehr lernen zu können. Aber selbst bei diesem offensichtlichsten aller Altersphänomene (wenn man von der Alterung der Haut absieht) ist das Bild wesentlich uneinheitlicher, als wir es oft wahrnehmen, denn auch die Gedächtnisleistungen sind je nach Aufgabe und geforderter Geschwindigkeit differenzierter zu betrachten. Vor allem wenn man bedenkt, dass die gleichen Studien, die oben zitiert wurden, zeigten, dass ein Drittel der Versuchsteilnehmer, die zwischen 25 und 35 Jahre alt waren, sich ebenfalls für vergesslich hielten. Mit dem Unterschied allerdings, dass die jüngeren Semester ihre Vergesslichkeit auf den alltäglichen belastenden Stress schoben, während die älteren Mitbürger ihr Alter verantwortlich machten! Die amerikanische Autorin Diane Ackermann bringt es so auf den Punkt: »Die meisten Leute, die ich kenne, haben Angst davor, ihr Gedächtnis zu verlieren, eine Art Massenhysterie, so als würde jeder vergessene neue Name ein Vorbote der Alzheimer-Erkrankung sein.«

**Schatzkammern der Erinnerungen**

Warum trifft das Thema Gedächtnis einen so empfindlichen Nerv bei uns? Weil wir dieses Gedächtnis nicht nur brauchen, um verlegte Schlüssel wiederzufinden oder uns eine wichtige PIN- oder Telefonnummer zu merken, sondern noch für endlos vieles mehr. Unsere Identität, Persönlichkeit und die Gesamtheit unserer intellektuellen Fähigkeiten haben sich im Laufe unseres Lebens um eine Summe an Erfahrungen herum ausgebildet, die wir bewahren wollen und die in den verschiedenen Schatzkammern unseres Gedächtnisses abgelegt sind. Im Alltag setzen wir ständig unser Gedächtnis ein – meistens ohne uns dessen bewusst zu sein. Aber schon bei der kleinsten Gedächtnislücke sind wir verunsichert, vor allem wenn wir älter werden. Denn wir sind komplett abhängig von unserem Gedächtnis. Nicht nur, um uns an unsere autobiographischen Erlebnisse zu erinnern oder einen Termin nicht zu vergessen, sondern weil wir unser Gedächtnis auch zum Gehen, Reden, Träumen, Sprechen, Riechen, Pläneschmieden brauchen oder um Angst und Liebe zu empfinden. Ohne Gedächtnis wären komplexe Gedanken kaum möglich. Erst durch unser Gedächtnis erleben wir die Welt – und uns selbst. Nur durch die Kraft des Gedächtnisses wissen wir, wer wir sind, was wir gerne mögen, welchem Fußballverein wir anhängen, welche TV-Soap wir mögen (und wann sie im Fernsehen gesendet wird) und welchen Beruf wir ausüben. Unser Gedächtnis ist eng verwoben mit allen intellektuellen Fähigkeiten. Und unsere persönliche Geschichte, Erfahrungen und Interessen sind eng verwoben mit Gedächtnisleistungen, ohne dass wir uns die Komplexität der Vorgänge klarmachen. Amnesie – sein Gedächtnis zu verlieren – bedeutet entsprechend, nicht nur seinen Namen nicht mehr zu kennen, sondern in gewisser Hinsicht, sich selbst nicht mehr zu erkennen. Man wird sich selbst ein Fremder.

Die Bedeutung des Gedächtnisses für Menschen jeden Alters ist unbestritten. Und im Allgemeinen können wir uns auch im Alter auf die Gedächtnisfunktionen unseres Gehirns blind verlassen. Denn das Gedächtnis besitzt bis in das hohe Alter hinein eine immense Fähigkeit zum automatischen Speichern und Abrufen von Informationen. Da wir dies nicht bewusst tun, meinen wir oft, das Gedächtnis würde im Alter generell schlechter, und bedenken gar nicht, was wir alles automatisch aus dem Gedächtnis heraus erinnern, wie wir die Welt und bestimmte Situationen sortieren. Was mit zunehmendem Alter tatsächlich schwieriger wird, ist der präzise Abruf von Fakten und das Erlernen neuer Inhalte in kurzer Zeit. Was wir bei Letzterem allerdings häufig vergessen, ist, wie stark die Gedächtnisspeicherung von Wille, Aufmerksamkeit und Motivation abhängt und auch davon, was wir uns zutrauen, noch leisten zu können.

Daneben erschweren andere Randbedingungen das Lernen im Alter: Im Alter fehlt es häufiger an Neugierde, an Aufmerksamkeit und an der richtigen Lernstrategie. Die mangelnde Lust auf Neues wie die Abnahme der Aufmerksamkeit hängen damit zusammen, dass die Anzahl der Nervenzellen im Gehirn, die mit Dopamin arbeiten, im Zuge des Alterungsprozesses abnehmen (siehe Kapitel 3). Damit sinkt die Menge an verfügbarem Dopamin, welches als eine Art Turbolader für das Gehirn wirkt. Allerdings bedeutet die mangelnde Dopaminversorgung des Gehirns nicht, dass ältere Menschen nun gar nicht mehr neugierig sind. Doch die Schwelle, ihre Neugierde zu wecken, ist höher. Ältere Menschen müssen sich stärker aufraffen, Neues zu wagen. Und sie sind generell weniger risikofreudig.

**»Je schöner und voller die Erinnerungen, desto schwerer die Trennung. Aber die Dankbarkeit verwandelt die Qual der Erinnerung in eine stille Freude. Man trägt das vergangene Schöne nicht mehr wie einen Stachel, sondern wie ein Geschenk kostbar in sich.«**
Dietrich Bonhoeffer

Ebenfalls zu bedenken ist der Umstand, dass es im Zuge der Alterungsprozesse unseres Gehirns immer schwieriger wird, mehrere Dinge gleichzeitig zu tun. Das hat auch Konsequenzen für das Gedächtnis, denn häufig sind wir, während wir etwas lernen bzw. aufnehmen wollen, abgelenkt, hören oder sehen nicht richtig hin, so dass bereits an der Hürde zur ersten Gedächtnisstufe die Informationsspeicherung im Gehirn gar nicht erst beginnt. Kurzum: Die meisten kognitiven Fähigkeiten bleiben ein Leben lang erhalten, aber wir müssen uns im Alter mehr konzentrieren als früher, noch mehr auf Lernstrategien (Merkregeln, Tageszeiten des Lernens, welche Art der Wissensvermittlung uns besonders liegt) und die richtige Lernumgebung setzen und vor allem darauf achten, Störreize (z. B. eine laute Umgebung) zu meiden. Darüber hinaus dürfen sich auch Senioren noch etwas zutrauen – die Kehrseite dieser Medaille ist, sie müssen auch noch etwas von sich fordern. Wir vergessen, dass man auch im Alter noch etwas lernen kann – mit Wille, Motivation und Zutrauen in die eigene Leistungsfähigkeit und der richtigen Lernstrategie!

## Das eine Gedächtnis gibt es nicht

Um die Veränderungen der Gedächtnisprozesse im Alter besser greifen zu können, müssen wir zunächst einen Ausflug in die Schatzkammern der Erinnerung unseres Gehirns und dessen Aufbau machen. Wir verwenden »Gedächtnis« häufig genauso monolithisch wie die Begriffe »Arm« oder »Fuß«. Richtig ist aber, wir haben verschiedene Gedächtnissysteme, deren unterschiedliche Funktionen von verschiedenen Gehirnarealen vermittelt werden, und diese altern äußerst unterschiedlich. »Das« Gedächtnis existiert nicht. Stattdessen gibt es verschiedene Gedächtnissysteme, die sich nach zeitlichen oder funktionellen Kriterien unterteilen lassen. Ihnen allen gemeinsam ist, das Vergangene in unserem Nervensystem festzuhalten. Im Kontext der verschiedenen Gedächtnissysteme unterscheidet man zwischen Arbeitsgedächtnis sowie implizitem und explizitem Gedächtnis (Abb. 13).

Das explizite (oder auch deklarative) Gedächtnis speichert alles, was man in Worten ausdrücken kann, etwa Erinnerun-

| Arbeitsgedächtnis | Explizites Gedächtnis (Deklaratives Gedächtnis) | | Implizites Gedächtnis | |
|---|---|---|---|---|
| Zentrale Exekutive, sprachlicher und visueller Notizblock | Faktengedächtnis (semantisches Gedächtnis) | Episodisches Gedächtnis (autobiographische Erinnerungen) | Prozedurales Gedächtnis (motorisches Gedächtnis, unbewusste Erinnerungen) | Priming (Wahrnehmungslernen) |
| *Stirnlappen* | *Limbisches System, Cortex* | | *Basalganglien, Kleinhirn* | *Cortex* |

**Abbildung 13: Die fünf Gedächtnissysteme des Gehirns**
Im Gehirn gibt es nicht »das« Gedächtnis, sondern verschiedene Gedächtnissysteme, die durch ihren Inhalt definiert sind und dadurch, welche Gehirnareale mit den verschiedenen Gedächtnisarten befasst sind. Neben dem expliziten und dem impliziten Gedächtnis ist hier auch das Arbeitsgedächtnis aufgeführt.

gen an einen Urlaub oder Faktenwissen. Das Arbeitsgedächtnis umfasst das Kurzeitgedächtnis, den visuellen und den sprachlichen Notizblock. Zum impliziten Gedächtnis gehört zum einen das Gedächtnis für Bewegungsabläufe und für unbewusste Erinnerungen, Routinen und alle gewohnheitsmäßigen Kenntnisse, erlernte oder imitierte Reaktionen (prozedurales Gedächtnis), zum anderen das Wahrnehmungsgedächtnis (Priming), denen gemeinsam ist, dass sie weitgehend unbewusst sind und sich oft nur schwer in Worte fassen lassen. Gemeinhin denken wir bei Gedächtnis vor allem an das explizite (deklarative) Gedächtnis, also persönliche Erinnerungen, Faktenwissen und singuläres Wissen (Wie heißt noch mal unser Heizungsmonteur?). Dies macht aber nur einen Bruchteil unseres Gedächtnisses aus. Der weitaus größere Teil dessen, was wir im Leben gelernt haben, sind generische Erinnerungen, also solche, die auf Mustererkennungsprozessen beruhen, sowie Muster von Problemlösestrategien, die zum Fakten- und autobiographischen Gedächtnis gehören (siehe auch Kapitel 6).

Bemühen wir zur besseren Veranschaulichung die Computermetapher: Wäre unser gesamtes Gedächtnis auf einer Festplatte gespeichert, wäre das generische Gedächtnis gleichzusetzen mit den dort abgespeicherten Programmen. Hier sind also die Erinnerungen abgelegt, wie z. B. eine Tätigkeit ausgeführt wird. Dem singulären, expliziten Gedächtnis entsprächen die Dateien, auf denen Informationen darüber hinterlegt sind, was wir erlebt haben, was wir wissen und wer wir sind. Diese singulären, expliziten Gedächtnisinhalte werden durch Alterungsprozesse stärker in Mitleidenschaft gezogen. Es fällt uns schwerer, mit der gleichen Präzision wie in jungen Jahren konkrete Fakten abzurufen, und es fällt schwerer, neue, präzise Fakten abzuspeichern. Der vergleichsweise riesige Schatz an generischem Wissen über die Welt bleibt jedoch unbeschadet erhalten, ja es fällt uns meist nicht mal auf, wie gut im gesunden (alternden) Gehirn diese Form des Gedächtnisses arbeitet, denn sie tut es meist im Verborgenen, da es sich um Routinen, Automatismen oder das Wahrnehmungsgedächtnis handelt.

Innerhalb des expliziten Gedächtnisses (auch deklaratives Gedächtnis genannt) unterscheidet man zwei Untertypen: Das autobiographische Gedächtnis, in dem Ereignisse aus unserem Leben gespeichert werden, also Informationen darüber, wann etwas mit wem und wo geschah (Quellengedächtnis). Und andererseits das Faktengedächtnis (Wissenssystem oder auch semantisches Gedächtnis), das unser Wissen über die Welt umfasst – klassisches Schulwissen, generelle Zusammenhänge oder semantisch-grammatikalische Kenntnisse. Das Erlernen neuer Fakten oder die Abspeicherung von erlebten Begebenheiten findet in den sogenannten Papez'schen Schaltkreisen der linken und rechten Hemisphäre statt (Abb. 14 und 15).

Zu diesem funktionalen Schaltkreis, der in vielerlei Hinsicht mitbestimmt, wer wir sind und wer wir werden, was wir erinnern und was wir vergessen, besteht aus dem Hippocampus und dem vorderen Teil des Gyrus cinguli, sowie aus Thalamus und Mammilarkörpern, die tief im Inneren des Gehirns liegen (Abb. 14 und 15).

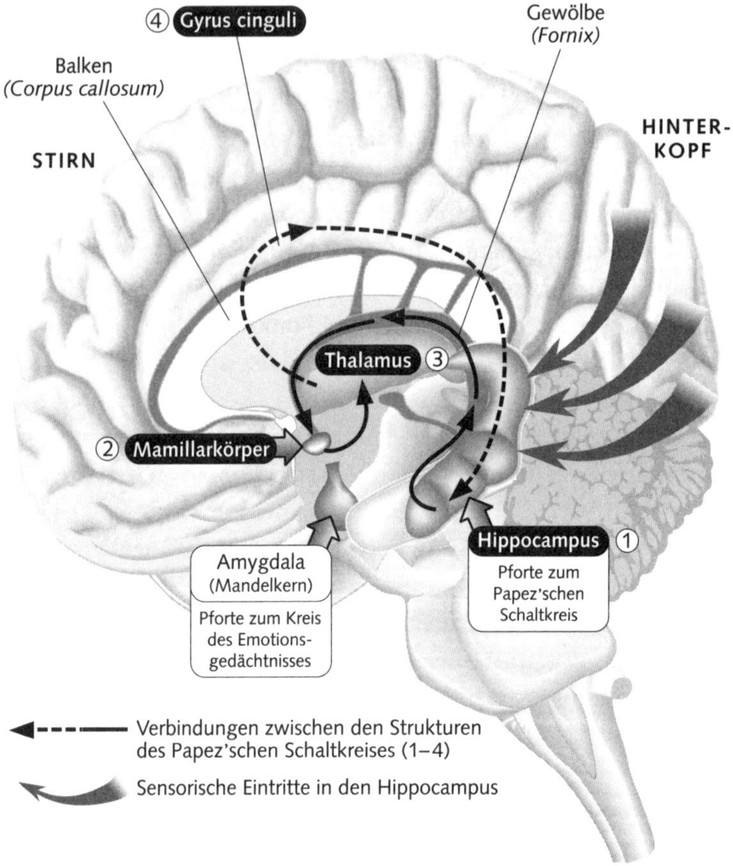


**Abbildung 14: Papez'scher Schaltkreis**

Seitliche Darstellung einer Großhirnhemisphäre, in der die vier Areale des Papez'schen Schaltkreises (Hippocampus, Mandelkern, Thalamus, Gyrus cinguli) eingetragen sind. Die vier Strukturen bilden einen Schaltkreis, der beim Erlernen neuer Informationen unabdingbar ist.

Hier gibt es jetzt auch eine weitere Funktionseinteilung nach linker und rechter Hemisphäre: Der linke Papez-Kreis (bei Rechtshändern) dient der Speicherung von Informationen, die durch Sprache kodiert werden, während der rechte für räumliche Informationen und Beziehungen zwischen Gegenständen entscheidend ist.

Unabhängig von diesen Gedächtnissystemen und der ihnen zugrunde liegenden Strukturen existieren zwei weitere implizite Gedächtnissysteme: das prozedurale Gedächtnis und das sogenannte Priming, zu dem häufig auch das Wahrnehmungsgedächtnis gerechnet wird. Zum prozeduralen oder auch mechanischen Gedächtnis gehören Fähigkeiten wie Rad- oder Skifahren, Saxophon- oder Klavierspielen, überhaupt alles, was mit automatisierten Routinen, dem erlernten Know-how, Gewohnheiten und Abläufen in Zusammenhang steht. Auch Lesen ist eine Fähig-

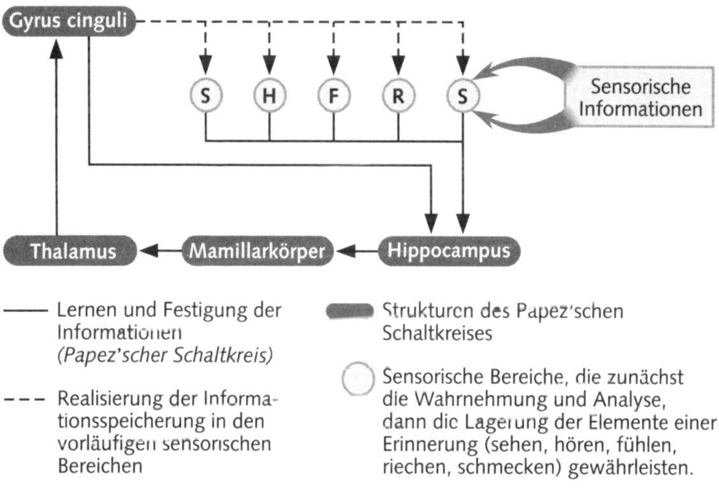


**Abbildung 15: Vernetzungsschema Papez'scher Schaltkreis**

Die Elemente einer Wahrnehmung werden mit Hilfe des Papez'schen Schaltkreises gespeichert. Zugleich mit der Verfestigung der Informationen werden auch die neuronalen Verbindungen der Hauptstrukturen des Erinnerns verstärkt.

keit des impliziten Gedächtnisses: Wir wissen nicht, wie wir es machen, aber wir haben es mühsam erlernen müssen.

Das Priming-Gedächtnis könnte man in Ermangelung eines deutschen Wortes so beschreiben: Hat man das Prinzip erst einmal verstanden, lassen sich vergleichbare Aufgaben leichter lernen. Unter diese Lernform fällt etwa die Einordnung von Erlebnissen aufgrund von früheren, vergleichbaren Ereignissen ebenso wie das schnelle Erkennen von Reizmustern, die man schon einmal zu einem früheren Zeitpunkt wahrgenommen hat (Wahrnehmungsgedächtnis). So kann ein Kind, wenn es einmal gelernt hat, wie die abstrakte Form eines Fisches aussieht, auch einen ihm unbekannten Fisch schnell dieser Tiergruppe zuordnen. Zu dieser Lern- und Gedächtnisform gehört der Umstand, dass wir unbewusst andere nachahmen. Wie viele höhere Säugetiere sind Menschen Meister im Nachahmen. Verantwortlich für diese außerordentlich stark ausgeprägte Form des Lernens sind sogenannte Spiegelneuronen in der Großhirnrinde. Spiegelneuronen sind Nervenzellen, die nicht nur aktiv sind, wenn man selbst eine Bewegung ausführt, sondern auch wenn unser Gegenüber eine Bewegung ausführt und man selbst nur passiver Zuschauer ist. Dieses System scheint umso besser zu funktionieren, je vertrauter man mit einer Person ist und je stärker wir eine Person akzeptieren und als authentisch erleben. Soziale Vereinsamung im Alter kann dazu beitragen, dass die Fähigkeit der Spiegelneuronen, sich in andere Menschen hineinzuversetzen, verkümmert. Das macht es älteren Menschen schwerer, in sozialen Kontexten zu operieren und sich wohlzufühlen. Die Spirale der sozialen Vereinsamung nimmt ihren Lauf, wenn die Spiegelneuronen nicht »in Übung« bleiben.

Das Priming hängt vor allem von den Funktionen der Großhirnrinde ab und zeigt kaum Alterungserscheinungen. Nicht funktionierendes Priming ist aber eines der Diagnosekriterien bei Alzheimer-Patienten. Im Unterschied dazu ist der Hippocampus als entscheidende Struktur des expliziten Gedächtnisses stärker von Alterungsprozessen betroffen (Abb. 16).

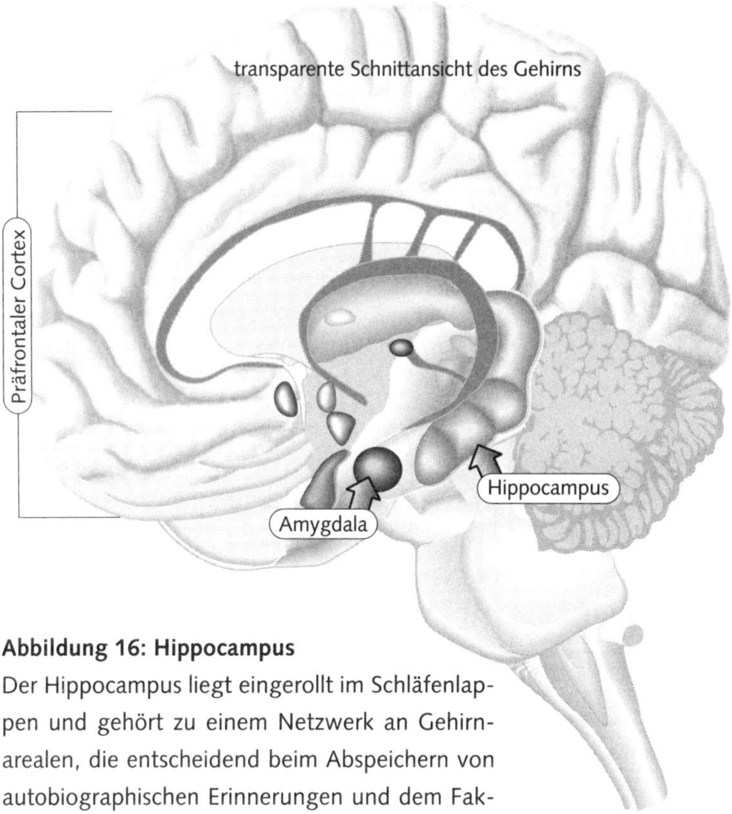


**Abbildung 16: Hippocampus**
Der Hippocampus liegt eingerollt im Schläfenlappen und gehört zu einem Netzwerk an Gehirnarealen, die entscheidend beim Abspeichern von autobiographischen Erinnerungen und dem Faktengedächtnis sind.

Zusammen mit Teilen des Stirnlappens ist der Hippocampus verantwortlich für das Quellengedächtnis, welches sich als letzte Fähigkeit unserer vielfältigen Gedächtnisleistungen entwickelt. Der Hippocampus ist eine der wenigen Gehirnregionen, in denen nach der Geburt noch maßgeblich Nervenzellen gebildet werden (adulte Neurogenese). Um den Hippocampus in die Schaltkreise des Gehirns einzubinden, ist eine ganze Datenautobahn vonnöten: Ein dicker Faserstrang namens Fornix leitet Informationen vom Hippocampus zum basalen Vorderhirn und zu Teilen des Hypothalamus (den Mamillarkörpern) weiter. Diese aus

Nervenfasern bestehende Datenautobahn beginnt erst im dritten Lebensjahr seine normale Arbeitsgeschwindigkeit aufzunehmen. Dies erklärt möglicherweise, warum wir vor dem dritten Lebensjahr keine Erinnerungen haben. Es ist also mitnichten eine

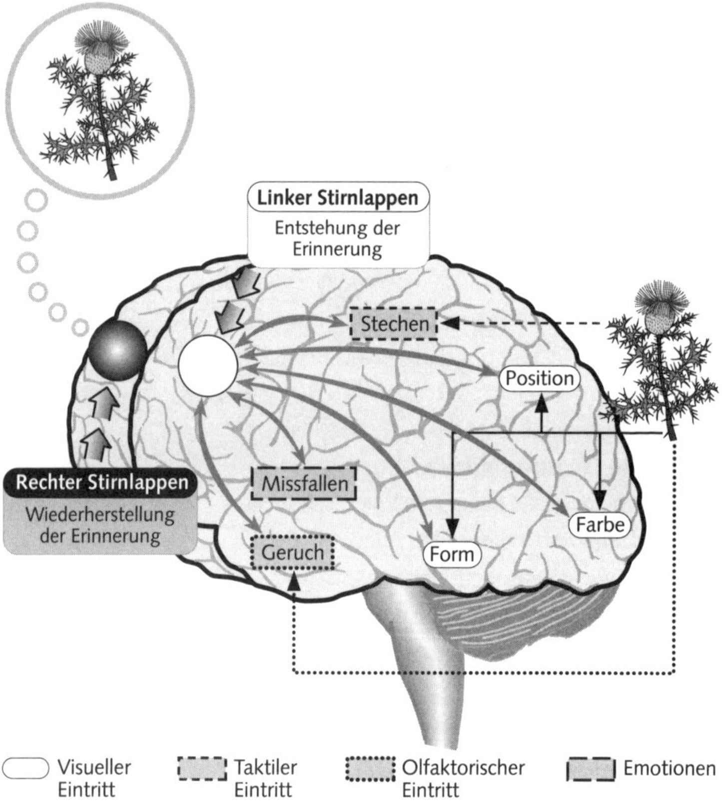


**Abbildung 17: Wie erinnert das Gehirn?**
Wird eine autobiographische Erinnerung im Langzeitgedächtnis bewahrt, werden ihre unterschiedlichen Aspekte in spezifischen Gehirnarealen gespeichert, die Engramme (Gedächtnisspuren) sind untereinander durch ein Neuronennetz verbunden, das im Moment der Erinnerung reaktiviert wird. Für diese Reaktivierung ist der Stirnlappen als Organisator entscheidend.

Alterserscheinung, sondern liegt in der Entwicklung des Gehirns begründet. Voll funktionstüchtig ist die Fornixbahn übrigens erst mit Beginn der Schulzeit, also im Alter von sechs Jahren.

Es wäre falsch, aufgrund des oben Beschriebenen zu glauben, dass die einzelnen Gedächtnissysteme isoliert nebeneinander arbeiten. Im Gegenteil: Unser Leben reiht konstant Lernsituationen aneinander, wo alle Gedächtnissysteme ineinandergreifen (Abb. 17). Ein Musterbeispiel für das komplexe Zusammenspiel der Gedächtnissysteme ist die Sprache: Die Bewegungskoordination der Stimm-, Gesichts- und Atemmuskulatur erfolgt dabei durch das motorische Gedächtnis. Das Faktengedächtnis wird gebraucht, um den Wörtern eine Bedeutung zu geben. Und dem autobiographischen Gedächtnis entstammen alle Details, wenn wir über eine vergangene Lebensepisode sprechen.

**»Erinnerungen sind widerborstig; hört man auf, ihnen nachzujagen, und kehrt ihnen den Rücken zu, kommen sie oft von allein wieder zurück.«**
Stephen King

Das Gedächtnis lässt sich aber nicht nur nach seinen Inhalten einteilen, sondern auch nach zeitlichen Gesichtspunkten: Man unterscheidet Kurzzeit- und Langzeitgedächtnis. Ein bestimmter Teil des Kurzzeitgedächtnisses wird heute funktionell als Arbeitsgedächtnis bezeichnet und wurde bereits in Kapitel 1 ausführlich beschrieben, da seine Leistungsfähigkeit im Alter eingeschränkt ist. Wir benutzen es etwa, um bei komplizierten Rechnungen Zwischensummen abzuspeichern oder um am Ende eines Satzes noch zu wissen, wie er anfing (Abb. 18). Dieser Speicher kann nicht mehr als sechs bis acht Elemente gleichzeitig aufnehmen und befindet sich im Wesentlichen im Stirnlappen. Er fungiert in vielerlei Hinsicht als entscheidendes Nadelöhr unserer Gedächtnisleistungen, bestimmt das Arbeitsgedächtnis doch, wie lange wir uns auf eine Aufgabe konzentrieren, wie viele Gedankenschritte wir im Voraus planen und wie lange wir konzentriert ein Ziel verfolgen können. Seine Leistungsfähigkeit wirkt sich auf alle Gedächtnisleistungen aus, denn: Je besser man sich konzentrieren kann, je mehr Fakten man im Kopf hin und her jonglieren kann, umso besser ist die Erinnerungsfähigkeit. Ein wunderbares Training des Arbeitsgedächtnisses ist übrigens Lesen, da man sich mit vergleichsweise großer Anstrengung etwa drei Minuten lang auf eine Seite konzentrieren muss, bevor man umblättert, und dabei Personen, Orte und Zusammenhänge der Geschichte zwischenspeichern muss.

Während das Arbeitsgedächtnis in seiner Speicherfähigkeit stark eingeschränkt ist, hat das Langzeitgedächtnis eine fast unerschöpfliche Kapazität. Für autobiographische Erinnerungen und das Faktengedächtnis fungiert der Hippocampus als eine Art Filter, der entscheidet, welche Informationen länger abgespeichert bleiben sollen und welche nicht. Der Speicherort selbst ist allerdings die Großhirnrinde. Was die Menge der Erinnerungen betrifft, die wir abspeichern können, macht die Großhirnrinde ihrem Namen alle Ehre: Ernst zu nehmende Berechnungen deuten darauf hin, dass Menschen in ihrem Langzeitgedächtnis den Speicherinhalt von zwei Millionen CDs (ca. 1,4 Pentabyte) ablegen können.

Die Sorge, das eigene Gedächtnis im Alter zu überfordern, ist also unbegründet, zumindest was den Speicherplatz angeht. Im

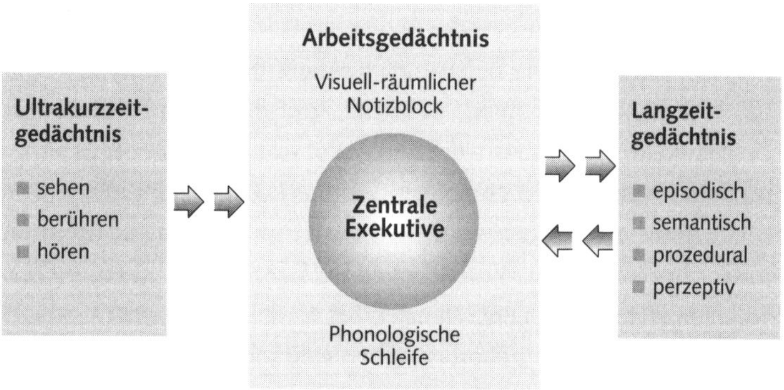


**Abbildung 18: Komponenten des Gedächtnisses**

Die zeitlichen und funktionalen Aspekte der groben Gedächtnisorganisation im menschlichen Gehirn.

Gegenteil, wer sich viel beibringt, hat es leichter, Assoziationen zu neuem Wissen herzustellen und dieses dann umso sicherer abzuspeichern bzw. abzurufen. Er baut sogar kognitive Ressourcen auf,

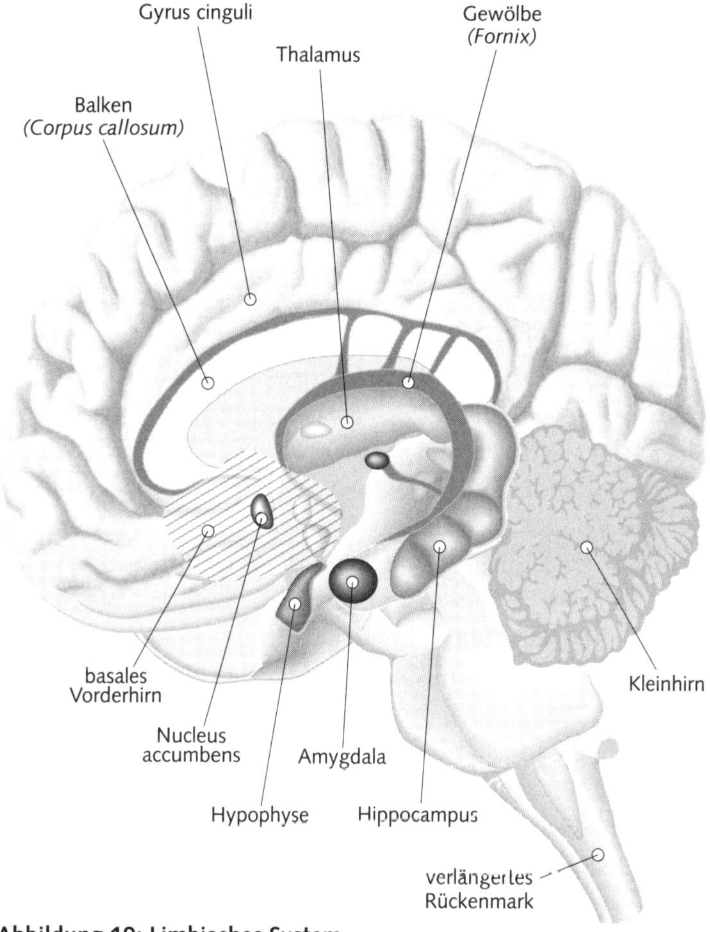


**Abbildung 19: Limbisches System**

Das limbische System gehört zu den ältesten Strukturen des Wirbeltiergehirns. Beim Menschen ist es an der Hervorbringung und an der Wahrnehmung von Emotionen beteiligt und fungiert als Filterstruktur beim Übergang vom Kurz- zum Langzeitgedächtnis (für Fakten und autobiographische Erinnerungen).

die im Alter noch wichtig werden können (siehe Kapitel 7): Wer bereits viel weiß, lernt leichter und schneller Neues und ist im Alter besser gewappnet gegen den Verlust von Nervenzellkontakten und Neuronen (für eine genaue Erklärung der biologischen Ursachen siehe Kapitel 8).

Aber nicht nur ein älterer Mensch, der viel weiß, kann noch gut lernen. Ein Mensch, egal welchen Alters, der gerne lernt, lernt auch leichter. Denn positive wie negative Gefühle üben einen maßgeblichen Einfluss auf das Gedächtnis aus. Verantwortlich für die Steuerung dieses emotionalen Verhaltens ist das limbische System (Abb. 19).

»Limbisch« leitet sich ab von lateinisch *limbus* = Saum, da die dazugehörigen Strukturen den Balken (auch Corpus callosum genannt, eine Datenautobahn zwischen den beiden Großhirnhälften) wie ein Gürtel oder Ring umgeben. Das limbische System gliedert sich in die Amygdala (Mandelkern), den bereits erwähnten Hippocampus (Seepferdchen), Teile des Hypothalamus und die Gyrus cinguli. Wie ein Speichenrad schiebt es – mit dem Zwischenhirn als Radnabe – von innen an die Großhirnrinde heran und kleidet sie so quasi von innen aus. Das limbische System ist der Filter, den die Informationen für das autobiographische und das Faktengedächtnis passieren müssen. Es ist zugleich die Instanz, die relevante Informationen aussortiert, mit Emotionen versieht und bündelt, bevor diese in weit verteilten Gebieten der Hirnrinde zur Ablagerung kommen.

Diesen Prozess kann man sich ähnlich vorstellen wie die Postverteilung in einem großen Postamt. Die neurobiologische Erkenntnis, dass das limbische System neben seiner Gedächtnisfunktion vor allem an der emotionalen Bewertung von Erlebnissen beteiligt ist, ist noch relativ neu. Lernen, Gedächtnis und Gefühle hängen also hirnanatomisch ganz eng miteinander zusammen. Entsprechend ist eine positive Einstellung dem Lernen gegenüber eine wichtige Voraussetzung dafür, dass das Gelernte auch gespeichert wird. Wer im Alter etwas Neues lernen möchte, sollte dies immer vor Augen haben. Geschieht Lernen unter Zwang und mit Widerwillen statt spielerisch der eigenen Neugierde folgend, speichern wir die Lernsituationen als negativ ab. Dies erschwert nicht nur den Umgang mit neuen Informationen, sondern führt auch dazu, dass neue Informationen in negativ besetzten Situationen schlechter abgespeichert werden.

Wie bereits ausgeführt, wirken am autobiographischen und Faktengedächtnis vor allem die Schläfenlappenspitze mit dem Hippocampus und die Stirnlappen mit. Daneben ist der linke präfrontale Cortex am Faktengedächtnis beteiligt. Der rechte präfrontale Cortex dagegen ist für das Speichern und Abrufen von autobiographischen Erinnerungen verantwortlich. Für das explizite Gedächtnis sind aber auch tiefer gelegene Strukturen wichtig, etwa das basale Vorderhirn (Nucleus basalis). Der Nucleus basalis ist einer der wichtigsten Kerne in der neuronalen Choreographie der Gedächtnisbildung. Hier liegen Nervenzellen, die als Botenstoff Acetylcholin benutzen und weitläufig in die Großhirnrinde ziehen. Er ist im vorderen Teil des Gehirns gelegen (unterhalb der Großhirnrinde vor dem Thalamus) und entscheidend daran beteiligt, dass positive Assoziationen das Lernen erleichtern. Auch für die Konzentrationsfähigkeit spielt er eine große Rolle, etwa wenn wir über Stunden einem Scheinwerfer gleich unsere Aufmerksamkeit nur auf einen Gegenstand richten und alles andere dabei ausschalten. Fatalerweise ist es ausgerechnet diese für das Gedächtnis so wichtige Region, die bei Alzheimer-Patienten als eine der ersten geschädigt wird.

**»Das Alter ist ein herrlich Ding. Aber nur wenn man nicht verlernt hat, was anfangen heißt.«**
Martin Buber

Das Kleinhirn mit den Basalganglien (große Gehirnareale, die sich unterhalb der vorderen Großhirnrinde befinden) ist hauptsächlich für motorische Lernvorgänge verantwortlich. Die Tatsache, dass sich verschiedene Gedächtnissysteme in verschiedenen Gehirnarealen unterschiedlich stark entwickelt haben, erklärt auch, warum manche Menschen eine bestimmte Gedächtnisleistung sehr gut beherrschen, in anderen aber – unabhängig vom Alter – ein nicht so ausgeprägtes Leistungsvermögen zeigen. So kommt es, dass manche Menschen sehr gut Bewegungsabläufe lernen oder sehr gut visuelle Zusammenhänge erinnern können, während ihr Namens- oder Zahlengedächtnis nicht so gut funktioniert, da ihr motorischer Cortex sich optimal entwickelt hat, während der Schläfenlappen suboptimal in die Schaltkreise des Gehirns eingebaut ist. Hier gilt es, den Gehirnstrukturen, die weniger stark ausgebildet sind, durch Übung auf die Sprünge zu helfen. Das ist durchaus realistisch, wie Studien an Musikern bewiesen haben. So ist beispielsweise in den Gehirnen von Geigern und Gitarrespielern ein vergrößerter Bereich in den Gehirngebieten zu erkennen, die motorische und Tastempfindungen der linken Hand verarbeiten, welche besonders genau greifen muss. Es konnte gezeigt werden, dass dies ein Trainingseffekt ist und nicht eine angeborene Gehirneigenschaft. Trainieren und Üben können bis in das hohe Alter hinein noch zu strukturellen Veränderungen im Gehirn führen. Aber auch bei Dingen, die wir erst als Erwachsene beginnen, zeigen sich nach intensivem Üben Strukturveränderungen: So konnte man nachweisen, dass sich bei Erwachsenen, die nicht jonglieren konnten, es aber im Rahmen einer Studie erlernten, die daran beteiligten Gehirnstrukturen signifikant vergrößerten. Auch das Erlernen von Computerprogrammen im hohen Alter hatte bei Probanden, die zum ersten Mal am Rechner saßen, positive Wachstumsveränderungen in Hippocampus und Stirnlappen zur Folge.

Diese und andere Beispiele belegen, dass fast jede Nervenzelle im Gehirn darauf programmiert ist, zu lernen und sich entsprechend zu verändern. Art und Umfang werden allerdings im Laufe des Lebens modifiziert. Die erfahrungsabhängige Umorganisation von Nervenzellen sowie ganzer Hirnareale bezeichnet man als Neuroplastizität. Diese nimmt zwar im Alter ab, geht aber nicht vollkommen verloren; lediglich die neuronale Kraft der Veränderung lässt nach. Der Begriff Plastizität beschreibt hierbei die Fähigkeit der Nervenzellen, neue Verbindungen zu knüpfen oder zu trennen bzw. bestehende zu stärken oder zu schwächen. Mit anderen Worten: Indem neue Informationen gespeichert werden, formen sich Verbindungen zwischen den Nervenzellen beständig um, und entsprechend verändert sich auch das Gehirn. Bis zu einem gewissen Grad kann Übung also weniger stark ausgebildete Gehirnareale positiv verstärken und manchmal sogar ihre Verarbeitungskapazität steigern. Letzteres setzt allerdings ein intensives Üben voraus, ist aber ein Mechanismus, der die abnehmende Wirkkraft des Gedächtnisses im Alter kompensieren kann. Diese Erkenntnis sollte uns dazu ermutigen, die Neuroplastizität unseres Gehirns so lange wie möglich aktiv zu halten. Wie Sie das tun können, erfahren Sie in Kapitel 8.

### Wie werden Erinnerungen im Gehirn festgehalten?

Um zu verstehen, wie Erinnerungen gespeichert werden, muss man sich auf die Ebene der Nervenzellen begeben – die ja am Ende die Agenten sind, die unsere Erinnerungen abspeichern bzw. deren Abspeicherung verweigern. Was sind also die zellulären Grundlagen des Lernens, Abspeicherns und Abrufens von Erinnerungen? Unabhängig vom Alter wird die Fähigkeit zu lernen generell zurückgeführt auf die Fähigkeit von Neuronen »plastisch« zu sein. Plastizität bedeutet auf zellulärer Ebene, dass Neuronen sich in ihrer Funktion, also ihren Input- und Output-Charakteristika, und/oder in ihrer Struktur aufgrund von neuronaler Aktivität an Veränderungen in ihrer lokalen Umgebung anpassen können.

Ramón y Cajal und William James nahmen Ende des 19. Jahrhunderts unabhängig voneinander an, dass Nervenzellen sich in ihrer Funktion und Struktur bei plastischen Gehirnprozessen wie Lern- und Gedächtnisvorgängen verändern könnten. Heute werden plastische Prozesse im Gehirn vor allem auf Veränderungen der synaptischen Übertragungseigenschaften und auf strukturelle

Veränderungen zurückgeführt. Die Grundlage für die Idee, dass Synapsen ihre Effektivität ändern können, schuf Donald O. Hebb. Der Vater der kognitiven Psychologie stellte Mitte des 20. Jahrhunderts zum ersten Mal die Ideen von Cajal und James in den Kontext der zellulären Neurobiologie. Er machte sich vor allem Gedanken darüber, welchen Algorithmus eine bestimmte Kombination von Reizen haben muss, um zu spezifischen Veränderungen an Synapsen zu führen. Gemäß diesem, heute als Hebb'sche Regel bezeichneten, Modell wird eine Synapse zwischen zwei Nervenzellen dann verstärkt, wenn vor- (präsynaptische) und nachgeschaltete (postsynaptische) Neurone in einem gleichen, sehr engen Zeitfenster aktiv sind – also durch zeitliche Korrelation und damit durch Assoziationen. Dies erklärt auch, warum Assoziationen so wirkungsvolle Instrukteure der Gedächtnisspeicherung sind.

Aber auch den Mechanismen des Gedächtnisabrufs kommt man immer näher. Das Zitat »Spiel's noch einmal, Sam« wird in dem Filmklassiker *Casablanca* zwar so nie gesagt (vielmehr: »Spiel es, Sam!«), aber es verdeutlicht doch, wie neuronale Netze im Hippocampus – dem Dirigenten unseres autobiographischen Erinnerungsvermögens – aus Bruchstücken von Mustern das gesamte neuronale Muster einer Erinnerung erzeugen. Umgekehrt wird man automatisch bei dem Stichwort »Casablanca« an dieses berühmte Zitat denken – oder ein anderes etwa »Schau mir in die Augen, Kleines«, welches so übrigens genauso wenig im Film fällt. Wir erinnern uns, indem Bruchstücke von Erinnerungsmustern aktiviert werden, häufig ergibt sich daraus eine korrekte Erinnerung, aber diese Musterergänzungen können eben auch zu Fehlern führen, bis hin zu kollektiven Gedächtnisverzerrungen, die dann ein kulturelles Eigenleben führen.

Die zentrale Frage, wie das Gehirn zwischen verschiedenen, aber doch sehr ähnlichen Situationen beim Vorgang des Erinnerns unterscheiden kann, lässt sich mittlerweile an Nagetieren untersuchen – mit Hilfe von Einzellableitungen im Hippocampus. Eine Studie legt nahe, dass Erlebnisse wie Zustände von Attraktoren gespeichert werden. Mit Attraktoren sind in diesem Kontext Autoassoziationen gemeint, die bewirken, dass ein Bruchteil eines gespeicherten neuronalen Aktivitätsmusters ausreicht, um das gesamte Muster neuronaler Aktivität, welches während der Einspeicherung der Information aktiv war, zu reaktivieren. Die Komplettierung des Musters wird dann als *Attraktorprozess* bezeichnet und ist vergleichbar der Rekonstruktion eines Dinosaurierskelettes aus wenigen Knochenfundstücken – oder der Erinnerung ganzer Sequenzen unseres Lebens, wenn wir ein Foto aus einer bestimmten Zeit sehen oder einen bestimmten Geruch wahrnehmen, der mit einer bestimmten Lebensphase zusammenhing. Genau an dieser Stelle können gerade im Alter Fehler entstehen, denn bei der riesigen Menge an Erinnerungen kommt es leicht zu Überlagerungen (Interferenzen) oder Verzerrungen. Dass man später nicht mehr genau weiß, ob man selbst im Kindergarten schlimm gestürzt ist oder ob es die Schwester war, zeigt, dass Erinnerungen nach Jahren ihre konkrete Zuordnung einbüßen können. Aber oft genug vermögen wir selbst noch als Senioren eine riesige Fülle an Fakten und Erinnerungen abzurufen.

Wie aber schaffen es neuronale Netze in unserem Gehirn, innerhalb von Millisekunden ein Gesicht, ein Gebäude oder andere bekannte Objekte zu erkennen? Einer Theorie zufolge sind nicht alle Informationen in verteilten neuronalen Netzen gespeichert, sondern man nimmt an, dass es sogenannte gnostische Neuronen gibt, die allein bestimmen können, ob man eine Person in einem Bruchteil einer Sekunde erkennen kann oder nicht. Diese Theorie, die in letzter Konsequenz bedeuten würde, dass einzelne, oder in jedem Fall sehr wenige, Neuronen existieren, die das Gesicht eines nahen Familienangehörigen, wie z. B. der Großmutter, speichern, während sie sich für andere Reize nicht interessieren, wird gerne als Großmutterzellen-Konzept bezeichnet und entsprechend dahingehend kritisiert, dass eine solche 1:1-Abbildung viel zu viel Platz im Gehirn beanspruchen würde. Schließlich ändert sich das Gesicht der Großmutter im Laufe der Jahre. Unklar bleibt bei dieser

Theorie auch, wie verschiedene Abbildungen auf der Netzhaut im Auge vom Gehirn als zu einem Objekt gehörend interpretiert werden können. Untersuchungen am Menschen, die diese Theorie belegen könnten, sind bisher aber rar.

Eine neue Studie an Menschen, die in der Vorbereitung zu einer Epilepsieoperation untersucht wurden, ergab, dass möglicherweise wenige Nervenzellen ausreichen, um Gesichter und Objekte zu kodieren. Mit ihrer Hilfe wurde die Aktivität der Neuronen aufgezeichnet, in erster Linie um den Fokus einer nicht medikamentös behandelbaren Epilepsie ausfindig zu machen, aber eben auch zu wissenschaftlichen Zwecken. Dazu schauten die Probanden Bilder auf einem Computer an, während gleichzeitig die neuronale Aktivität von bis zu 40 Neuronen im mittleren Schläfenlappen (medialer Temporallappen) gemessen wurde. Der mediale Temporallappen ist ein Gebiet der Großhirnrinde, der beim Wiedererkennen komplexer Objekte, wie z. B. bekannter Gesichter, beteiligt ist. Zu ihm gehören Strukturen wie die Amygdala, der Hippocampus, der entorhinale Cortex und der parahippocampale Gyrus – alles Strukturen, die an der Schnittstelle von komplexer Sehverarbeitung und der Verarbeitung von *Gedächtnisprozessen* im Gehirn beteiligt sind – also dabei helfen herauszufinden, welche Person wir gerade sehen und was wir mit ihr verbinden. Zur Überraschung der Fachwelt wurde in dieser Studie nun gezeigt, dass es einzelne Neuronen gibt, die auf die prominenten Gesichter von Jennifer Aniston, Halle Berry, Bill Clinton, die Beatles oder die Simpsons reagierten, nicht aber auf die Gesichter ihnen ähnlich sehender Personen, und zwar unabhängig vom Betrachtungswinkel und den Lichtverhältnissen. In der Tat scheint es wenige hoch spezialisierte Neuronen in unseren Gehirnen zu geben, die auf die Identität ganz bestimmter Personen oder bekannter Objekte justiert sind. Sie kennen sicher die Suchspiele in Zeitschriften und im Fernsehen: Man zeigt einen kleinen Teil einer Nase und die Zuschauer sollen erraten, ob es die Nase von Bill Clinton oder Roger Moore ist. In den meisten

Fällen weiß das Gehirn sofort, zu wem die Nase / das Auge / das Kinn gehört. Die Studie zeigt, auf frühen Verarbeitungsstufen des Gehirns sind durchaus noch viele Neuronengruppen an der Reizverarbeitung beteiligt, auf höheren Verarbeitungsstufen in der Großhirnrinde werden es aber zunehmend weniger Neuronen.

Gedächtnisinhalte dürften auf zellulärer Ebene als abstrakte Konzepte abgelegt sein. Für diese Interpretation spricht, dass einige Neuronen nicht nur auf das Gesicht von berühmten Menschen – nehmen wir an: Penélope Cruz – reagierten, sondern auch auf den geschriebenen Namen der berühmten spanischen Schauspielerin und Oscar-Preisträgerin. Diese Vielfalt an Reizen (die aber alle etwas mit einer Person zu tun haben) spricht nicht dafür, dass die Neuronen visuelle Aspekte *per se* kodieren, sondern für gelernte Assoziationen. Diese Art der abstrakten, sehr sparsamen Repräsentationen *(sparse coding)* ist ebenso überraschend wie provozierend. Stellen Sie sich vor, speziell diese Neuronen werden bei einem Unfall geschädigt oder sterben durch Alterungsprozesse ab. Es könnte uns dann schwerfallen, die richtigen Namen zu bekannten Personen zu finden, obwohl wir sie sehr schnell wiedererkennen.

## Es liegt mir auf der Zunge

Ältere Menschen haben häufiger als jüngere das Gefühl, die Antwort »läge ihnen auf der Zunge« *(feeling of knowing)*, ja man merkt älteren Menschen an, dass sie dieses Phänomen geradezu um den Verstand, mindestens aber um viel Nachdenkzeit bringt (»Wie hieß die noch, die damals in der Nachbarschaft den Dings geheiratet hat …«). Eine Ursache für diese Art der Gedächtnisirritation liegt darin begründet, dass das Namensgedächtnis mit zunehmendem Alter schlechter wird. Dabei ist es immer schwer, sich Namen zu merken, da die Namen selbst willkürlich sind und nur in den seltensten Fällen z. B. etwas mit dem Beruf der Person zu tun haben (nur die wenigsten Zahnärzte heißen »Kiefer«

oder wie ein Zahnarzt meiner Jugend »Steinhauer«). Andererseits sammeln wir unser Leben lang Worte, so dass ein 70-Jähriger einen größeren Wortschatz hat als ein 20-jähriger Student!

Wie kommt es also, dass uns trotzdem, je älter wir werden, umso häufiger Begriffe/Namen/Fakten nicht einfallen, obwohl wir wissen, dass wir sie kennen? Besonders gravierend ist das Problem bei Namen: Den Namen einer Person nicht parat zu haben fällt unangenehmer auf, als wenn wir nicht auf ein beliebiges Wort in unserer Sprache kommen, das leicht durch ein Synonym ersetzt werden kann. Ein Name dagegen ist ein konkretes, nicht sinnstiftendes Wort und kann nicht aus dem Kontext erschlossen werden. In so einem Fall bleibt nichts anderes übrig, als sich clever aus der unangenehmen Situation zu winden, indem man jemanden nach dem Namen fragt oder gleich den Betroffenen selbst bittet, einem auf die Sprünge zu helfen.

Wie können wir aber wissen, dass wir den gesuchten Namen oder Begriff wissen, ohne dass wir ihn artikulieren können? Das scheint paradox. Zunächst stellen wir »Bekanntheit« her, wenn bestimmte Eckpunkte eines Ereignisses einem anderen gleichen; dennoch ist das Gefühl, den Umstand zu kennen, etwas anderes, als einen Namen dafür zu haben. Wenn uns etwas nicht einfällt, handelt es sich meist um ein Abrufproblem und hat nichts damit zu tun, dass die Erinnerung »aus unserem Kopf gefallen sein könnte«. Es ist so, als könnten wir in einer riesigen Bibliothek das Buch, das wir suchen, nicht finden. Es ist aber da, und wenn wir Hinweisreize bekommen, gelingt es uns oft, den Standort des Buches, den Namen zu erinnern. Da verrät uns z. B. jemand, dass der Anfangsbuchstabe ein »R« ist, und schon wissen wir plötzlich: Reiner. Dieses Phänomen konnte auch wissenschaftlich belegt werden: In einer Studien hat man den Versuchspersonen ein Foto des bekannten US-Schauspielers Brad Pitt gezeigt und sie gebeten, seinen Namen zu sagen. Fiel er den Probanden nicht ein, zeigte man ihnen in einem anderen Kontext ein Holzbrett (lautmalerisch nahe am englischen Brad). Dies genügte häufig schon, um den Probanden bei der Namensfindung auf die Sprünge zu helfen, was dann belegte, dass sie in der Tat den richtigen Namen gespeichert hatten, nur nicht sofort auf ihn zugreifen konnten.

Wenn aber doch das Gehirn – obwohl in die Jahre gekommen – in vieler Hinsicht so leistungsfähig ist, warum haben wir dann so häufig dieses »Es liegt mir auf der Zunge«-Problem? Die Antwort auf diese Frage hängt mit der Art und Weise zusammen, wie unser Gehirn Wörter verarbeitet und abspeichert. So ist die Aussprache eines Wortes in einer anderen Gehirnregion gespeichert als seine Bedeutung. Durch den Abbau neuronaler Strukturen kann die Verbindung im Alter schwächer werden – sie ist einfach fehleranfälliger als viele andere Probleme, die das Gehirn lösen muss.

## Frische Neuronen helfen beim Erinnern

Es gibt noch einen spannenden Zusammenhang, der unter Umständen in vielfältiger Weise dafür mitverantwortlich ist, dass Menschen kognitiv so unterschiedlich altern: Durch Lernen bilden sich im erwachsenen Gehirn neue Nervenzellen, und da wir alle unterschiedlich gerne und effektiv lernen, beeinflusst dies auch den individuellen Alterungsprozess.

Bei Zebrafinken und einigen anderen Vögeln ist dies schon seit Jahren belegt: Die männlichen Vögel bilden im Frühjahr neue Nervenzellen aus, die notwendig sind, um ihnen den komplexen Gesang zu ermöglichen. Beim Menschen war es lange umstritten, ob auch im erwachsenen Gehirn noch neue Neuronen durch Neurogenese entstehen können. Mittlerweile ist klar, dass dies an mindestens zwei Stellen im menschlichen Gehirn geschehen kann: in einem Gebiet unterhalb eines Ventrikels (der subventrikulären Zone), von wo aus die neu gebildeten Neuronen in den für das Riechen verantwortlichen olfaktorischen Bulbus wandern und Funktionen im Riechsystem übernehmen, und im Gyrus dentatus, einer zahnartigen Struktur in der Hippocampus-

Formation. Die Funktion dieser neuen Neuronen wird intensiv erforscht, und es gibt verschiedene Theorien zur Bedeutung dieser adulten Neurogenese beim Menschen.

Ihre Funktion bei einigen Tierarten dagegen ist sehr gut erforscht. So ist die Produktion, zumindest aber das Überleben dieser neu gebildeten Neuronen bei Zebrafinken davon abhängig, ob die Tiere sich in dem entsprechenden Zeitraum viel bewegten und/oder etwas lernten. Am besten war es, wenn beides zusammenkam. Es konnte auch gezeigt werden, dass diese Neuronen im Vogelgehirn funktionell in komplexe Schaltkreise integriert sind, und Ähnliches vermutet man bei Säugetieren, zu denen nun mal auch der Mensch gehört.

Überraschend war der Befund, dass diese neuen Neuronen im Säugetiergehirn aus radialen Gliazellen entstehen, dabei handelt sich um einen Spezialtypus von Stützzellen im Gehirn, die während der Entwicklung des Gehirns Strukturen bilden, an denen Nervenzellen wie an Speichen entlangwandern können. Offen ist die Frage nach der Funktion dieser neuen Neuronen im menschlichen Gehirn: Sollen sie zukünftig mehr freien Speicher schaffen, um neue Informationen verarbeiten und abspeichern zu können? Oder werden sie sogar in die Schaltkreise eingebaut, die beim Lernvorgang selbst involviert waren, die also zu ihrer Entstehung geführt bzw. ihr Überleben gesichert haben?

Die Neubildung von Nervenzellen im Erwachsenenalter könnte mit dafür verantwortlich sein, dass Menschen, die ihr Leben lang geistig aktiv sind und waren, auch im Alter noch eine bessere Gedächtnisfunktionalität aufweisen. Sie bleiben kognitiv leistungsfähiger und erkranken sogar später an Alzheimer.

Die neu gebildeten Neuronen können eine kognitive Reserve darstellen, die den natürlichen Verlust von Nervenzellen im Alter kompensieren. Wie Freiburger Forscher herausfanden, sind die neu gebildeten Neuronen im Vergleich zu anderen noch »jugendlich plastisch« und können sich in ihren Verschaltungseigenschaften leichter auf neu eingehende Informationen einstellen.

Neue Informationen abzuspeichern ist eines der Hauptprobleme im Alter, genau dies wird mit diesen vergleichsweise jungen Neuronen gemildert. Lernen bedeutet also auch eine Frischzellenkur für den Hippocampus und damit für unser explizites Gedächtnis. Diese wissenschaftliche Erkenntnis zeigt, dass wir durch einen entsprechenden Lebensstil auf die Neurogenese Einfluss nehmen können – indem wir möglichst häufig Neues lernen, uns regelmäßig bewegen (beides steigert die Neurogenese) sowie Dauerstress meiden (Stress mindert die Neurogenese).

### Gedächtnisstufen im Lebensverlauf: Wann lernen wir was am besten?

Wann lernen wir optimal? Wie Studien belegen, ist die optimale Zeit fürs Lernen bis zum 30. Lebensjahr, danach wird es schwieriger und zeitintensiver, Neues aufzunehmen: Mit 15 Jahren kann man ein Gedicht durch dreimaliges Lesen auswendig

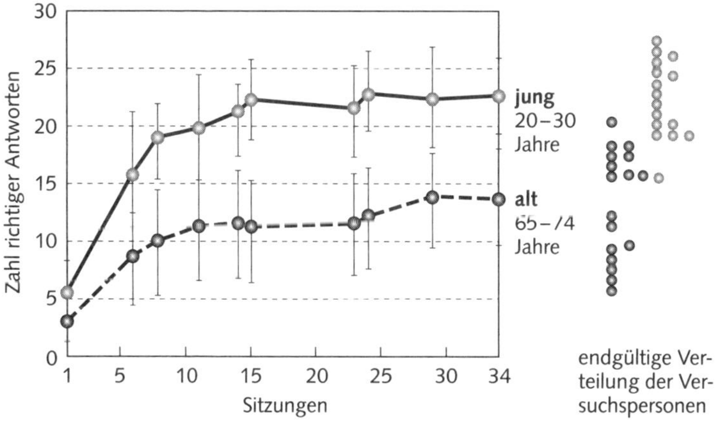


**Abbildung 20: Jung gegen Alt im Gedächtnistest**

Das Wissensniveau steigt mit der Anzahl der Lernsitzungen, aber das Niveau der Jüngeren erreichen die Älteren nicht mehr, auch wenn sie noch so viel üben.

lernen, jenseits des 65. Lebensjahres muss man es dreimal lesen, dreimal aufschreiben und zehnmal wiederholen. Man ist also noch imstande zu lernen, aber es dauert wesentlich länger, bis das Gelernte sicher sitzt (Abb. 20), und der präzise Abruf von Fakten fällt schwerer.

Die gute Nachricht ist: Bestimmte Aspekte des Gedächtnisses bleiben im Alter unbeeinträchtigt oder können sogar besser sein als in jungen Jahren, z. B. wenn es darum geht, bestehendes Wissen zu reaktivieren oder zu ergänzen oder eine Erzählung in ihren wesentlichen Elementen zusammenzufassen. Das hängt unter anderem damit zusammen, dass ältere Menschen im Vergleich zu jüngeren über ein besseres Sprachverständnis und über einen viel größeren Bestand an Erinnerungen und Erfahrungen verfügen. Nehmen wir das Beispiel eines Journalisten: Ein junger Journalist kann sehr schnell mehr Details zu einem Ereignis zusammentragen als der ältere Chefredakteur; der allerdings hat aufgrund seiner jahrelangen Erfahrung eine lange Liste von älteren Artikeln zu ähnlichen Themen parat, was es ihm erleichtert, den entsprechenden Artikel kompetent und schnell zu verfassen.

Generell kann man sagen, dass Kindheit und Jugend die Phase des Aufnehmens sind. Das Gehirn gleicht einem Schwamm, der jegliche Informationen wie Wasser aufsaugt: Es lernt die Muttersprache quasi automatisch, etabliert Lebensgewohnheiten, verinnerlicht soziale Regeln, weiß, wie gängige Geräte zu bedienen sind – das sind nur einige Beispiele. Im weiteren Lebensverlauf muss das Wissen im Gehirn geordnet werden. Jugendliche und junge Erwachsene trainieren, mit diesem Wissen umzugehen, indem sie es abspeichern und problemlos wieder abrufen – es ist die Phase, in der erworbenes Wissen benutzt und dadurch verfestigt wird.

Das Erwachsenenalter ist die Zeit, in der erworbenes Wissen genutzt und in zahlreiche Wissensnetze des Gehirns eingespeist wird. Mit zunehmendem Alter treffen wir seltener auf neue unbekannte Fakten (man weiß eben vieles schon) und wendet seltener Lernstrategien an, weil es nicht mehr notwendig scheint. Gleichzeitig entwickeln sich bei vielen Menschen Routinen, etwa im Berufsalltag. In den mittleren Jahren trainieren die Menschen ihr Gedächtnis schlichtweg weniger, was den Erwerb neuer Informationen anbelangt. Dies bleibt für viele Jahre unbemerkt, schließlich »funktioniert« das Gedächtnis ja gut. Was aber nicht heißt, dass nicht bereits um das 50. Lebensjahr herum Irritationen auftreten:

- Das Konzentrationsvermögen lässt nach. Wir schaffen es nicht mehr mühelos, sechs Stunden am Stück eine neue Sprache zu lernen.
- Die Kapazität des Arbeitsgedächtnisses wird geringer.
- Die Geschwindigkeit, neue, vor allem große Mengen gleichzeitig dargebotener Informationen zu verarbeiten, nimmt ab.
- Jenseits der 50 führen wir einen erbitterten Kampf gegen das Vergessen: Genau genommen führen wir diesen Kampf nicht zum ersten Mal, aber wir verlieren ihn immer häufiger.
- Das prospektive Gedächtnis (Speichern von Plänen und Absichten) arbeitet ineffizienter. Wir vermögen z. B. nicht mehr so schnell und sicher abzuschätzen, wie eine Sachlage sich entwickeln wird.

Das Gedächtnis wird also nicht schlagartig schlechter, aber wir beanspruchen es kontinuierlich weniger. Entsprechend lassen die Fähigkeit, Neues zu erlernen, und die Präzision des Faktengedächtnisses nach. Darüber hinaus beginnt der Hippocampus, einer der Hauptakteure des Faktenlernens und des autobiographischen Gedächtnisses, schon vor dem 30. Lebensjahr, weniger leistungsfähig zu werden; doch dieser Leistungsverlust kann durch die große Zahl vorhandener, neu gebildeter Neuronen und Synapsen, die auf vielfältige Art und Weise die gleichen Gedächtnisinhalte an vielen verschiedenen Stellen abspeichern, über viele Jahrzehnte kompensiert werden.

## Der geistige Notizblock

Typische Situationen im Alltag: Sie suchen verzweifelt Ihre Brille – dabei haben Sie sie vor einer Stunde auf dem Kopf hochgeschoben. Sie treffen einen Freund, um ein geliehenes Buch zurückzugeben, und tragen es auf dem Weg nach Hause immer noch in der Tasche. Sie suchen den Haustürschlüssel, doch der steckt im Schloss. Irgendwann fängt man an, sich die wichtigen to dos aufzuschreiben, hat immer einen Notizblock bei sich, um Wichtiges aufzuschreiben – nach dem Motto: »Ich darf auf keinen Fall vergessen …«

Im Alter ist der Teil unseres Gedächtnisses, der für Pläne und Absichten verantwortlich ist und den man sich wie einen geistigen Notizblock für zukünftige Ereignisse vorstellen kann – das sogenannte prospektive Gedächtnis –, besonders in Mitleidenschaft gezogen (siehe Abb. 21).

Funktioniert das prospektive Gedächtnis nicht optimal, betrachten wir uns oder andere als zerstreut. Einer der Gründe für sein schlechteres Funktionieren ist, dass neue Informationen (und Pläne, die immer neu sind) im Alter generell schlechter abgespeichert werden können, vor allem wenn wenige Assoziationen mit dem Vorhaben verbunden sind. Zusätzlich wird die Arbeit des prospektiven Gedächtnisses erschwert, indem

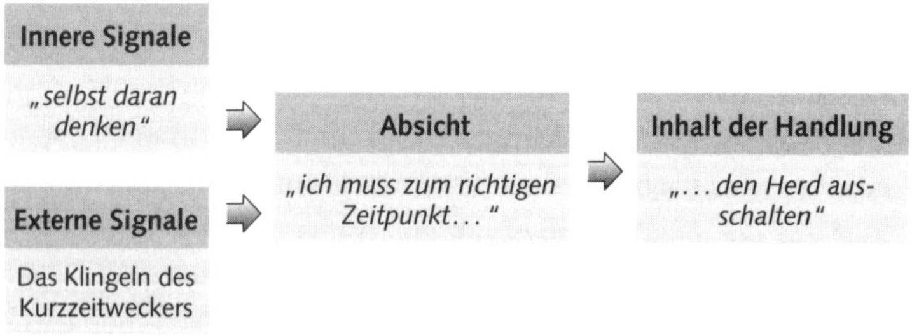


**Abbildung 21: Prospektives Gedächtnis**

Ehe der Impuls für eine Handlung in unserem Gehirn entsteht, gleichen verschiedene Areale die Zuständigkeit und den logischen Ablauf der Gedanken ab.

die Kapazität des Arbeitsgedächtnisses abnimmt. Dies bedingt, dass wir leichter von Dingen, die wir uns vorgenommen haben, abgelenkt werden, und es erhöht die Chance, dass der mentale Notizblock durch andere Tätigkeiten bzw. Vorhaben überschrieben wird. Noch ärgerlicher ist für ältere Menschen der Umstand, dass sie häufiger nicht mehr genau wissen, ob sie eine bestimmte Handlung, an die sie sich erinnern wollten, bereits ausgeführt haben oder nicht (z. B. ist die Tür nun abgeschlossen oder nicht, der Herd aus oder nicht …). Und selbst eine entsprechende Notiz im Kalender ist nur dann hilfreich, wenn man auch daran denkt, in den Kalender zu schauen! Wenn das prospektive Gedächtnis völlig ausfällt, wie dies bei der Alzheimer-Erkrankung der Fall ist (siehe Kapitel 7), ist es nicht nur schwierig, sich überhaupt an die Pläne zu erinnern, sondern auch die Maßnahmen, um sich an seine Vorhaben zu erinnern, greifen nicht mehr. Um es in den Worten des niederländischen Gedächtnisforschers Douwe Draaisma zu sagen: »Es ist ein paradoxer Aspekt dieser abnehmenden Gedächtnisleistung, dass nicht so sehr die Vergangenheit angegriffen wird, sondern die Zukunft.«

### Arbeitsgedächtnis: Störfeuer Ablenkung

Wie wir bereits gesehen haben, ist das Arbeitsgedächtnis im Stirnlappen besonders stark von Alterungsprozessen betroffen. Entsprechend funktioniert es nicht mehr so perfekt, und man wird im Alter leichter ablenkbar, weil es einem schwerer fällt, eine Aufgabe mit selektiver Aufmerksamkeit unter Ausschluss von Störreizen zu bearbeiten. Moderne bildgebende Verfahren decken nicht nur auf, welche Gehirngebiete aktiv sind, wenn wir auf Sinnesreize reagieren oder kognitive Aufgaben lösen, sondern auch, welche Gehirnareale beschäftigt sind, wenn wir nichts tun, die Gedanken schweifen lassen, tagträumen, also unfokussiert mit uns selbst oder mit nichts beschäftigt sind. Immer dann, wenn ein Teil des Stirnlappens die Kontrolle über das Gehirn zu verlieren scheint (und damit die selektive Aufmerksamkeit zusammenbricht), verfallen wir in diesen Grundzustand des Gehirns, in dem der Stirnlappen wenig aktiviert ist und die innen an den Seiten der einander zugewandten Großhirnhälften gelegenen Cortexareale besonders aktiv sind. Dieser Zustand ist allerdings alles andere als ungeordnet, und es herrscht auch kein völliger Stillstand im Gehirn, etwas, was das Gehirn als Dauerarbeiter gar nicht kennt. Sobald wir uns auf eine Aufgabe konzentrieren, wird dieser Tagträumer-Zustand des Gehirns, der auch als *default mode* oder als dunkle Energie des Gehirns bezeichnet wird, ausgestellt, er wird quasi aktiv abgeschaltet. Und dies gelingt beim Älterwerden immer weniger, was eben das aufmerksame Fokussieren erschwert.

Zur selektiven Aufmerksamkeit gehört nicht nur das Abschalten des Tagtraum-Modus des Gehirns, sondern auch die Inhibition (Unterdrückung) bestimmter Signale, die störend auf die zu erledigende Aufgabe wirken könnten. Je älter man ist, umso schwerer wird es, störende Reize auszublenden – ähnlich wie bei Kindern, die unter einem Aufmerksamkeits-(Hyperaktivitäts)-Syndrom leiden. Unliebsame Störsignale auszublenden ist die Aufgabe des Stirnlappens. Entscheidend dabei ist, die Informationsverarbeitung störender Reize gleich am Beginn zu verhindern (sind die Informationen erst einmal im Gehirn, werden sie unausweichlich auch verarbeitet). Aber selbst wenn der präfrontale Cortex irrelevante Signale zu langsam ausschaltet, gelangen sie ins Gehirn – und wir leiden unter einer Reizüberflutung. Allerdings trifft dies nicht alle Gehirne im mittleren oder hohen Alter: Wissenschaftler stellen große Unterschiede fest, die auch deshalb entstehen, weil manche Menschen trainierter sind, neue Informationen zu verarbeiten, als andere.

»Irrelevante« Informationen wahrzunehmen kann aber auch ein Vorteil sein, denn was in einem Moment nicht relevant ist, kann es im nächsten werden! Ja, es gehört zum Prozess des kreativen Denkens, normalerweise unbeachtete Zusammenhänge in einen Zusammenhang zu stellen. Dies wird als divergentes Denken bezeichnet, und in der Tat sind ältere Menschen nicht weniger kreativ als jüngere. Zwar schwindet bei älteren Menschen häufig die Lust auf völlig Neues, die Neugierde lässt nach, aber sie machen dies dadurch wett, dass sie Zusammenhänge herstellen, die Jüngere oft gar nicht sehen.

### Die Crux mit der Zeit: Wann ist was geschehen?

Gerade ältere Menschen berichten häufig von einem anderen Zeiterleben in ihren Erinnerungen sowie von Erinnerungen aus ihrer Jugend, die sich überfallartig ins Bewusstsein drängen, obwohl man Jahre nicht an sie gedacht hat, ja nicht einmal mehr wusste, dass man sie überhaupt hatte.

Tatsächlich fällt es uns mit zunehmendem Alter immer schwerer, Ereignisse zeitlich richtig einzuordnen. »War das Essen mit Jugendfreunden nun vor zwei oder sechs Wochen?« ist eine typische Frage, die Seniorenehepaare diskutieren. Und das überrascht und erschreckt uns gleichermaßen, denn wir behandeln das Gedächtnis gerne wie einen Diener, der uns immer zur Verfügung steht, um uns diese oder jene Erinnerung aus dem »Speicher« zu holen. Wir merken nicht, dass nur *wir* durch unser Gedächtnis denken, fühlen und ein Ich-Bewusstsein spüren können. Dadurch dass in unseren Gehirnen das Vergangene und das Hier und Jetzt organisch miteinander verwoben sind, können wir »das Lager« – die Schatzkammern des Gedächtnisses – nicht scharf von den aktuellen Geschehnissen in den neuronalen Netzen trennen. Die zunehmende Menge an Erinnerungen im Alter macht die zeitliche Einordnung von Ereignissen außerdem schwieriger.

Dies bestätigt auch eine britische Studie, in der die Forscher Versuchspersonen fragten, wann Premierministerin Margaret Thatcher zurückgetreten sei. Jüngere Versuchsteilnehmer waren in ihren zeitlichen Angaben genauer als ältere. In den Fällen, wo jüngere Probanden sich irrten, ordneten sie das Ereignis zeitlich weniger weit entfernt ein, während ältere Menschen das Ereignis meistens zu weit in die Vergangenheit zurückverlegten. Es scheint so, als ob jüngere und ältere Menschen mit entgegengesetzten Fernrohren in die Vergangenheit schauen. Dies erklärt vielleicht auch, warum der letzte Besuch der Enkel bei den Großeltern von den Enkeln zeitlich so ganz anders wahrgenommen wird als von ihren Großeltern (»bestimmt drei Monate her« sagen die Alten, »höchstens sechs Wochen«, sagen die Jungen), und wahrscheinlich hat keine der beiden Parteien recht. Diese Erkenntnis, dass Großeltern und ihre Kinder die Vergangenheit mit »entgegengesetzt orientierten Teleskopen« betrachten, wie es der niederländische Psychologe Douwe Draaisma nennt, könnte den nächsten Streit über die Datierung des letzten Besuches möglicherweise befrieden.

**»Seitdem sind mehr als 50 Jahre vergangen«, erklärt der Kalender, dieser hornalte, kahle Buchhalter im Büro der Geschichte, der die Zeitrechnung kontrolliert und, mit Tinte und Lineal, die Schaltjahre blau und jeden Jahresbeginn rot unterstreicht. »Nein!« ruft die Erinnerung und schüttelt die Locken. »Es war gestern«, und lächelnd fügt sie, leise hinzu: »Oder allerhöchstens vorgestern.« Wer hat unrecht? Beide haben recht. Es gibt zweierlei Zeit. Die eine kann mit der Elle messen, mit der Bussole und mit dem Sextanten. Wie man Straßen und Grundstücke ausmißt. Unsere Erinnerung aber, die andere Zeitrechnung, hat mit Meter und Monat, mit Jahrzehnt und Hektar nichts zu schaffen. Alt ist, was man vergessen hat. Und das Unvergeßliche war gestern. Der Maßstab ist nicht die Uhr, sondern der Wert. Und das Wertvollste, ob lustig oder traurig, ist die Kindheit. Vergeßt das Unvergeßliche nicht! Diesen Rat kann man, glaub ich, nicht früh genug geben.**

Erich Kästner, *Als ich ein kleiner Junge war*

Neben den zeitlichen Aspekten der Einordnung von Ereignissen ist es interessant, sich anzuschauen, welche Lebensphasen man besonders intensiv erinnern kann. Wer seine Lebensgeschichte aufschriebe, würde merken, die ersten Erinnerungen fielen in das dritte oder vierte Lebensjahr, danach stiege die Anzahl der Erinnerungen bis zum 20. Lebensjahr stetig an, um sich dann auf ein konstant niedriges Niveau zu senken; erst die jüngste Vergangenheit würde dann wieder etwas präsenter.

Dabei gibt es einen markanten »Buckel« in der Erinnerungs-, oder sollte man besser sagen: Vergessenskurve, unseres Lebens: Wenn Versuchspersonen z. B. gebeten werden, ihre vier wichtigsten Erinnerungen zu nennen, liegen diese meist um das 20. Lebensjahr herum. Psychologen berichten – und das werden viele von Ihnen bestätigen können –, dass Menschen ein Leben lang diejenige Musik gerne hören, die sie zwischen dem 15. und 25. Lebensjahr liebten, mit der sie sozusagen erwachsen wurden. Fragt man Menschen nach den fünf wichtigsten Büchern in ihrem Leben, so wurden diese im statistischen Mittel mit 19 Jahren gelesen. Bittet man Versuchsteilnehmer, eine Liste von fünf Filmen zu erstellen, die Probanden »für ihre Zeit« kennzeichnend finden, ohne dass »ihre Zeit« weiter definiert wird, so liegt der Mittelwert des Lebensalters, in dem diese Filme gesehen wurden, bei 22 Jahren. Die Reihe diesbezüglich interessanter Experimente und Befragungen lässt sich fortführen: Hundert Menschen zwischen ihrem 55. und 78. Lebensjahr wurden nach ihrer angenehmsten und unangenehmsten Lebenserinnerung befragt. Während die unangenehmsten sich gleichmäßig über das Leben verteilten, waren die angenehmsten zwischen dem 20. und 30. Lebensjahr statistisch stark gehäuft. Dass man sich am besten an die Zeit des 20. Lebensjahres erinnern kann, bezeichnet der Gedächtnisforscher Draaisma als Reminiszenzhöcker (Abb. 22).

Sie widersprechen in gewisser Hinsicht dem Dogma der Vergessenskurve (wir erinnern umso weniger, je länger ein Ereignis zurückliegt), und entsprechend leitet sich daraus die Frage ab,

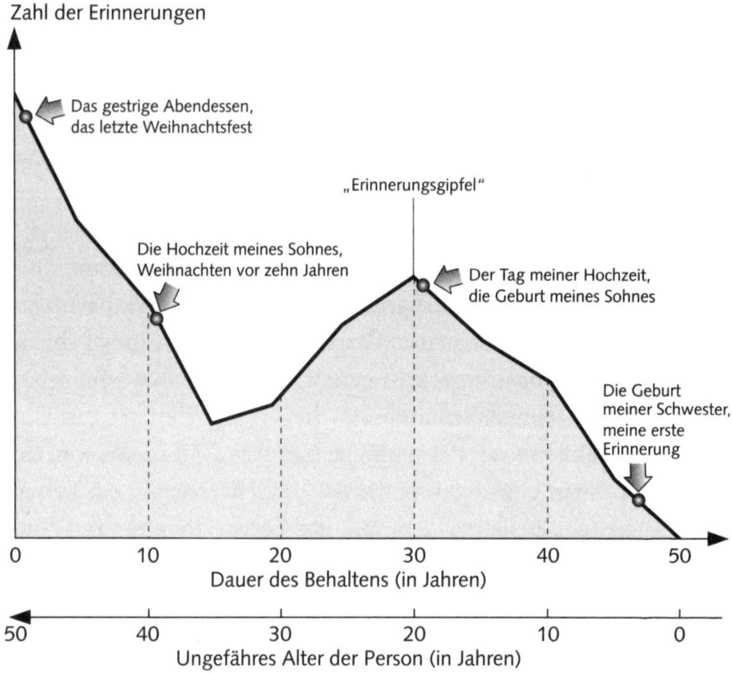


**Abbildung 22: Lebenskurve der Erinnerungen**
Die Vergessenskurve verläuft nicht gleichmäßig über das Leben, es gibt Lebensphasen, die wir deutlich besser erinnern als andere.

woher dieser Effekt kommt. Vor allem zwei Erklärungen werden diskutiert:

Die Erinnerungshöcker könnten biologisch bedingt sein. Man lernt mit 20 Jahren einfach am besten. Das Gehirn ist in diesem Alter besonders darauf eingerichtet, auf zellulärer Ebene die biochemischen Mitspieler der Gedächtnisspeicherung vorzuhalten. Das Gehirn könnte also in dieser Lebensphase besonders plastisch sein, also speichert man das in dieser Zeit Erlebte auch am besten.

Zusätzlich haben Dinge, die man zum ersten Mal macht, eine höhere Bedeutung und einen höheren emotionalen Wert als Tätigkeiten, die man zum wiederholten Male ausführt – der erste Kuss ist eben der erste Kuss, und es wird keinen weiteren ersten Kuss geben. Oder wie Walter Benjamin es mal ausgedrückt hat: »Laufen kann ich jetzt. Laufen lernen nicht mehr.« Es gibt eben im Alter von 20 Jahren mehr »erste Male« als im Alter von 40 Jahren, und das Gehirn ist für Neues mit 20 empfänglicher als mit 40 Lebensjahren.

Dazu passt auch eine Befragung, die man unter 276 Hundertjährigen durchgeführt hat. Sie sollten das aufregendste Erlebnis in ihrem Leben zeitlich verorten: 70 % dieser Ereignisse lagen vor dem 40. Lebensjahr, 30 % in den restlichen 60 Lebensjahren. Auch wenn Sie noch keine 100 sind, probieren Sie es doch selbst einmal aus: Welches war Ihr aufregendstes und bewegendstes Erlebnis? Und wann war das?

Andere Studien und Befragungen belegen, dass ältere Menschen sich darüber hinaus wie aus heiterem Himmel vor allem an Ereignisse zwischen dem 20. und 30. Lebensjahr erinnern können. Plötzlich tauchen vor dem geistigen Auge Erlebnisse auf, von denen man Jahrzehnte lang nicht wusste, dass man sie je hatte. Ob man nun erstaunt über die Fülle der Erinnerungen zwischen dem 20. und 30. Lebensjahr ist oder erschreckt über das Ausmaß der Erinnerungslücken zwischen dem 30. und 60. Lebensjahr, sei dem Leser selbst überlassen.

## Dem Gedächtnis vertrauen

Für die Gedächtnisleistungen eines älteren Menschen sind nicht allein die organischen Voraussetzungen des Gehirns wichtig, sondern auch der schlichte Umstand, was man sich selbst noch an Leistung zutraut, wie die folgende Untersuchung beweist: Ältere Menschen (über 65 Jahre), die häufiger angaben, trübsinnig zu sein, weniger die Initiative zu ergreifen, Schlafprobleme zu haben oder lustlos zu sein, bestätigten auch häufiger, im Alltag unter Gedächtnisproblemen zu leiden. Sie waren generell besorgter und angespannter, hatten insgesamt weniger Vertrauen in ihr eigenes Gedächtnis und fühlten sich in ihrem Alltag stark eingeschränkt.

Die eigentlich aufregende Erkenntnis der meisten Studien aber ist: Die Personen, die über Gedächtnisbeschwerden im Alltag klagten, hatten gar keine, wenn man dies unter objektivierbaren Laborbedingungen untersuchte. Ihre Gedächtnisprobleme im Alltag entstammen eher ihrem Trübsinn, ihrer Depression und ihrem fehlenden Vertrauen in ihr Gedächtnis. So entsteht leicht eine sich selbst erfüllende Prophezeiung: Wer weniger von sich fordert, bekommt früher oder später auch recht. Der Mechanismus ist folgendermaßen: Man richtet die Aufmerksamkeit auf das, was schiefgeht, nicht auf das, was funktioniert. Aber auch die umkehrte, wiederum eventuell selbst erfüllende Prophezeiung zeigte sich bei den Probanden, die sich etwas zutrauten. Wer die Initiative ergriff, meisterte nicht nur die Gedächtnisaufgaben im Labor sehr gut (das hatten sie mit der negativ gesinnten Gruppe gemein), sondern sie bewältigten auch die Gedächtnissituationen des Alltags besser – und auf die kommt es an.

## Wie aus kleinsten Bruchstücken Erinnerung wird

Erinnern wir uns wirklich an die Geschichte auf dem Foto, als wir mit unseren Schulfreunden im Garten saßen, so wie wir es einst in unseren jugendlichen Gehirnen abgespeichert haben? Oder haben wir die Geschichte schon so oft erzählt, das Foto schon so oft gesehen, dass wir uns eigentlich nur an die Erzählungen der Geschichte erinnern? Wie Studien gezeigt haben, ist sogar denkbar, dass uns jemand als Kind die Geschichte erzählt hat und diese erzählte Geschichte sich in eine eigene Erinnerung verwandelt hat. Und sind darüber hinaus unsere Erinnerungen vielleicht in Wirklichkeit nicht älter als der Zeitpunkt, an dem wir sie zuletzt erzählt haben?

Dies sind Fragen, die Psychologen und Neurowissenschaftler vermehrt interessieren. Denn in der Tat scheint es so zu sein, dass man eine neue neuronale Spur anlegt, wenn man sich an etwas erinnert. Erinnert man sich dann erneut, ist es in Wirklichkeit die jüngste Spur, die aktiviert wird. Wenn man so will, reisen unsere Erinnerungen, auch die ältesten, ein Leben lang in unseren Gehirnen mit. Gleichzeitig werden sie dabei überschrieben von Kopien, die durch Wiedererleben und Wiedererzählen dieser Erinnerungen entstehen. »Durch das Zurückdenken an die erste Erinnerung wird ein bemerkenswerter Kontakt in den neurologischen Kreisen des Gedächtnisses geschlossen: Das Älteste wird kurzzeitig zum Neuesten, das Erste zum Letzten«, schreibt Douwe Draaisma.

Im Folgenden sei versucht, etwas Licht in die Dämmerzone zu bringen, in der aktuelle Erinnerungen und das »damals Erlebte« nacheinander abgelegt sind. Unsere Erinnerungen sind zu jedem Zeitpunkt unseres Lebens eine Rekonstruktion von Erlebtem anhand weniger Eckpunkte. Das macht die Effektivität und Stärke unseres Gedächtnisses aus, aber auch seine Vergesslichkeit und Fehlbarkeit. Diese Fakten konnte die Psychologin Elisabeth Loftus belegen, und zwar sogar bei Experten in Sachen Lern- und Gedächtnisleistungen: Zwei Wochen nach einer Konferenz der Cambridge Psychological Society sollten die Teilnehmer aufschreiben, was sie erinnerten. Diese Erinnerungen wurden verglichen mit minutiösen Mitschnitten der Tagung. Wie Lotfus herausfand, erinnerten die Teilnehmer im Schnitt nicht mal 8 % des Programms – nur zwei Wochen nach der Konferenz waren also 92 % ihrer Inhalte schon dem Vergessen anheimgefallen.

**»Wenn wir alle Erlebnisse und Eindrücke, die wir je gehabt haben, dauerhaft abspeichern würden, wäre unser Gehirn ein Äquivalent zu Pompeji. Denn Bröckchen nützlichen Wissens lägen unter riesigen Mengen nutzloser Informationen quasi vergraben – informationeller Müll.«**
Elkhonon Goldberg

Noch markanter war, dass von diesen mickrigen 8 %, die die Teilnehmer behalten hatten, nur 50 % teilweise richtige oder gänzlich richtige Erinnerungen waren. Die anderen 50 % der »erinnerten« Ereignisse wurden erfunden, an andere Orte oder

Begebenheiten verlegt oder falsch zusammenkonstruiert. Und dies alles bei jungen, geistig leistungsfähigen Forschern, die nicht im Verdacht stehen, »Seniorengehirne« zu haben!

Diese Ergebnisse tauchen die Annahme, dass wir im Alter langsam, aber sicher unser Gedächtnis verlieren, in ein anderes Licht. Denn neben all den genannten Gründen gibt es noch einen anderen Einwand in der Verteidigung unseres alternden Gedächtnisses, zumindest etwas »Schuldminderndes«: Unser Gedächtnis ist zu keinem Zeitpunkt unseres Lebens präzise, unfehlbar und vollständig. Vergesslichkeit ist das eine, Zuverlässigkeit das andere, und gemeinsam ist beiden, dass das Gedächtnis zu keiner Zeit unseres Lebens auch nur annähernd versucht, das dauerhaft abzuspeichern, was wir exakt erlebt und erfahren haben. Es versucht gar nicht erst, ein in jedem Sinne akkurates Bild der Vergangenheit in unserem gegenwärtigen Denken zu erzeugen. Als junge Erwachsene bemerken wir das nicht und sind voller Selbstbewusstsein hinsichtlich unserer Gedächtnisfähigkeiten, im Alter aber werfen wir uns dies vor.

Nun werden die älteren Leser einwenden, dass sie es nur bedingt tröstlich finden, dass auch die Gedächtnisprozesse jüngerer Menschen fehlerbehaftet sind und verlorene Erinnerungen jede unserer Lebensphasen begleiten. Denn im Alter leben wir viel stärker mit unseren Erinnerungen, als jüngere Menschen dies tun. Wenn man dann liest, dass diese Erinnerungen nur Rekonstruktionen von Erlebnissen sind, ist dies auf den ersten Blick möglicherweise beunruhigend. Allerdings sind es äußerst gute Rekonstruktionen, und es ist keineswegs so, dass wir unser Leben im Nachhinein erfinden.

Dennoch ist und bleibt es überraschend, in welchem Ausmaß sich unsere Erinnerungen im Laufe des Lebens verändern. Dies konnte auch eine im Jahre 1949 gestartete Studie aus Kalifornien belegen, die damals 500 etwa 19-jährige Menschen hinsichtlich ihrer Persönlichkeit, ihres Selbstvertrauens, ihrer Entwicklung sozialer Fertigkeiten und ihres Selbstwertgefühls befragte. 25 Jahre später wurden dieselben Personen erneut gefragt, mit dem Ergebnis, dass sich die Persönlichkeit der befragten Personen als sehr stabil erwies. Die meisten Menschen bleiben charakterlich die Person, die sie einmal waren. Was sich jedoch verändert hatte, waren die Erinnerungen an sich selbst aus der Zeit vor 25 Jahren! Bei dem Versuch der Probanden, ihre Antworten aus der Zeit der ersten Befragung zu reproduzieren, zeigte sich, dass die Mittvierziger den Kontakt zu sich als 19-Jährige zum Teil verloren hatten. Sie erinnerten die Antworten weit negativer, als sie sie im Alter von 19 Jahren tatsächlich gegeben hatten. So meinten sie, sich an mehr Konflikte zu erinnern, weniger Selbstvertrauen gehabt zu haben, und schrieben sich selbst mangelhafte soziale Fertigkeiten zu. Zusammen genommen glaubte diese Gruppe, als 19-Jährige unglücklicher gewesen zu sein, als sie es tatsächlich waren.

Solche Ergebnisse erstaunen uns insofern, als wir unser Gedächtnis gemeinhin als eine Art Aktenordner betrachten, als ein Familienalbum oder einen Videofilm, in dem unsere Erinnerungen verwahrt sind. Mittlerweile weiß man jedoch, dass Erinnerungen nicht festhalten, wie wir eine Begebenheit erlebt haben, sondern eine Kopie dieser Begebenheit sind, genau genommen immer die letzte Erinnerung einer Begebenheit. Wir speichern keine wertfreien Schnappschüsse unserer Erlebnisse, sondern vor allem die Gefühle, Empfindungen und Bedeutungen, die uns diese Episoden vermitteln. Und diese Erinnerungen können sich beim Hervorkramen und erneuten Abspeichern verändern. Unser Gedächtnis ist zwar viel besser, als wir gemeinhin glauben, und Verzerrungen der übleren Art kommen nur selten vor, aber wenn es geschieht, erschüttert es uns in unseren Grundfesten. Wenn wir unseren eigenen Erinnerungen schon nicht mehr trauen können, was bleibt dann noch?

Zu den elementaren Eigenschaften unseres Gedächtnisses gehört das Faktum, dass wir Erinnerungen an Episoden, die gerade stattfinden, nicht loslösen können von solchen, die vor längerer Zeit passiert sind. Das hängt damit zusammen, dass jede

Erfahrung in Netzwerken des Gehirns gespeichert wird, und zwar in solchen, deren Verbindungen bei früheren Auseinandersetzungen mit der Welt angelegt und beeinflusst wurden. Dieses bereits in Form von Nervenzell-Netzwerken (und deren Stärken) kodierte Wissen, beeinflusst wiederum, wie wir neue Erlebnisse kodieren und abspeichern. Damit prägen alte Erinnerungen die Textur dessen, was wir aktuell erleben und woran wir uns später erinnern. Aber auch Aktuelles, also z. B. das Wiedererzählen einer Begebenheit, verändert die ursprünglichen neuronalen Netze durch die momentane Netzwerk-Aktivität, so dass sich aktuelle Gefühlsregungen in die erlebten Geschehnisse (und damit die neuronalen Korrelate) einschleichen können.

Gedächtnisforscher sind sich einig, dass unser Gehirn nicht wie ein Filmprojektor oder Kopierer arbeitet, von daher sind die oben beschriebenen Ergebnisse nicht überraschend. Psychologen wie der Amerikaner Ulric Neisser meinen, dass im Gedächtnisspeicher unseres Gehirns immer nur kleinste Bruchstücke der eintreffenden Sinnesdaten festgehalten werden. Aus diesen rekonstruieren wir, erschaffen wir erst ein vergangenes Ereignis.

Es bleibt die Frage, welche Erlebnisaspekte im Gedächtnis haften bleiben und ob es wirklich von Vorteil wäre, wenn wir alles erinnern könnten. Dies kann man mit einem klaren Nein beantworten, wie folgendes Beispiel zeigt: 1920 kam Herr Schereschewski in die Sprechstunde von Alexander Luria, einem bis heute berühmten Neurologen. Herr Schereschewski konnte schon in der ersten Sitzung eine einmal präsentierte Liste mit 70 Zahlen in beliebiger Reihenfolge wiederholen, mehr hatte Luria wegen eigener Übermüdung nicht testen können. Schereschewski war Synästhetiker – er hatte eine Vielzahl von sensorischen Erlebnissen, wenn er Wörter und Zahlen hörte oder sah. So konnte er 50 oder mehr Zahlen wiederholen, indem er in seinem Gedächtnis einfach das Tafelbild abrief. Außerdem bediente er sich der Mnemotechnik. Während man ihm eine zu memorierende Liste vorlas, legte er jedes Wort oder jede Zahl entlang eines ihm bekannten Weges ab; musste er die Wörter später wieder abrufen, schritt er in Gedanken den Weg ab und betrachtete die imaginierten Gegenstände am Rande des Weges. Wenn ihm beim Erinnern doch ein Fehler unterlief – was selten vorkam –, so hatte er z. B. versehentlich einen weißen Gegenstand vor eine weiße Wand gelegt. In den 30 Jahren, in denen Luria seinen Patienten Schereschewski beobachtete, stieß er nicht einmal an die Grenze seines Gedächtnisses. Um einmal Abgespeichertes wieder zu vergessen, musste Schereschewski den gleichen Aufwand betreiben, den wir »Normal-Mnemoniker« an den Tag legen müssen, um uns an etwas zu erinnern. So versuchte er etwa mit einem virtuellen Schwamm, zum Teil sogar mit Erfolg, Tafelanschriften vor seinem inneren Auge zu löschen.

Leider kann nicht mehr geklärt werden, in welchem organischen Substrat das absolute Gedächtnis von Schereschewski begründet lag. Trotz dieses traumhaft guten Gedächtnisses hatte Schereschewski Probleme, Grundgedanken zu abstrakten Begriffen zusammenzufassen oder komplexe Zusammenhänge zu erkennen. Es fiel ihm schwer, die Bedeutung eines Geschehens zu erfassen. Auch einer vorgelesenen Geschichte zu folgen bereitete ihm Probleme, da er dabei einer Explosion von sensorischen Erlebnissen ausgesetzt war. Was wir aus diesen und anderen instruktiven individuellen Beispielen lernen können, ist: Um sich effektiv in unserer Welt zurechtzufinden, bedarf es nicht nur eines guten Gedächtnisses, sondern auch des klugen Vergessens und Aussortierens von Abgespeichertem. Aus Informationen sinnvolles Wissen zu machen bedeutet, eine Auswahl zu treffen statt beliebig viele Informationen zu speichern. Eine Bildszene etwa muss man in vertretbarer Zeit analysieren können, und dies gelingt nur, indem man sich auf einige wenige Dinge konzentriert und andere Details weglässt oder übersieht. Ohne eine selektive Sinnesverarbeitung, ohne eine selektive Aufmerksamkeit, aber auch ohne ein selektives Gedächtnis, das wir oft als schlecht bezeichnen, ist niemand imstande, aus der Flut von Informationen, mit der wir ständig konfrontiert sind, einen Sinn zu erschließen. Vergessen ist keine Fehlentwicklung unseres Gedächtnisses, sondern ein integraler Bestandteil, was nicht bedeuten soll, dass wir im Alter den Kampf gegen das Vergessen verloren geben sollten. Aber es erinnert daran, dass die Selektivität des Gedächtnisses auch seinen evolutiven Sinn hat. Und im Alter ist es wichtiger, aus dem riesigen Wissensschatz, den man angehäuft hat, zu schöpfen, als ständig völlig Neues zu lernen. So frustrierend das Vergessen ist, es ist eine adaptive Eigenschaft unseres Gedächtnisses.

Führen wir uns diesen neuronalen Rekonstruktionsprozess eines autobiographischen Erlebnisses noch mal vor Augen: Die Spur (Engramm) der Erinnerung wird nicht in einem einzelnen Gehirnareal abgelegt, sondern in vielen Gebieten mit unterschiedlichen Funktionszuweisungen. Areale, die mit Sinneswahrnehmungen beschäftigt sind, bewahren auch Fragmente der Sinneserfahrungen auf, kleine Bruchstücke von Bildern, Gerüchen, Geschmäckern und Lauten, denen wir begegnet sind. Andere Gebiete im Gehirn, die der Neuroanatom Antonio Damasio Konvergenzzonen nennt, enthalten ihrerseits Codes, die diese Fragmente der Sinneserfahrungen miteinander und mit schon vorhandenem Fakten- und Erfahrungswissen sowie autobiographischen Erlebnissen verbinden können.

Auf diese Weise rekonstruieren wir komplexe Aufzeichnungen früherer Kodierungen. Erinnerungen kommen dann zustande, wenn Impulse aus den Konvergenzzonen des Gehirns die gleichzeitige Aktivierung von Fragmenten der Sinneserfahrung auslösen, die einst miteinander verbunden waren. Eine konkrete Erinnerung ist somit eine temporäre Aktivitätskonstellation in unterschiedlichen Hirngebieten, eine Konstruktion, die viele Akteure hat und die frühere neuronale Aktivitäten als Kodierung von Erlebnissen in das aktuelle Symphonieorchester-Programm des Gehirns einspeist und die neuronale Netzwerkaktivität während dieses Vorganges ändern kann. Bedeutet dies nun doch, dass der Abruf einer Erinnerung einfach nur eine schlummernde Erinnerung weckt? So einfach ist die Sache leider nicht, wie wir schon am Beginn des Kapitels festgestellt haben.

Sie können mit Ihrem Lebenspartner, alten Freunden, Ihren Eltern, Kindern oder Geschwistern folgendes Spiel machen: Benennen Sie ein Ereignis, das länger als 20 Jahre zurückliegt, an das aber alle eine Erinnerung haben sollten. Nachdem jeder für sich in Stichworten aufgeschrieben hat, was er erinnert, erzählen Sie sich gegenseitig, wie Sie jeweils von dem Erlebnis im Gedächtnis behalten haben. Sie werden schnell merken, wie unterschiedlich die Erinnerungen im Detail und in ihren Bewertungen sind.

Ähnlich wie die Knochenstücke eines Dinosauriers, die ein Paläontologe ausgegraben hat, nicht das Gleiche sind wie der rekonstruierte Dinosaurier. Denn der wird erstellt, indem man die gefundenen Knochenstücke mit anderen verfügbaren Fragmenten vergleicht und sie mit dem allgemeinen Wissen darüber, wie ein Dinosaurier auszusehen hat, kombiniert. Entsprechend sind für einen Menschen das Engramm (die eingespeicherten Fragmente eines Erlebnisses in Form von Gedächtnisspuren im Gehirn) und die Erinnerung (das subjektive Erlebnis der Vergegenwärtigung eines vergangenen Erlebnisses) nicht dasselbe. Die gespeicherten Fragmente tragen natürlich zum bewussten Erleben einer Erinnerung bei, aber sie sind nur ein Teil dieser Erinnerung. Ein anderer wichtiger Bestandteil ist der Abrufreiz selbst, also die Umstände, unter denen etwas abgerufen wird. Der Hinweisreiz verbindet sich mit dem Engramm zu einem neuen Ganzen, das sich von seinen einzelnen Bestandteilen unterscheidet, die Erinnerung wird beim Abruf neu geschaffen. Sie ist deshalb nicht willkürlich, aber die Umstände, unter denen wir etwas abrufen, können beeinflussen, wie wir etwas erinnern.

Laborexperimente bestätigen dies: Zu Fotos von Personen wurden freundlich oder unfreundlich klingende Stimmen eingespielt, die die Versuchsteilnehmer sich zusammen mit den Fotos merken sollten. Einige Zeit später wurden die Probanden aufgefordert, zu erinnern, ob in dem Moment, wo sie ein bestimmtes Foto gesehen hatten, eine freundliche oder eine unfreundliche Stimme erklungen war. Da sie sich jedoch gemerkt hatten, ob die Personen auf den Fotos freundlich oder unfreundlich geschaut hatten, erinnerten sie sich falsch. Allein entscheidend war für sie, ob die Personen auf den Fotos leicht lächelten oder nicht. Der in Harvard lehrende Neurologe Daniel Schacter fasst das folgendermaßen zusammen: »Die Vorstellung, dass es eine 1:1-Beziehung zwischen einer Information gibt, die irgendwo in unserem Gehirn eingespeichert ist, und der bewussten Erfahrung einer Erinnerung, die sich aus der Aktivierung dieser Information ergibt, ist so unmittelbar einleuchtend, dass es fast töricht erscheint, sie in Frage zu stellen.«

So wie wir guten Freunden vertrauen, vertrauen wir auch unserem Gedächtnis - häufig auch zu Recht; anhand von Erfahrungen wie den oben beschriebenen »falschen Erinnerungen« *(false memories)* kann man aber auch lernen, wie das Gedächtnis unsere Erinnerungswelt geradezu erschafft.

## Von den sieben kleinen und großen Gedächtnissünden

Der Gedächtnisforscher und Neurologe Daniel Schacter hat vermeintliche Fehlleistungen unseres Gedächtnisses zusammengetragen und klassifiziert; er nennt sie die sieben Sünden des Gedächtnisses – wobei diese Bezeichnung mit Augenzwinkern gemeint und auch zu verstehen ist, denn viele dieser Sünden haben ihren evolutionsbiologischen Sinn:

1. Flüchtigkeit: Es ist kein Fehler, sondern ein Merkmal unseres Gedächtnisses, dass es mit der Informationsspeicherung sehr selektiv umgeht. Nur ein Bruchteil dessen, was wir erlebt haben, wird abgespeichert, und selbst das, was gespeichert wird, unterliegt zu einem nicht unerheblichen Teil dem Vergessen. Wer möglichst viel von dem behalten möchte, was er lernt, sollte in kleinen Lerneinheiten, aber dafür häufiger lernen und das Gelernte aktiv

anwenden. Alles, was wir an Wissenselementen und Fertigkeiten häufig verwenden, wird weniger leicht vergessen. Es sei aber auch daran erinnert, dass das implizite Gedächtnis sowie das generische Gedächtnis für Mustererkennung nur zu einem sehr geringen Teil dem Vergessen unterliegen.

2. Unkonzentriertheit ist einer der Hauptgründe für Vergesslichkeit im Alter und hat nur wenig mit unserem Langzeitgedächtnis zu tun als vielmehr damit, wie aufmerksam und wie leicht ablenkbar man ist. Das bedeutet, dass die Information gleich am Beginn der Informationsverarbeitung nicht richtig neuronal kodiert wird und damit schnell wieder aus den neuronalen Schaltkreisen verschwindet, da sie nicht vertieft kodiert wird. Zum Beispiel ärgert man sich oft, den Namen einer Person bei einem Treffen nicht mehr zu erinnern, obwohl sie einem vorgestellt wurde. Oft haben ältere Menschen den Namen aber schon beim ersten Mal nicht richtig verstanden oder ihn nicht noch mal vor sich hin gesagt oder die Person nicht direkt mit Namen angesprochen.

3. Blockade: Es liegt einem etwas auf der Zunge – ein Phänomen, das einen ein Leben lang begleitet, aber im Alter besonders ärgerlich wird, da es gehäuft auftritt. Man ist sich sicher, die Antwort zu kennen, aber in einer konkreten Situation will einem der konkrete Begriff oder der Name einer Person oder eines Ortes nicht einfallen (siehe oben). Zu Blockaden kann es aber auch kommen, wenn wir unter hohem Druck (Stress) stehen und eine hohe Glucocorticoid-Konzentration (Stresshormone wie das Cortisol) dazu führen, dass Nervenzellen im Hippocampus ihre Arbeit einstellen und dann der Abruf von abgespeicherten Informationen nicht mehr erfolgen kann. Dies ist ein Schutz vor Stoffwechselschäden

4. *False memories*, auch als Fehlassoziationen, Quellenverwechselung bekannt: Man rekonstruiert alles, was man gehört, gesehen, erlebt hat, aufgrund von Wahrscheinlichkeitsüberlegungen. Dies ist eine sehr effiziente und gemeinhin auch ganz gut funktionierende Methode des Erinnerns, aber sie unterliegt Fehlern. Hier

ein besonders eklatantes Beispiel für die Eskapaden unseres Quellengedächtnisses: Der amerikanische Psychologe Ulric Neisser hat einen Tag nach dem bewegenden Challenger-Unglück 1986 seinen Studenten drei Fragen gestellt: Wo haben Sie die Nachricht gehört? Was haben Sie zu der Zeit gemacht? Wie haben Sie von dem Unfall erfahren? Drei Jahre später hat er denselben Studenten die Fragen nochmals gestellt, aber keiner der Studenten beantwortete alle drei Fragen gleich: 25 % haben sogar alle drei Fragen falsch beantwortet. Eklatant war, dass die meisten Studenten sich nicht mehr korrekt erinnern konnten, wie sie von dem Unglück erfahren hatten, sie litten flächendeckend unter einer Quellenamnesie. Darunter verstehen Wissenschaftler, dass man sich an eine Tatsache erinnert, aber nicht mehr weiß, aus welcher Quelle sie stammt. Schädigungen in Gebieten des Stirnlappens haben gezeigt, dass wir besonders auf den Stirnlappen angewiesen sind, um uns zu erinnern, wann und wo vergangene Erlebnisse stattgefunden haben, und gerade dieser Teil unseres Gehirns leidet besonders unter Alterungsprozessen. Falsches Wiedererkennen, Erinnerung an Phantome, ist übrigens besonders eine Domäne des linken Stirnlappens, der Assoziationen zu vergangenen Ereignissen herstellt und besonders anfällig für Gedächtnistäuschungen ist. Im wahrsten Sinne des Wortes auf der anderen Seite hat die rechte Hemisphäre eine wirklichkeitsgetreuere und weniger beschönigende Repräsentation unserer Vergangenheit parat, wie man aus Studien mit Patienten mit einem durchtrennten Balken (Corpus callosum) weiß. Diese Patienten verarbeiten den rechten und linken Teil der Welt unabhängig voneinander, so dass man bei ihnen die Verarbeitungsprozesse der linken und rechten Hemisphäre getrennt voneinander betrachten kann. Bei uns normalen Zwei-Hemisphäre-Benutzern überschreibt die sprachbegabte linke Hemisphäre meist die Einwände der rechten.

5. Vorurteile, Gerichtetheit, Präferenz: Hierunter ist zu verstehen, dass die momentane Stimmungslage beeinflusst, wie frühere Erlebnisse erinnert werden. Es erfolgt sogar unter Umständen Rekon-

solidierung beim Abruf von Information. Das bedeutet: Die erinnerten Erlebnisse werden nicht nur der aktuellen Stimmungslage angepasst, diese Anpassung kann sogar mit abgespeichert werden und für immer in das neuronale Netz dieser spezifischen Erinnerung eingewebt werden. Generell ist es von Vorteil, mit einem Vorwissen, einer Präferenz für bestimmte Verarbeitungsschritte im Gehirn, in eine Situation zu gehen. Wenn man etwa in ein Restaurant zum Essen geht, weiß man, wie ein solcher Besuch ungefähr funktioniert, man hat Vorerwartungen, und der Umstand, dass unser allgemeines Wissen über die Welt leicht und mühelos aktiviert werden kann, trägt dazu bei, dass wir in ganz verschiedenen sozialen Kontexten reibungslos »funktionieren«. Aber dieses Vorwissen birgt auch Gefahren: Man übersieht Wichtiges, und in seiner Wahrnehmungsroutine schätzt man manches falsch ein.

6. Suggestivität: Die Art der Frage beeinflusst die Antwort. Dies ist vor allem ein Problem bei Kindern und unter Hypnose. Sigmund Freuds Ansicht, dass der Psychotherapeut als eine Art Archäologe arbeitet, kann also nicht stimmen. Hypnose steigert nicht die Genauigkeit des Gedächtnisses, sondern lediglich seine Manipulierbarkeit.
7. Traumatische Erlebnisse: Genau da, wo man es ausgerechnet nicht gebrauchen kann, können Erinnerungen an traumatische Erlebnisse Menschen bis ins hohe Alter verfolgen. Sie sind dauerhaft und persistent.

All diese Beispiele lehren uns die Anfälligkeit und Macht des Gedächtnisses zugleich – vor allem im Kontext von Erinnerungen, die im Alter immer wichtiger werden. Sie ergeben sich aus der Rolle des Abrufkontextes bei der Konstruktion subjektiver Erfahrungen, der Ansprechbarkeit des Erinnerns für nachträgliche Einflüsse und der Unzuverlässigkeit des Quellengedächtnisses.

Ältere Menschen berichten immer wieder davon, wie sie völlig unvermittelt ganze Geschichten aus ihrem Leben erinnern können, mit allen Details, wodurch sie eine besondere Glaubwürdigkeit bekommen. Diese sogenannte Blitzlichterinnerung ist eine lebhafte und detailreiche Erinnerung an ein meist für einen selbst bedeutsames Ereignis – sowie daran, unter welchen Umständen man von ihm erfuhr. Aber auch Blitzlichterinnerungen sind anfällig für Fehler: Deutsche, die dem Mauerfall 1989 positiv gegenüberstanden, erinnern sich heute lebhafter und emotionaler, aber weniger exakt an die Wende als deren einstige Kritiker. Blitzlichterinnerungen können nachträglich durch Medienberichte oder Gespräche über das Ereignis verfälscht werden. Womöglich bilden sie sich nicht einmal im fraglichen Moment, sondern erst im Nachhinein.

Es gibt noch mehr Bedenkliches von unserem autobiographischen Gedächtnis zu berichten. Schon Marcel Proust beschrieb in seinem berühmten Roman *Auf der Suche nach der verlorenen Zeit* die beunruhigende Tatsache, dass seine Fähigkeit, die Vergangenheit in die Gegenwart zurückzuholen, davon abhing, ob es geeignete Abrufreize gab. In seinem Roman ist es das von vielen Gedächtnisforschern immer wieder gerne zitierte Gebäckstück namens Madeleine, das beim Eintauchen in den Tee lange, längst verschüttet geglaubte Sequenzen aus Prousts Kindheit und Jugend lebendig werden lässt.

Dies zeigt einmal mehr, dass wir nicht unbedingt Herr unserer Vergangenheit sind. Was uns aus vergangenen Zeiten einfällt, hängt auch von Zufallsbegegnungen ab, und dies gilt nicht nur für Senioren. Da unser Denken, vor allem in einem alternden Gehirn, mehr von dem abhängt, was wir erinnern können, als von dem, was es noch zu lernen hat, ist es umso beängstigender, dass das erfolgreiche Abrufen von Erinnerung wesentlich auf die Verfügbarkeit passender Abrufreize angewiesen ist. Hat man diese Tatsache einmal zur Kenntnis genommen und akzeptiert, kann man auch versuchen, die Macht der Abrufreize bewusst zu Hilfe zu nehmen, indem man z. B. Fotoalben, Filme und Musik aus alten Tagen heranzieht, um den Erinnerungsspuren eine Chance zu geben, an die Oberfläche zu gelangen.

### Postkarte aus dem Leben

*Folgende Begebenheit beleuchtet das frappante Erinnern wichtiger Erlebnisse aus der Jugend – Erinnerungen, die in den fragilen Strukturen unserer synaptischen Kontakte 70 Lebensjahre und mehr überstanden haben: Zwei Schwestern, beide weit über 80, treffen sich nach vielen Jahren auf einem Familientreffen wieder. Die Kinder und Enkel haben keine Mühen gescheut, die beiden alten Schwestern nochmals zusammenzubringen, doch der Versuch scheitert. Innerhalb weniger Minuten entgleist die freundliche Atmosphäre. Das, was so glorreich und gut gemeint begann, entwickelt sich schnell zu einem Fiasko: Anstatt über das Leben jetzt oder auch über alte gemeinsam verlebte Zeiten zu plauschen, wie es von den Kindern und Enkeln mit Vorfreude erwartet wurde, wirft die eine der anderen lautstark vor, sie habe ihr den Freund ausgespannt: damals, nach dem Krieg, vor 75 Jahren, als man gemeinsam zum Tanzen ausgegangen war. »Das ist doch so lange her, längst verjährt«, versuchen die Angehörigen den Zwist beizulegen. Doch für die eine ist die Verletzung, die Schmach, so schmerzhaft, als wäre sie erst gestern geschehen. Kopfschüttelnd resignieren die Angehörigen. Wie kann man nur so nachtragend sein?*

KAPITEL 5

# Fröhliche Senioren? Wie das Altern unser Gefühlsleben verändert

*»Das Alter ist ein natürlicher menschlicher Zustand, dem Gott seine eigenen Gefühle geschenkt hat, die ihre eigenen Freuden in sich tragen.«*

Wilhelm von Humboldt

## Mythos Midlife-Crisis

Eine ältere Frau, wohl Mitte 50, die sich sichtlich bemüht, sich ihre Trauer nicht anmerken zu lassen, aber dann doch ein paar Tränen verdrückt. Ein älterer Mann, der sehr ernst aussieht, während der gemeinsame Sohn seine Siebensachen packt und sich in einem voll beladenen Auto offensichtlich zum Studieren in eine andere Stadt aufmacht. Er hinterlässt ein fast leeres Kinderzimmer. In der Schlusssequenz des kleinen Films nehmen sich die Eltern in den Arm und schauen dem davonfahrenden Sohn so traurig hinterher, als nähmen sie Abschied vom Leben. Bis dahin weiß man noch nicht, worum es eigentlich geht. Da sagt der Mann zu seiner Frau: »Und jetzt lass uns neue Möbel kaufen gehen!« – und sofort heitert sich die Miene der beiden Eheleute auf, und die Einblendung des Firmenlogos verrät die eigentliche Botschaft des TV-Werbespots.

Interessant ist die Einstellung, die man die beiden Mittfünfziger hier an den Tag legen sieht: Ja, es ist traurig, wenn die Kinder ausziehen, ein gravierender Lebenseinschnitt, man leidet, aber es ist ein Mythos, dass Eltern dadurch in eine Midlife -Crisis oder gar Leeres-Nest-Syndrom geraten. Diese Art der Krise machen die meisten Eltern heute nicht mehr durch! Typisch ist eher, dass sie sich, kaum sind die Kinder aus dem Haus, neu in ihrem Leben »einrichten«, auf neue Herausforderungen zusteuern. Selbst Mütter, die sich mit großer Intensität ihren Kindern gewidmet haben, genießen nach einer kurzen Phase der Trauer meist das neue Leben.

Dennoch gehört der Begriff Midlife-Crisis zu unserem Alltagsverständnis des Alterns dazu und ist Dauerthema auf Partys der 50plus-Generation. Geprägt wurde der Begriff, der umgangssprachlich den Zustand psychischer Unsicherheit zwischen dem 40. und 50. Lebensjahr meint, Mitte der 70er Jahre. Legt sich ein Mittvierziger plötzlich einen jugendlich anmutenden Flitzer zu, steht er gerne unter dem Generalverdacht, damit seine Midlife-Crisis bewältigen zu wollen. Da das Phänomen untrennbar von unserem kulturellen Gedächtnis zu sein scheint, sei es kurz historisch beleuchtet: Die demoskopische Altersentwicklung bedingt, dass es noch bis in die erste Hälfte des 20. Jahrhunderts keine Midlife-Crisis geben konnte; dafür war die mittlere Lebenserwartung mit unter 60 Jahren zu kurz. Aber in den 60er Jahren hat der Topos – dank Elliott Jaques, einem kanadischen Psychologen, der u. a. über menschliche Effektivität in Arbeitsprozessen geforscht hat – eine gewisse wissenschaftliche Glaubwürdigkeit bekommen. Als Jaques eine kleine Studie über Maler durchführte, fiel ihm auf, dass diese insbesondere um das 50. Lebensjahr herum ihren Malstil häufig gewechselt hatten und ihre Bilder fortan in dunklere Farbtöne tauchten. Da diese Beobachtung auf einer kleinen Gruppengröße basierte, eine eher vage Evidenz. Jaques bezeichnete diesen Umbruch als Midlife-Crisis. Das führte nicht nur dazu, dass der Begriff in den allgemeinen Sprachgebrauch übernommen wurde, sondern auch dazu, dass Daniel Levinson, ein Psychologe der renommierten Yale University, ihn in seinem Buch *Das Leben des Mannes* (1978) verwendete. Auch seine Studien fußten nur auf einer kleinen Gruppe von Teilnehmern. Levinson meinte speziell bei Männern, die auf die 50 zugehen, eine Veränderung zu beobachten. Und diese Zeit der Wandlung sei krisenbehaftet, so der Psychologe.

Filmisch und literarisch ist dieses Phänomen mehrfach beschrieben worden, und dort gehört es auch hin: in die Welt der Fantasie. Denn größere wissenschaftliche Untersuchungen zeigen heute, dass nur etwa 5 % der Menschen eine Midlife-Crisis erleben, das ist genau der Anteil depressiver Menschen, den man in jeder anderen Lebensphase auch erwarten würde. Frauen wie Männer sind gleichermaßen betroffen. Dabei handelt es sich um eine Art von Krise, die jeden Menschen in jedem Alter ereilen kann; nicht belegt ist durch eine Reihe von großen Studien, dass psychische Krisen, die mit Entwicklungsstufen der Menschen zusammenhängen, nach dem 50. Lebensjahr häufiger vorkommen als in jüngeren Jahren!

Die MacArthur Foundation fand sogar Evidenzen dafür, die eher eine gegenteilige Aussage zulassen: Befragt man Leute in Fragebögen über Jahre hinweg nach ihrer Lebenszufriedenheit, ist diese zwischen dem 40. und 60. Lebensjahr besonders hoch. Zwar stimmt es, wie diese und andere Studien zeigten, dass die Zeit zwischen dem 40. und 50. Lebensjahr durch die vielfältigen Aufgaben, die in verschiedenen Lebensbereichen zu erfüllen sind, besonders stressbehaftet ist. Aber es hat sich auch herausgestellt, dass diese Altersgruppe generell sehr gut mit Stress umgehen kann, so als wären wir speziell in diesem Alter besonders gut dafür ausgestattet, starken Belastungen standzuhalten. Ja, man könnte sogar im Umkehrschluss sagen, erst in diesem Alter haben wir gelernt, Stress positiv zu bewältigen. Erleben wir uns noch als Handelnde und Kontrollierende einer Situation – was mit Mitte 50 eher wahrscheinlich ist –, nimmt es dem Stress die ungesunde Spitze. Nach vielen Jahrzehnten Lebenserfahrung haben wir eben einige Erfahrung im Umgang mit Stress sammeln können!

Eine Studie, die 1958 in Kalifornien begonnen und im Jahre 2005 beendet wurde, hatte Frauen vom College bis zur Pensionierung in regelmäßigen Abständen nach ihrer Lebenszufriedenheit befragt. Und auch hier zeigte sich, dass ihre Lebenszufriedenheit mit den Jahren eher zu- als abnahm. Daneben wurden das Selbstbewusstsein und das Verantwortungsbewusstsein der Frauen analysiert – und auch sie stiegen bei einem Großteil der untersuchten Frauen. Und das, obwohl Frauen im Alter um die 50 bzw. dann, wenn ihre Kinder aus dem Haus gehen, oft zu einem schlechten Gewissen gegenüber ihren Kindern (dazu neigen Mütter ja allgemein) tendieren und sich als Rabenmutter fühlen, weil sie trotz der Trauer über das Flüggewerden ihrer Kinder die nun anbrechende Lebensphase und den neuen Freiraum genießen. Keine Frage: Vor 30 Jahren mag es Müttern wie Vätern schwerer gefallen sein loszulassen als heute. Das hängt unter anderem damit zusammen, dass es weniger Kommunikationsmöglichkeiten gab, man sich nur noch selten sah und die Uni-Welt den Eltern, die in der Mehrheit selbst keine akademische Bildung hatten, sehr fremd schien. Heute kommuniziert man über Skype, E-Mail und Facebook, bucht für 50 Euro einen Flug an den Studienort der Kinder und kann dem Töchterlein aus der eigenen Studentenzeit erzählen. Die Welt ist kleiner geworden.

Dennoch: Lebenskrisen entstehen oft dann, wenn man sich entscheiden muss. Junge Erwachsene müssen nach dem Schulabschluss wählen, welchen Beruf sie ergreifen wollen, welche Ausbildung sie anstreben, wie sie leben wollen. Zumindest Frauen müssen sich mit Mitte 30 oder spätestens Anfang 40 entscheiden, ob sie Kinder wollen und ob und wie sie Familie und Beruf miteinander vereinbaren können. Mit 50 oder Mitte 50 stehen Fragen an, wie man sein restliches Berufsleben verbringen will, wie man mit einer möglicherweise gescheiterten Partnerschaft zurechtkommt, die Kinder sind dann mitten in der Pubertät oder werden flügge und verlassen das Zuhause. Oft beginnt darüber hinaus die Phase, in der wir uns verstärkt um unsere alt gewordenen Eltern kümmern müssen. Gerade in diesem Alter häufen sich also die Umstellungen, die mitnichten leicht zu bewältigen sind. Und auch wenn diese Veränderungen keineswegs reibungslos vonstattengehen, kaum ein Gehirn wäre besser geeignet, all dies zu bewältigen, als eines jenseits des 50. Lebensjahres.

Wie aber kommt es, dass man zwischen dem 50. und 65. Lebensjahr besonders gut mit Berufs- und Alltagsstress umgehen kann und die Lebenszufriedenheit in diesem Alter besser ist als zu jedem anderen Zeitpunkt unseres Lebens? Wir wissen heute: Diese emotionalen Verhältnisse haben mit den Veränderungen in unserem Gehirn zu tun. Welche das sind und wie sie sich auswirken, soll das Thema dieses Kapitels sein.

## Positive Erinnerungen werden leichter erinnert

Es gibt bei den Peanuts einen wunderbaren Dialog zwischen Linus und Charlie Brown, in der Erstere darüber philosophiert, dass wir uns nicht so sehr um die Zukunft sorgen und mehr an heute denken sollten. Woraufhin Charlie Brown in der ihm üblichen Manier entgegnet, dass er das völlig anders sieht, denn das würde Resignation bedeuten. Er würde immer noch hoffen, dass gestern besser wird … Damit hat er den Nagel auf den Kopf getroffen, zumindest was Erinnerungen im Alter angeht: Denn je älter man wird, umso mehr positive Erinnerungen lassen sich aktiv abrufen. Mit zunehmendem Alter fokussieren wir eher auf positive Erinnerungen und bewerten viele erinnerte Begebenheiten positiver, als dies in jüngeren Jahren der Fall war. Dieses Phänomen lässt sich auch in kontrollierten Laborsituationen belegen: Probanden, die die 50 bereits überschritten hatten, erinnerten sich besser an positive als an negative Bilder, die sie zuvor in einem Test gesehen hatten, während Probanden unter 30 Jahren keine Präferenz aufwiesen.

Und auch die Grundstimmung ist, wie wir bereits gesehen haben, jenseits der 50 besser als in jedem anderen wissenschaftlich untersuchten Lebensabschnitt. Was nicht bedeutet, dass jeder Mensch im Alter glücklich ist. Aber Menschen, die zu Trübsal neigen, sehen mit zunehmendem Alter sich und die Welt positiver. Selbst Depressionen treten im Alter nicht häufiger auf als in jungen Jahren (im Gegenteil: Altersdepressionen sind wesentlich seltener als Jugenddepressionen). Wer im Alter zur Depression neigt, hat nicht erst im Alter damit zu kämpfen, sondern schon häufiger im Laufe seines Lebens psychische Instabilitäten erlebt. Dies gilt allerdings nicht für Menschen, deren Gehirne von neurodegenerativen Erkrankungen wie Parkinson oder Alzheimer betroffen sind; hier sind Depressionen häufig auftretende Begleit- und Folgeerscheinungen, auch wenn sie bislang in ihrem Leben nicht starken Stimmungsschwankungen ausgesetzt waren.

Wie sind diese positiven Gefühlsbefunde durch Alterungs- und Reifungsprozesse des Gehirns zu erklären? Der New Yorker Neurologe Elkhonon Goldberg entwickelte dazu folgende plausible Theorie: Im Verlauf der Alterung des Gehirns gewinnt die linke Hemisphäre mehr an Gewicht, während die rechte Hemisphäre an Einfluss einbüßt, was Auswirkungen darauf hat, wie ältere Menschen Begebenheiten erinnern (siehe auch Kapitel 4) und mit welcher emotionalen Grundeinstellung sie der Welt gegenüberstehen. Die linke Hemisphäre wird im Laufe des Lebens immer stärker genutzt, schließlich bewahrt sie immer mehr Erinnerungen auf und ist für Mustererkennungsprozesse zuständig. Die für Neues zuständige rechte Hemisphäre dagegen wird im Alter weniger beansprucht: Zum einen weil die Neugierde generell nachlässt, zum anderen weil man viele Situationen im Verlaufe des Lebens schon mal erlebt hat und dann mit in der linken Hemisphäre bereits abgespeicherten Erfahrungen vergleicht. Die Vertiefungen der Großhirnrinde – Sulci – werden im Laufe des Alterungsprozesses generell immer flacher. Dies spricht für eine Atrophie (Gewebsschwund) des umliegenden Gewebes, die besonders ausgeprägt im Scheitel- und Hinterhauptslappen der rechten Hemisphäre zu finden ist, während die Sulci der linken Hemisphäre weniger

**»Wir haben uns kulturell als ›alt‹ abstempeln lassen, ebenso wie man sich die Midllife-Crisis hat andichten lassen. Altern als reiner Verfall ist aber wissenschaftlich ebenso wenig haltbar wic die Midlife-Crisis.«**
Barbara Strauch

altersbedingte Veränderungen aufweisen (siehe Kapitel 3). In der rechten Hemisphäre kann der altersbedingte Abbau schon vor dem 50. Lebensjahr sichtbar werden, während der abgeschwächte Abbau in der linken Hemisphäre statistisch gesehen erst zehn Jahre später beginnt!

Wie erklären diese hemisphärischen Machtverschiebungen nun aber die positiver werdende Lebenswahrnehmung? Zum einen spielt die linke Hemisphäre, vor allem im linken Stirnlappen, eine größere Rolle bei der Verarbeitung positiver Emotionen, während zum anderen die rechte Großhirnhemisphäre bei negativen Emotionen weniger dominant zum Einsatz kommt. Beweise für diese relativ neuen Beobachtungen sind, dass eine Schädigung der linken Hemisphäre häufiger zu einer Depression führt, als dies bei einer Schädigung der rechten Seite der Fall ist. Schädigungen der rechten Hemisphäre dagegen führen häufiger zu manischen Zuständen bzw. zur »hohlen« Euphorie, also nicht von außen induzierten euphorischen Zuständen oder zu einem Zustand der sogenannten schönen Gleichgültigkeit *(belle indifference).* Diese Aussagen aufgrund von Gehirnschäden werden unterstützt durch aktuelle Ergebnisse, die mit Hilfe von bildgebenden Verfahren an gesunden Probanden gewonnen wurden. Hier zeigte sich, dass beim Verarbeiten von erfreulichen Informationen eine erhöhte Aktivität im linken Stirnlappen zu beobachten war, während traurige und unerfreuliche Bilder eine stärkere Aktivierung des rechten Stirnlappens zur Folge hatten. Gleiches ergab sich bei einem Spiel, das sowohl positive wie negative finanzielle Folgen haben konnte: Standen die Probanden vor einem relativ großen Gewinn, wurde die linke Hemisphäre aktiviert, liefen sie aber Gefahr, Geld zu verlieren, war die rechte Hemisphäre aktiver.

Ein weiteres Forschungsergebnis belegt den Unterschied zwischen den beiden Hemisphären: Während einer Meditation, die zu Recht als eine sehr ausgeglichene Gemütsverfassung gilt, ist vor allem der linke präfrontale Cortex im Stirnlappen aktiviert, während die Aktivität des rechten präfrontalen Cortex unterdrückt ist. Im Übrigen sei bemerkt, dass Meditation eine hochkonzentrierte Tätigkeit ist, die in jeder Lebensphase, ausgesprochen gut aber im Alter, in ganz besonderem Maße die Konzentrationsfähigkeit und die selektive Aufmerksamkeit steigert – bedingt durch einen Trainingseffekt des Arbeitsgedächtnisses.

Zusammenfassend lässt sich Folgendes sagen: Sowohl Patientenstudien als auch Beobachtungen an gesunden Probanden mit Hilfe von bildgebenden Verfahren sprechen dafür, dass die beiden Hemisphären beim Erleben und Ausdrücken von Gefühlen eine unterschiedliche, ja zum Teil sogar entgegengesetzte Rolle spielen. Dies sollte uns aber nicht dazu verführen, die Hemisphären-Asymmetrien zu stark zu polarisieren, so als wären die beiden Großhirnhälften ein Yin und Yang der emotionalen Bewertung: links = positiv, rechts = negativ. Diese Annahme greift schon deshalb nicht, weil die rechte Hemisphäre generell für unsere Fähigkeit verantwortlich ist, Gefühle bei anderen Menschen zu erkennen – und zwar sowohl positive als auch negative – und diese differenziert unterscheiden zu können. Gefühle bei anderen zu erkennen scheint eine Art der Informationsverarbeitung zu sein, die nicht gut zu einer linkshemisphärischen Mustererkennung passt – zu variabel sind hier soziale Interaktionen. Aber es gilt: Bei der Verarbeitung eigener Emotionen, und vor allem bei ihrer Bewertung, unter-

**»Nie wieder wird das, was außerordentlich und dramatisch erscheint, und das, was nur normal und lächerlich ist, noch einmal so sehr dasselbe sein wie in der Jugend. Zu keiner anderen Zeit liegt alles Existenzielle so dicht an der Oberfläche, schlägt die emotionale Richterskala so munter aus – auch ohne ernsthafte Erschütterungen im Herzen der Erde.«**

Merten Worthmann, Journalist

scheiden sich die Hemisphären voneinander; und im Zuge des Alterungsprozesses des Gehirns gibt es eine kleine, aber bedeutsame Verschiebung in Richtung der linken Hemisphäre. Diese schreibt Lebensgeschichten zwar nicht um, noch macht sie aus trübsinnigen Menschen Clowns, aber sie führt bei älteren Menschen zu positiven Verschiebungen in ihrer Erinnerung, in ihrer Wahrnehmung und in ihrem Selbstwertgefühl.

Auch unterhalb der Großhirnrinde zeigt sich eine vergleichbare Asymmetrie: Bei gesunden Probanden reagiert die linke Amygdala stärker auf positive als auf negative Stimuli. Beobachtungen an sehr ängstlichen Menschen unterstützen dies, denn sie weisen eine Überaktivierung der rechten Amygdala auf. Ebenfalls stimmig ist die Beobachtung, dass sich bei depressiven Menschen eine reduzierte Aktivität der linken Amygdala findet. Genau genommen haben wir es mit zwei Schaltkreisen von Stirnlappen und Amygdala zu tun: einem links- und einem rechtshemisphärischen. Emotionales Erleben und emotionaler Ausdruck werden also in zwei teilweise getrennten Systemen (links wie rechts im Gehirn) vermittelt: Positive Emotionen werden in der linken Hemisphäre verarbeitet, negative in der rechten. Es sei aber auch erwähnt, dass diese Systeme nicht unabhängig voneinander operieren. In den meisten Lebenssituationen arbeiten die beiden emotionalen Bewertungssysteme zusammen, schließlich ist das Gros der Lebenserfahrungen gemischter Natur – also bittersüß.

Mittlerweile ist man den Asymmetrien in den Großhirnhälften bis in die Biochemie des Gehirns hinein auf die Spur gekommen: So weiß man, dass der Botenstoff Noradrenalin, verbunden mit Wachheit und Stressreaktion des Körpers, eher in der rechten Hälfte ausgeschüttet wird, während Dopamin in der linken Hemisphäre wirksamer ist. Auch dies hat bedeutsame Konsequenzen für die Alterungsprozesse. Ist die linke Hemisphäre in der Gewichtung zwischen den Hemisphären gestärkt, so werden dopaminbedingte schematische Verhaltensweisen häufiger. Aus

Tierexperimenten ist bekannt, dass ein erhöhter Dopaminspiegel verstärkt stereotype Reaktionen hervorruft. Dies erklärt sich folgendermaßen: Dopamin steht mit dem Belohnungszentren des Gehirns in enger Verbindung, und dieses verstärkt erfolgreiches Verhalten, es vermittelt positive Emotionen und kognitive Routinen (es wird eben vor allem linkshemisphärisch ausgeschüttet!). Diese Interpretation ist konsistent mit dem Umstand, dass kognitive Routinen auf Erfahrungen basieren, die in der Vergangenheit erfolgreich waren. Das erklärt, warum viele ältere Menschen auf ihren routinemäßigen Abläufen bestehen und grundsätzlich eher zu konservativen Lösungsansätzen neigen. Dopamin in der rechten Hemisphäre weckt dagegen das Neugierverhalten, aber genau dies wird im Alter durch Zell- und Synapsenverlust vermindert. Weiterhin weiß man aus Tierexperimenten, dass ein Anstieg von Noradrenalin, einem anderen, weit verzeigten Neurotransmitter im Gehirn, ruheloses Erkundungsverhalten und eine unablässige Suche nach Neuem auslöst. Nach neuen Lösungen sucht man unter anderem dann, wenn die aktuellen Zustände unbefriedigend sind – ein hoher Noradrenalin-Spiegel signalisiert offensichtlich, dass Bedürfnisse nicht befriedigt sind, was negative Emotionen auslöst. Und diese Art der Noradrenalin-Ausschüttung ist im Alter vermindert.

Mit diesen Ausführungen soll nicht suggeriert werden, man könnte alle älteren Menschen quasi über einen »linkshemisphärischen Dopaminkamm« scheren und damit biochemisch vollständig erklären; vielmehr geht es darum, Grundtendenzen aufzuzeigen und häufig zu beobachtendes Verhalten mit aktuellen Ergebnissen der Psychologie und der Neurowissenschaften in Beziehung zu setzen – wie man sieht, gibt es erstaunliche Übereinstimmungen. Das gilt auch für die nächste Frage: Haben ältere Menschen eine bessere Kontrolle über ihre Gefühle als jüngere Menschen?

### Emotionale Kontrolle

Es gehört zu den Errungenschaften des Alterns den emotionalen Turbulenzen des Lebens mit mehr Flexibilität und Stabilität zu begegnen. Oder neurobiologisch ausgedrückt: Mit fortgeschrittenem Alter stehen die Gehirnareale, die Gefühle bewerten und kontrollieren, in einem besseren Einklang miteinander, als dies in der Jugend oder noch im jungen Erwachsenenalter der Fall war. Was aber nicht bedeutet, dass Gefühle im Alter unwichtiger werden! Unbewusst bekommen Emotionen sogar eine größere Bedeutung, wenn man älter wird, da man sich der Endlichkeit des Lebens bewusster ist und vieles dadurch eine andere Gewichtung erhält. Es gehört also zu den Mythen des Älterwerdens, dass Menschen in dieser Lebensphase emotional abstumpfen. Im Gegenteil, sie empfinden tief, nur haben sie diese Gefühle besser unter Kontrolle, und sie können die eigenen Gefühle besser beschreiben und einschätzen.

»Mein Herz sagt mir, ich soll dies, mein Verstand sagt mir, ich soll jenes tun« – eine Aussage, die man viel häufiger aus dem Mund eines 20-Jährigen als eines 60-Jährigen vernimmt: Mit zunehmendem Alter greifen Herz und Verstand, Gefühl und Denken immer besser ineinander. So kommt, um eine der vielen Untersuchungen, die diese Aussage untermauern, zu nennen, eine Langzeitstudie der University of Berkeley zu folgendem Ergebnis:

- Frauen in mittleren Jahren (50plus) verfügen im Vergleich zu jüngeren Frauen über eine stabilere Identitätsempfindung;
- sie haben eine präzisere Selbstwahrnehmung in sozialen Situationen;
- sie haben mehr Selbstvertrauen;
- sie haben mehr Kontrolle über das, was in ihrem Leben vor sich geht;
- und sie sind produktiver.

Bildgebende Verfahren belegen hierbei, dass auf neurobiologischer Ebene der »optimale« Einsatz beider Hemisphären eine Rolle spielt, da eine ausgewogenere Lebenseinstellung sowohl logisch-analytische (linkshemisphärisch) als auch nichtsprachlich-intuitive (rechtshemisphärisch) Fähigkeiten (Gefühle) einbezieht. Eine Reihe von Studien zeigt auch, dass eines der prominentesten Areale des limbischen Systems, die Amygdala, besser kontrolliert werden kann. Sie ist von besonderer Bedeutung für unseren emotionalen Haushalt – das gilt für Kinder, junge Erwachsene genauso wie für ältere Menschen. Nur dass ihr Einfluss sich über das Leben hinweg in seiner Gewichtung ändert.

Der Mandelkern, wie die Amygdala auch genannt wird, liegt paarig umgeben vom Großhirn jeweils an der Innenseite der Schläfenlappen (Abb. 23). Wird er z. B. bei einer Hirnblutung geschädigt, kann es bei den betroffenen Patienten zu einer »Gefühlsblindheit« kommen, sowohl was die eigenen Gefühle betrifft als auch die anderer, vor allem bezüglich Furcht, Angst und Aggression. Die Betroffenen empfinden selbst dann noch keine Angst, wenn sie in eine lebensbedrohliche Situation geraten. Wird die Amygdala funktionsuntüchtig, sind keine normalen menschlichen Beziehungen mehr möglich. So vermuten Forscher auch bei Autisten, die große Schwierigkeiten haben, mit anderen zu kommunizieren, eine Schädigung der Amygdala.

Aufgrund ihrer anatomischen Lage ist die Amygdala bestens gerüstet, alle Ereignisse emotional zu begleiten und zu bewerten. Sie ist hierbei nicht nur mit dem Hypothalamus, als wichtigster Schaltzentrale für die Ausschüttung von Stresshormonen, sondern auch in vielfältiger Weise mit der Großhirnrinde verbunden. Hier kann sie schon auf der Wahrnehmungsebene beeinflussen, was wir wahrnehmen und wie wir die Welt im wahrsten Sinne des Wortes erleben, z. B. ob wir aus einer Situation frühzeitig einen Ausweg suchen, also versuchen, sie zu vermeiden, oder ob wir uns dem Problem und der Lösungsfindung stellen. Anders gesagt: Sie entscheidet mit darüber, ob wir ein halb leeres oder ein halb volles Glas vor uns sehen. Aber nicht nur das: Bestimmte Sinnesreize bekommt die Amygdala sogar früher zugespielt als die Großhirnrinde. Dies bewirkt, dass wir manchmal in einem ersten

Schritt Gefühlsregungen wie Wut, Freude, Angst oder Schreck empfinden, bevor wir in einem zweiten Schritt in Abstimmung mit der Großhirnrinde überprüfen, ob diese Reaktionen einer kritischen Kontrolle standhalten.

Neben diesen Funktionen orchestriert die Amygdala unsere Kampf-oder-Flucht-Reaktion *(fight or flight)* des vegetativen Nervensystems, also das Verhalten, das auch ältere Menschen an den

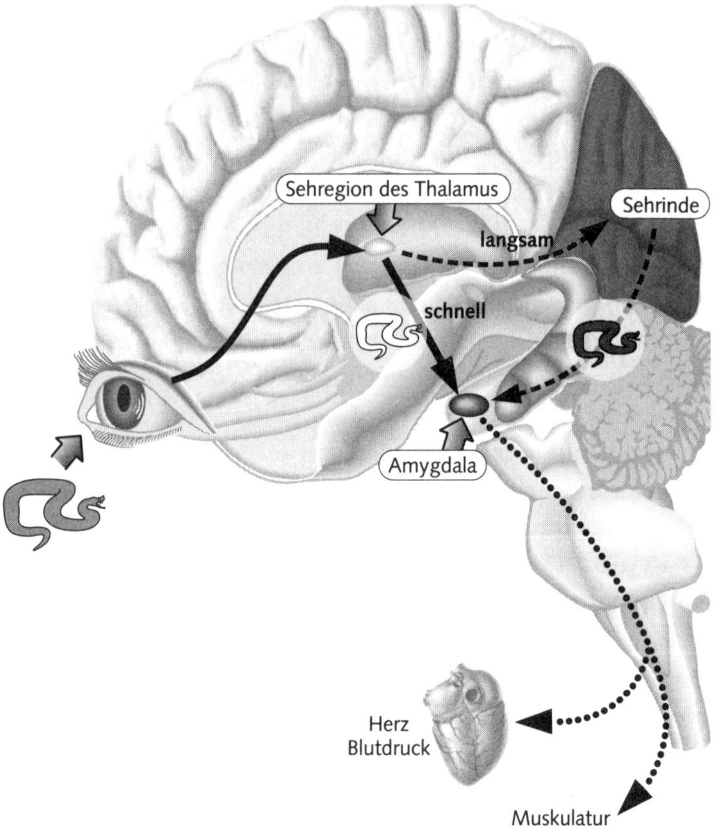


**Abbildung 23: Wie wir Gefahren erkennen**
Die Amygdala orchestriert die Kampf-oder-Flucht-Reaktion und kann dabei die Stressachse des Körpers aktivieren, bevor uns die eigentliche stressauslösende Situation bewusst wird.

Tag legen, wenn sie sich in einer bestimmten Situation überfordert fühlen. Dabei aktiviert die Amygdala den Hypothalamus, der eine gewaltige Hormonkaskade in Gang setzt: Das Herz beginnt zu rasen, der Blutdruck steigt, die Haut wird blasser, man beginnt zu schwitzen, und die Pupillen weiten sich.

Diese weit verzweigten Verbindungen der Amygdala erklären, warum Gefühle in jedem Lebensalter fast jeden Aspekt unseres Denkens und Handelns prägen. Allerdings kann die Amygdala nicht unkontrolliert schalten und walten, sondern wird in ihrer »Macht« über den Rest des Gehirns vom Stirnlappen kontrolliert. Und genau diese Kontrolle wird mit dem Alter besser, nicht schlechter. Die Aufgabe der Amygdala besteht also vor allem darin, Gefühle zu erzeugen und zu verarbeiten sowie die Hormonsignale in den Körper hinein zu kontrollieren. Bewertet und kontrolliert werden die Gefühle jedoch in der Großhirnrinde. Hier erst erleben und empfinden wir Glück, Leid, Trauer, Ekel, Rachelust oder Liebe. Insbesondere der präfrontale Cortex, ein Bestandteil des Stirnlappens, und der Gyrus cinguli, der in der Großhirnrinde in der Mitte der Hirnhälften liegt, sind dafür verantwortlich, die emotionalen Informationen aus der Amygdala und anderen gefühlsverarbeitenden Zentren zu interpretieren und zu bewerten (Abb. 14). Ein Funktionsverlust im Gyrus cinguli verursacht z. B. einen Verlust der Antriebskraft. Selbst Menschen, die eigentlich ehrgeizig sind, werden dann unmotiviert und körperlich inaktiv. Vor allem fehlen ihnen die von Gefühlen geleiteten Entscheidungshilfen. So können Menschen mit einer Schädigung des ventromedialen präfrontalen Cortex nicht mehr das Risiko ökonomischer Entscheidungen abwägen.

Schädigungen in diesen Bereichen wirken sich also maßgeblich auf die emotionale Grundstimmung und auch auf unser Urteilsvermögen aus. So führt ein Defekt im orbitofrontalen Cortex (Stirnlappen und Bestandteil des präfrontalen Cortex; Abb. 24) zu einem eingeschränkten sozialen Urteilsvermögen und zu einer schlechteren emotionalen Kontrolle – z. B. impulsiver Aggressivität. Die betroffenen Personen reagieren äußerst spontan, vehement und verlieren jede Hemmung. Diese Beispiele sollen zeigen, wie komplex der uns so natürlich erscheinende Vorgang in Wahrheit ist: Gefühle können die Leistungsfähigkeit jeder kognitiven Kompetenz entscheidend beflügeln oder behindern – und im Zuge des Alterungsprozesses des Gehirns werden wir immer besser darin, unsere Gefühle zu kennen und zu kontrollieren.

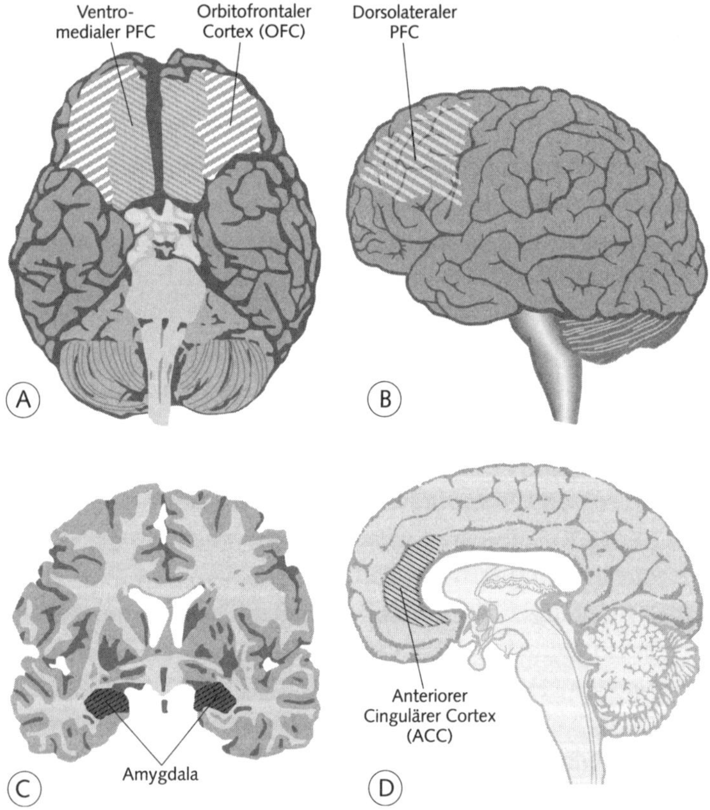


**Abbildung 24: Lage des orbitofrontalen Cortex im Stirnlappen**
Abgebildet sind auch andere für die Erzeugung und die Bewertung von Gefühlen relevante Gehirnareale.

Die Faserverbindung vom orbitofrontalen Cortex zu Amygdala ist übrigens eine der letzten, die sich im Laufe der natürlichen Reifung des jugendlichen Gehirns entwickelt. Sie ist, wenn man so will, der letzte Schliff, den das Gehirn bekommt. Das macht es Pubertierenden auch so schwer, ihre jähzornigen Ausbrüche zu kontrollieren: Ihnen fehlt schlichtweg die Kontrollinstanz von der Großhirnrinde zur Amygdala, da der gesamte Stirnlappen sich in einem großen Umbauprozess befindet. Genau diese Verbindung ist es aber auch, die es älteren Menschen leichter macht als jüngeren, langfristige Ziele zu verfolgen und Wünsche aufzuschieben. Dieser Bereich des Gehirns entwickelt sich nicht nur durch die Myelinisierung der Axone bis in das 50. Lebensjahr hinein weiter, sondern er lässt sich auch ein Leben lang trainieren. So lernen wir mit Hilfe dieser Kontrollinstanz im Stirnlappen, unser genetisch bedingtes Temperament zu beherrschen.

Zusammen mit dem Hippocampus gilt die Amygdala auch als eine wichtige Flaschenhalsstruktur für Lern- und Gedächtnisvorgänge (siehe Kapitel 4). Schließlich spielen Gefühle nicht zuletzt beim Lernen eine entscheidende Rolle. Was emotional aufwühlt, wird leichter im Gedächtnis abgespeichert als neutrale Sachverhalte. Eine negative gefühlsmäßige Einstellung gegenüber dem Lernstoff dagegen behindert die Abspeicherung, etwa wenn ältere Menschen »neumodischen Kram« ablehnen und nichts mehr dazulernen wollen.

Zusammenfassend kann man festhalten: Im Zuge der Alterung des Gehirns stehen die Großhirnrinde und das limbische System besser im Gleichgewicht miteinander. Dies ist zum einen eine Folge der Erfahrungen, die man im Laufe des Lebens mit seinen Gefühlen gemacht hat. Zum anderen ist es aber auch ein Zufallsprodukt der Gehirnalterung, da die Amygdala stärker Alterungsprozessen unterworfen ist als der orbitofrontale Stirnlappenanteil. Die Konsequenz ist in jedem Fall, dass vor allem der orbitofrontale Cortex als Bestandteil des präfrontalen Cortex eine bessere Kontrolle über die Amygdala hat bzw. die Amygdala auf den emotionalen Gehalt, vor allem was Angst und Aggressivität angeht, weniger stark reagiert. Die Kontrolle der eigenen Gefühle ist das eine, aber wie verhält es sich im Alter mit dem Erkennen von Gefühlen, Absichten und Denkprozessen bei anderen Menschen? Anders gesagt: Wie entwickelt sich die Empathiefähigkeit im Alter?

### Mit dem Alter besser denn je: Emotionale Intelligenz

Ob jung oder alt, oft stellt uns die Welt vor eine kaum überschaubare Anzahl von Wahlmöglichkeiten. In diesen Fällen vereinfachen Emotionen Entscheidungen, indem sie viele Optionen einfach ausschließen und andere hervorheben. Emotionen lenken also maßgeblich unser Handeln, auch das, was wir für rational halten. Schon im Stamm des Wortes »Emotion« wird dies deutlich: Es leitet sich von dem lateinischen Verb *movere* ab, was für »bewegen« steht, und mit dem Präfix »e« zu »hinwegbewegen« wird. Der etymologischen Erklärung zufolge wohnt Emotionen also eine Tendenz zum Handeln inne. Und entsprechend ist die Lebensintelligenz eines Menschen nicht nur eine Frage der Rechengeschwindigkeit des Gehirns (die nimmt mit dem Alter ab), sondern auch eine Frage der Gefühlskontrolle und -einschätzung (die mit jedem Lebensjahr besser wird). Man bezeichnet sie als emotionale Intelligenz. Sie umfasst:

- die Fähigkeit, eigene Gefühle zu erkennen und zu kontrollieren (intrapersonale Intelligenz);
- die Fähigkeit, Gefühle anderer zu deuten und entsprechend zu reagieren (interpersonale Intelligenz).

Das Konzept für diese Art von Intelligenz entwickelten 1990 zwei amerikanische Psychologen: Peter Salovey und John Mayer. Aber erst fünf Jahre später machte der *New York Times*-Reporter Daniel Goleman mit seinem Bestseller *Emotionale Intelligenz* den Begriff populär. Von ihm stammt auch das Kürzel EQ, eine Anspielung auf den IQ, wobei Intelligenz im Erwachsenenalter – anders als bei Kindern – gar nicht mehr als Quotient angegeben wird (der

IQ bezeichnet den Wert, wie weit man sich hinsichtlich seiner Intelligenz über oder unter dem Durchschnitt der Bevölkerung bewegt). Die emotionale Intelligenz umfasst ein ganzes Bündel emotionaler Fähigkeiten, deren wichtigste Komponenten sind:

- der Zugang zu eigenen Gefühlen und die Fähigkeit, zwischen verschiedenen Gefühlsregungen sehr genau unterscheiden zu können;
- Emotionen so kontrollieren zu können, dass sie angemessen sind;
- Emotionen in den Dienst eines Ziels zu stellen, z. B. indem man in der Lage ist, auf eine große Belohnung zu warten und dafür auf eine kleinere, sofort verfügbare zu verzichten;
- Empathie, d. h. gut einschätzen zu können, was andere Menschen fühlen (Menschenkenntnis);
- Umgang mit den Emotionen anderer Menschen (Familie, Freunde, bei der Arbeit mit Chefs, Kollegen oder Angestellten) und das Lösen von Konflikten.

Wenn es darum geht, welche Rolle Gefühle bei Entscheidungen spielen, verwechseln wir gerne Affekte (Gefühlsausbrüche) mit der emotionalen Untermalung von erlebten, erdachten und vorgestellten Handlungen. In der Tat sind aus dem Affekt heraus getroffene Entscheidungen häufig nicht so gut wie Entscheidungen, bei denen das Gehirn Zeit hatte, das gestellte Problem zu bearbeiten. Wobei »bearbeiten« keineswegs immer das bewusste Durchdenken eines Problems in Form von Worten oder Gedanken meint.

Gleich mehrere große Altersstudien konnten zeigen, dass die emotionale Intelligenz der Menschen im Laufe ihres Lebens zunimmt. Dazu wurden Personen über mehr als 50 Jahre hinweg befragt. Die Ergebnisse sind verblüffend: Die höchsten Werte hinsichtlich der emotionalen Intelligenz werden jenseits des 60. Lebensjahres erreicht. Es bedarf also viel Lebenserfahrung, abgespeichert als Verhaltensregeln und Erinnerungen im präfrontalen Cortex, und eines ausgewogenen Gleichgewichts zwischen der Hemisphären-Tätigkeit auf der einen Seite und einer Kontrolle des limbischen Systems auf der anderen Seite, um seine emotionale Intelligenz optimal einsetzen zu können (weitere Details siehe Kapitel 6).

Es wäre falsch zu glauben, dass es sich hier um eine automatische Entwicklung handelt. Weder wird jeder unweigerlich mit dem Alter weise oder emotional kontrollierter, noch gibt es einen Automatismus, der ältere Menschen dazu befähigt, die Absichten anderer zu durchschauen bzw. sich in deren Gefühlswelt zu versetzen. Aber Lebenserfahrung und die mit der Alterung des Gehirns einhergehenden Veränderungen führen dazu, dass ältere Menschen bessere Voraussetzungen mitbringen, mit emotionalen Schwankungen zurechtzukommen und eine positive emotionale Bewertung von Problemen vorzunehmen. Nicht jeder Ältere ist darin jüngeren Menschen überlegen, aber man stellt fest, dass die meisten Menschen hinsichtlich der emotionalen Kontrolle und der Einschätzung der Gedanken und Gefühle anderer Menschen im Alter besser werden, und zwar unabhängig von ihrer Begabung. Wer dies in jungen Jahren schlecht konnte, wird meist auch im Alter noch impulsiv sein und andere Menschen schlecht einschätzen können – aber er wird sich leichter tun als noch in jungen Erwachsenenjahren.

**»Es gibt kaum ein beglückenderes Gefühl, als zu spüren, dass man für andere Menschen etwas sein kann.«**
Dietrich Bonhoeffer

Noch ein anderer Aspekt des Alterns muss genannt werden: Ältere Menschen sind überproportional karitativ tätig, in Vereinen und vielen sozialen Institutionen. Hierzu befragte Senioren geben an, dies aus einem Gefühl der Verantwortlichkeit ihren Mitmenschen gegenüber zu tun und weil man etwas zurückgeben möchte. Das Erstaunliche daran ist, dass ehrenamtlich engagierte Senioren gesünder, aktiver, länger und sogar glücklicher leben, wie eine Studie der Johns Hopkins University in Baltimore (USA) aus dem Jahr 2006 ergab. Das intuitive Wissen um diese positiven verjüngenden Effekte kommt dem Einzelnen zugute, aber auch der Gesellschaft.

### Wenn alte Männer weinen

Hormone üben einen erheblichen Einfluss auf unsere Gefühlswelt aus, im Positiven wie im Negativen: vom erregenden Gefühl, verliebt zu sein, bis zu posttraumatischen Stresssymptomen. Zum einen wirken hier Hormone, die vom Gehirn selbst ausgeschüttet oder in Auftrag gegeben werden, etwa die Geschlechtshormone, deren Tages-, monatlicher und jahreszeitlicher Rhythmus vom Gehirn bestimmt wird; aber die Hormone selbst wirken auch auf das Gehirn zurück. Nun nimmt die Produktion der Geschlechtshormone mit dem Alter generell ab, und dies hat auch Auswirkungen auf unser Gehirn und unser Verhalten, denn das Gehirn ist voll mit molekularen Antennen (Rezeptoren), an denen Hormone andocken und eine fein kalibrierte Reaktion der Nervenzellen auslösen. Ganz generell gibt es mit fortgeschrittenem Alter eine Reihe von körperlichen Veränderungen, die mit einem geänderten Hormonhaushalt bei Männern und Frauen zusammenhängen. Die Wechseljahre (Menopause, Klimakterium) der Frauen sind dadurch gekennzeichnet, dass in den Eierstöcken die Geschlechtshormone Progesteron und Östrogen deutlich weniger gebildet werden; der weibliche Zyklus wird dadurch schwächer und tritt schließlich gar nicht mehr ein. Männer erleben zwar keine Wechseljahre, doch auch ihr Körper produziert mit den Jahren weniger Geschlechtshormone, vor allem das männliche Testosteron. Im Gegensatz zum weiblichen muss der männliche Körper aber nicht innerhalb weniger Jahre einen starken Abfall des Hormonspiegels verarbeiten. Bei Männern sinkt dieser über viele Jahre hinweg ganz allmählich. Während die weibliche Fruchtbarkeit mit der letzten Regelblutung endet, nimmt die männliche Zeugungsfähigkeit mit zunehmendem Alter meist nur langsam ab.

Männer produzieren – ebenso wie Frauen – ein Leben lang Östrogene, jedoch in einem anderen Mischungsverhältnis als bei diesen. Nimmt der Testosteronspiegel ab, stellt sich bei ihnen ein verändertes Verhältnis von Östrogenen zu Testosteron ein. Hinzu kommt, dass mit Hilfe eines Enzyms Testosteron in Östrogene umgewandelt wird (Aromatase). Dieses Enzym befindet sich vor allem im Fettgewebe – das bedeutet auch, dass Männer nicht wegen des Östrogens im Alter Fettgewebe im Brust- und Hüftenbereich ansammeln, sondern umgekehrt dieses Fettgewebe erst für die verstärkte Umwandlung von Testosteron in Östrogen sorgt.

Da Östrogene das soziale Einfühlungsvermögen verbessern, ist der gesteigerte Östrogenspiegel vermutlich einer der Gründe, dass ein signifikanter Anteil älterer Männer jenseits der 70 empfindsamer wird, öffentlich Tränen vergießt, von Gefühlen »übermannt« wird. Östrogen sinkt weit weniger deutlich als das Testosteron, dadurch kommt die Östrogenwirkung stärker zur Geltung. Damit hat die bessere emotionale Kontrolle, die oben beschrieben wurde, auch im Alter ihre Grenzen – vor Trauer zu weinen oder vor Freude eine Träne zu vergießen sind allerdings keine störenden emotionalen Signale, sondern wichtige Komponenten der zwischenmenschlichen Kommunikation.

Inwiefern sich der mit den Wechseljahren abfallende Östrogenspiegel bei Frauen auf ihre emotionalen Regungen auswirkt, ist nicht bekannt bzw. die Ergebnisse sind hier widersprüchlich. Unter anderem hängt es damit zusammen, dass Östrogen in seinen neuronalen Wirkmechanismen einen natürlichen Gegenspieler hat, das Progesteron. Die Wirkung von Östrogen auf das Gehirn hängt also nicht allein von seiner Konzentration ab (die im Alter sinkt), sondern davon, wie viel Östrogen im Vergleich zu Progesteron vorhanden ist. Hier hat sich nun herausgestellt, dass die Verfügbarkeit von Progesteron im gleichen Maße – bei einigen Frauen sogar stärker – sinkt, wie dies bei Östrogen der Fall ist. In jedem Fall scheinen Frauen hinsichtlich ihrer emotionalen Regungen über die gesamte Lebensspanne hinweg »stabiler« zu sein als Männer. Bis zur Pubertät weinen Mädchen und Jungen in etwa gleich viel. Da in den meisten Kulturen Weinen bei Männern aber als »unmännlich« gilt, weinen erwachsene Männer statistisch weniger als erwachsene Frauen. Es gibt keine abschließenden Untersuchungen darüber, wie es sich im Alter verhält, aber mehrere unabhängige Beobachtungen deuten darauf hin, dass die Häufigkeit des Weinens bei Senioren und Seniorinnen sich wieder angleicht.

Eine häufig diskutierte Frage ist die nach der Wirksamkeit von Östrogenpflastern während der weiblichen Menopause. In der Tat mögen sie gegen Schlafstörungen und Hitzewallungen helfen, eine schützende Wirkung im Bezug auf die Alzheimer-Erkrankung konnte bisher allerdings nicht nachgewiesen werden. Nachdem man in Tierexperimenten zeigen konnte, dass Östrogen einen höheren Vernetzungsgrad von Nervenzellen im Gehirn bewirken kann, hatte man eine Zeit lang angenommen, dass die Hormone auch eine schützende Wirkung vor der Alzheimer-Erkrankung entfalten könnten, da ein Mehr an Synapsen kompensatorisch vor dem Alzheimer-bedingten Synapsenverlust schützen kann. Aber leider kommen die großen Alzheimer-Studien zu keinem eindeutigen Ergebnis. Einige finden einen leicht positiven Effekt (Östrogene schützen vor Alzheimer), die meisten konnten allerdings keine Korrelation zwischen dem Auftreten der Alzheimer-Erkrankung und der Einnahme von Östrogenen belegen. Allerdings konnten einige Studien eine Beziehung zwischen Östrogengabe während der Menopause und dem vermehrten Auftreten von Brustkrebs herstellen.

## Stressreaktionen durch Überforderung

Während die emotionale Kontrolle und die emotionale Intelligenz zunehmen, ist man auch im Alter nicht gefeit vor Stress und seinen physiologischen Reaktionen in Körper und Gehirn. Insbesondere in Situationen, in denen ältere Menschen sich ob der Reizüberflutung überfordert fühlen – etwa wenn man in einer Gruppe von mehreren sich unterhaltenden Menschen das Gesagte nur bruchstückhaft versteht oder man nicht mehr so gut mehrere Tätigkeiten gleichzeitig erledigen kann (Multitasking, siehe Kapitel 3) –, kommt es schnell zu Stressreaktionen des Körpers: Das Arbeitsgedächtnis ist überlastet, und die Unter-

**Langer Arm: Hormone im Blut**

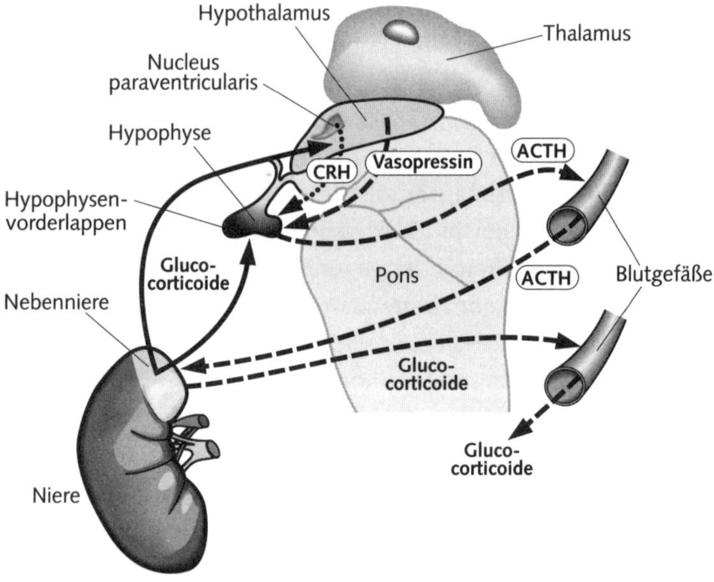


**Kurzer Arm: sympathisches Nervensystem**

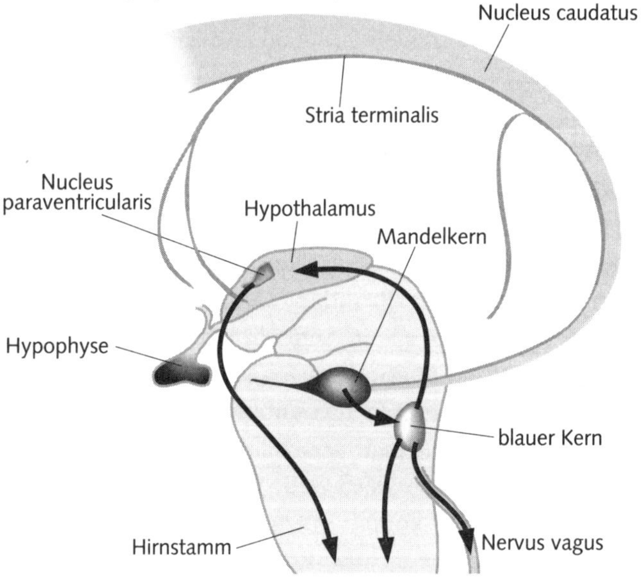

drückung der Amygdala durch den orbitofrontalen Cortex funktioniert nicht mehr, da dieser mit der Verarbeitung von störenden Reizen beschäftigt ist. Die Amygdala kann beispielsweise Gefahr signalisieren, mit der Folge, dass der Hypothalamus, im alten genauso wie im jungen Gehirn, eine gewaltige Hormonkaskade in Gang setzt, die eine Kampf-oder-Flucht-Reaktion organisiert (Abb. 25). Gleichzeitig fängt das Herz an zu rasen, dadurch steigt der Blutdruck, die Haut wird blass, man fängt an zu schwitzen, und die Pupillen weiten sich – eine archaische Reaktion, die bei allen Säugetieren ähnlich abläuft und auch in unserem Gehirn noch präsent ist. Allerdings ist es eben nicht mehr der Anblick einer »Beute« oder der Anblick eines »Fressfeindes«, der diese starke körperliche Reaktion auslöst, sondern es sind meist psychi-

**Abbildung 25: Stressachse des Gehirns**

Schnelle Stressreaktion (kurzer Arm): Diese Körperreaktion ruft der Hypothalamus hervor, indem er das sympathische Nervensystem (Sympathikus) beeinflusst, welches dann seinerseits aus dem Nebennierenmark Adrenalin freisetzt. An dieser schnellen, elektrisch übermittelten Reaktion des Stressnetzes ist der blaue Kern im Hirnstamm beteiligt.

Langsame Stressantwort (langer Arm): Die langsamere Verzweigung des Stressnetzes wird von Hormonen der Hirnanhangsdrüse koordiniert. Sie erhält Signale vom Hypothalamus, der das Corticotropin-Releasing-Hormon (CRH) und je nach Stärke der Stressreaktion auch das Peptidhormon Vasopressin freisetzt. Vasopressin verstärkt hierbei die Wirkung des CRH. Beide Neuropeptide stimulieren die Freisetzung von ACTH (adrenocorticotropes Hormon) aus dem Hypophysen-Vorderlappen. Die Freisetzung von ACTH in die Blutbahn bewirkt wiederum in den Nebennierenrinden die Freisetzung von Steroidhormonen wie den Glucocorticoiden, von denen das Stresshormon Cortisol wiederum das wichtigste ist. Auf diese Weise wird der Organismus in Verteidigungs- oder Kampfbereitschaft versetzt. Eine der wesentlichen Aufgaben des Cortisols ist es, Energie für die Muskeln bereitzustellen, indem die Menge an Glukose (Traubenzucker) im Blut erhöht wird.

sche Faktoren, die diese Signalkaskade entfachen. Unter diesen Umständen geht der positive Alterseffekt – die bessere emotionale Kontrolle – verloren.

Das Stresssystem ist ein weit verzweigtes Netz, welches die Energiereserven bei seiner Aktivierung neu verteilt. Man unterscheidet grundsätzlich zwei Reaktionen, die unterschiedlich schnell sind:

- schnelle Stressreaktion: Diese Körperreaktion ruft der Hypothalamus hervor, indem er das sympathische Nervensystem (Sympathikus) beeinflusst, welches dann seinerseits aus dem Nebennierenmark Adrenalin freisetzt.
- langsame Stressantwort: Die langsamere Verzweigung des Stressnetzes wird von Hormonen der Hirnanhangsdrüse koordiniert. Sie erhält Signale vom Hypothalamus, der das Corticotropin-Releasing-Hormon (CRH) und je nach Stärke der Stressreaktion auch das Peptidhormon Vasopressin freisetzt (Abb. 25).

Cortisol ist ein sehr effektives und wirkungsvolles Hormon, das im jungen Gehirn auch seine eigene Abschaltung reguliert: Zirkuliert viel Cortisol im Blut, bewirkt dies, dass der Hypothalamus weniger CRH produziert und die Hypophyse weniger ACTH. Sind diese Kontrolle und Regulation gestört, steigen die Cortisolwerte extrem an. Irgendwann ist das System dann so defekt, dass die Cortisolwerte selbst ohne Stress hoch sind, und dies führt zu schädlichen Effekten für das Gehirn, die Blutgefäße und anderen Zellen. Das Gehirn ist also nicht nur der Wächter unserer Gedanken, Emotionen und Motivationen, sondern es ist auch die oberste Hormondrüse, die unsere Stressreaktionen steuert. Dies hat im Alter bedeutende Konsequenzen: Cortisol erhöht im Alter die Anfälligkeit für Diabetes, da eine große Stressbelastung auch die Zuckerverteilung im Körper massiv beeinflusst (genau genommen ist das schnelle Bereitstellen sofortiger Energieressourcen die Hauptaufgabe der Stressreaktion). Diese schnelle Zuckeraktivierung kann massive Konsequenzen für die

Blutzuckerwerte und die medikamentöse Einstellung haben. Eine andere Konsequenz, die sich im Alter stärker auswirkt als in jüngeren Jahren, ist der durch Cortisol bedingte Anstieg des Cholesterinwertes im Blut, der sich negativ auf die Plaquesbildung (»Verkalkung«) der Blutgefäße auswirkt.

Der Cortisolgehalt im Blut ist dabei ganz natürlich tageszeitlichen Schwankungen unterworfen: Während frühmorgens vermehrt Cortisol ausgeschüttet wird (weil wir Aufwachenergie benötigen), geschieht dies abends nur noch vermindert. Allerdings führt Dauerstress zu einer lang anhaltenden erhöhten Cortisolausschüttung, was mit einer Reihe von negativen Effekten einhergeht: So unterdrückt dauerhaft erhöhtes Cortisol die Aktivität von Immunzellen oder die Verdauungstätigkeit. Zusätzlich führt eine Überschwemmung des Gehirns mit Cortisol und anderen Steroiden (Lipide, zu denen auch das Cholesterin gehört) langfristig zu einer Schädigung von Nervenzellen, vor allem im Hippocampus, der so wichtig für Lern- und Gedächtnisvorgänge ist. Vor allem im Alter ist die Regulation der Cortisolwirkung oft beeinträchtigt, da das Cortisol – anders als in jungen Jahren – nicht mehr seine eigene Abschaltung bewirkt. Diese Selbstregulation kann im Alter durch das Absterben von Nervenzellen mit diesen Cortisol abschaltenden Rezeptoren im Hypothalamus gestört sein.

Es sei aber auch angemerkt, dass sich Cortisol in geringen Mengen (in Verbindung mit anderen Hormonen) positiv auf die Fähigkeit der Neuronen auswirkt, Informationen zu speichern. Adrenalin in richtiger Dosierung erhöht die Durchblutung des Gehirns. Somit kann Cortisol, zusammen mit dem aktivierten Adrenalin, eine leistungssteigernde Wirkung auf das Gehirn haben; Blicke führen zu einer moderaten Erregungserhöhung, die man als leichten Stress bezeichnen könnte. Erst bei höherer Konzentration bewirken Glucocorticoide, dass Nervenzellen ihre Arbeit reduzieren und keine Informationen mehr speichern. Vor allem der Hippocampus kann komplett seine Arbeit einstellen, so dass nichts mehr gespeichert wird und auch das Abrufen von gespeicherten Fakten und

Ereignissen unterbunden werden kann. Es kommt zum berühmten »Blackout«, wie man ihn häufig bei älteren Menschen erlebt, die sich selbst unter Druck setzen oder von anderen setzen lassen. Denkblockaden sind also die Folge einer unkontrollierten Stressreaktion des Körpers, bei der, weil das Gehirn mit Stresshormonen überschwemmt wird, der Hippocampus seine Tätigkeit einstellt.

Vor allem Fremdes und Unbekanntes verursachen Überforderung – im Alter stärker als in jüngeren Jahren, da die Neugierde auf Neues, im Gehirn unter anderem vermittelt durch den Botenstoff Dopamin, abnimmt. Diese Abwehrreaktion in nicht vertrauten Situationen hat sich im Laufe der Evolution bei vielen Tieren manifestiert. Dabei ist es für den Organismus wichtig, bei der Begegnung mit Fremden in unbekanntem Gelände schnell reagieren zu können – mit Flucht oder Kampf. So können innerhalb der ersten Schrecksekunden, die solche Situationen unweigerlich hervorrufen, zu viele Stresshormone ausgeschüttet werden, was dann zu einer Denkblockade statt zu einer schnellen Reaktion führt. Egal, ob der Schreck durch einen äußeren Reiz oder einen Gedanken ausgelöst wird – der Körper kann nicht zwischen psychologischem Stress und Stress durch eine reale, äußere Gefahr unterscheiden.

**»Nur eines macht ein Traumziel unerreichbar: die Angst vor dem Versagen.«**
Paulo Coelho

Eine Maßnahme, die man ergreifen kann, wenn man merkt, dass ein älterer Menschen Neues als bedrohlich empfindet, ist die, sowohl in der Wahl der Beispiele als auch der Sprache, die so wenig abstrakt wie möglich sein sollte, an das anzuknüpfen, was diese Menschen bereits wissen. Nur so kann man Neugierde wecken. Und Neugierde vertreibt Stress, da es die Dopaminfreisetzung im Gehirn fördert. Das wiederum bewirkt, dass der Körper seine Stressreaktion auf Unbekanntes schnell wieder herunterreguliert. Man könnte auch sagen: Dopamin gewinnt gegen Adrenalin, Neugierde überwindet Angst, und auch wenn dies im Alter schwieriger wird, bestimmt die Einstellung zu Neuem und Unbekanntem (sowie die eigene Einstellung zu einem veränderten Gehirn) eben auch die Einstellung, die wir Stress gegenüber haben. Stress wird immer dann leichter beherrschbar, wenn wir den Eindruck haben, eine Situation kontrollieren, zumindest aber beeinflussen zu können. Und es gilt Stressreaktionen stärkeren Ausmaßes zu meiden, indem man akzeptiert, dass die Sinnessysteme im Alter meist etwas schlechter funktionieren und Multitasking-Tätigkeiten zu vermeiden sind. Richtig ist aber auch: Stress ist nicht gleich Stress, schließlich sind körperliche Stressreaktionen das Normalste der Welt; sie gehören zu unserem Leben dazu, ja sie können sogar anregend sein, und manchmal hilft schon diese Einsicht, um sich von der negativen Kaskade nicht überwältigen zu lassen. Wie Max Frisch einmal gesagt hat: »Die Krise ist ein produktiver Zustand. Man muss ihr nur den Beigeschmack der Katastrophe nehmen.«

## Wie das gefühlte Alter die Denkleistung beeinflusst

»Man ist immer nur so alt, wie man sich fühlt.« Diesen Satz tragen wohl nicht nur rüstige Rentner vor sich her, die die 75 bereits überschritten haben, aber immer noch fit wie 60-Jährige sind. Wissenschaftler der amerikanischen Purdue University konnten nun feststellen, dass es wohl wirklich einen Zusammenhang zwischen dem gefühlten und dem tatsächlichen Alter gibt – und zwar bei den kognitiven Fähigkeiten des Gehirns.

Die amerikanischen Forscher befragten 1995 rund 500 Probanden zwischen dem 55. und 75. Lebensjahr, wie alt sie sich körperlich und geistig fühlten. Die meisten Teilnehmer schätzten ihre Leistungsfähigkeit so ein, als wären sie zwölf Jahre jünger, bezogen auf ihr kalendarisches Alter, andere dagegen schätzten sich sogar älter. Zehn Jahre später wurden dieselben Menschen erneut befragt. Tatsächlich waren diejenigen besser in ihren kognitiven Fähigkeiten, die sich zehn Jahre zuvor jünger eingeschätzt hatten, so als ob das Gefühl, jünger zu sein, den Körper dazu überredete, langsamer zu altern. Umgekehrt bewerteten vor allem Frauen, die 1995 schon über stärkere Alterserscheinungen geklagt hatten, als es dem Durchschnitt ihres Geburtsjahrgangs entsprach, die Leistungsfähigkeit ihres Denkorgans als eher schlecht. Natürlich spielt das biologische Alter in diesem Zusammenhang eine Rolle. Aber das gefühlte Alter beeinflusst die kognitiven Leistungen deutlich stärker. Unklar ist jedoch, was stärker wirkt: Steigern Wohlbefinden und Glücksgefühle die Kognition, oder trägt geistige Leistungsfähigkeit dazu bei, dass man sich jugendlicher fühlt?

Dennoch sind diese Ergebnisse durchaus mit gemischten Gefühlen zu sehen, denn in unserer Gesellschaft wird Jugendlichkeit sehr hoch bewertet, was viele ältere Menschen unter Druck setzt und unnötigen Stress bei ihnen bewirken kann. Andererseits sorgt dieser Wettbewerb um Jugendlichkeit dafür, dass sich in die Jahre gekommene Menschen häufiger auf Neues einlassen, was sich wiederum positiv auf ihre Selbstwahrnehmung und ihre geistige Leistungsfähigkeit auswirkt. Generell wünschenswert wäre, dass das Zutrauen in die veränderte Leistungsfähigkeit älterer Menschen zunimmt, gepaart mit der Einsicht, dass Alterungsprozesse auch das Gehirn betreffen und man sein Denken und Lernen darauf einstellen muss.

**»Ich finde das Alter nicht arm an Freuden; Farben und Quellen dieser Freuden sind nur anders.«**
Alexander von Humboldt

**Postkarte aus dem Leben**

*Herr Schnuppe ist ein strebsamer, ehrgeiziger und junger Mitarbeiter, wenn da nur nicht die Angst vor Präsentationen und dem Reden vor einer größeren Gruppe wäre. Und jetzt auch noch das. Der Chef platzt in großer Hektik in das Großraumbüro, in dem unter anderem Herr Schnuppe und Frau Fröhlich sitzen. Er will mit großer Dringlichkeit einige wichtige Informationen zu einem Projekt haben. Etwas unverhofft fragt er zunächst*

*Herrn Schnuppe. Der hat das Projekt gut im Griff und eigentlich immer alle relevanten Informationen zu Hand, wie seine Kollegen bestätigen können. Doch sein erster Antwortversuch ist ein hilfloses Stottern. Der Chef hakt nach, eine Bemerkung über seinen roten Kopf gibt Herrn Schnuppe den Rest. Er weiß nichts mehr, und was noch schlimmer ist, er sucht auch gar nicht mehr nach der Antwort, will nur noch weglaufen, dem »Rampenlicht« entkommen. Schnell, wie ein Schwimmer, der das rettende Ufer erreichen will, sagt er: »Ich kann Ihnen dazu nichts sagen«, was zwar nicht stimmt, aber so ist die schreckliche Situation wenigstens beendet.*

*Nun wendet sich der Chef an die ältere Dame, Frau Fröhlich. Auch sie bekommt einen roten Kopf, hatte sie doch nur halb zugehört und sich mehr mit der Antwort auf eine dringende E-Mail beschäftigt, als auf die Fragen des Chefs zu achten. Aber Frau Fröhlich reagiert gut und keineswegs kopflos, indem sie ihrerseits fragt, ob er seine Frage noch mal wiederholen könne, und um Verzeihung bittet, nicht besser zugehört zu haben. Etwas ungeduldig wiederholt ihr Chef sein Anliegen. Dadurch hat Frau Fröhlich Zeit gewonnen, und es fallen ihr mehr Details zu besagtem Projekt ein, als sie gedacht hätte. Sogar die Zahlen, die sie nennt, stimmen ungefähr. Ihre Antwort ist nicht perfekt, aber sie strahlt Ruhe aus, obwohl auch ihr Herz rast, die Pupillen sich geweitet haben und die Muskeln angespannt sind. Mittlerweile flaut ihre Stressreaktion allerdings ab, denn sie hat die Situation positiv gemeistert. Der Chef wendet sich zufrieden ab.*

*Situationen wie diese gehören zum normalen Berufsalltag; sie zeigen, wie wichtig es ist, mit welcher Einstellung man Stresssituationen gegenübersteht. Wann immer man noch eine Handlungsoption sieht, ist die Stressreaktion des Körpers schnell unter Kontrolle gebracht.*

KAPITEL 6

# Weise Greise: Ältere Gehirne sind clevere Gehirne

**Die drei Siebe des Sokrates**

*Zum weisen Sokrates kam einer gelaufen und sagte: »Höre, Sokrates, das muss ich dir erzählen!« – »Halte ein!«, unterbracht ihn der Weise. (…) »Lass erst sehen, ob das, was du mir sagen willst, durch die drei Siebe hindurchgeht: Das erste ist die Wahrheit. Hast du alles, was du mir erzählen willst, geprüft, ob es wahr ist?« – »Nein, ich hörte es erzählen und…« – »So, so! Aber sicher hast du es im zweiten Sieb geprüft. Es ist das Sieb der Güte. Ist das, was du mir erzählen willst, gut?« Zögernd sagte der andere: »Nein, im Gegenteil…« – »Hm«, unterbrach ihn der Weise, »so lasst uns auch das dritte Sieb noch anwenden. Ist es notwendig, dass du mir das erzählst?« – »Notwendig nun gerade nicht…« – »Also«, sagte lächelnd der Weise, »wenn es weder wahr noch gut noch notwendig ist, so lass es begraben sein, und belaste dich und mich nicht damit.«*

## Was ist Weisheit?

Der gute Sokrates ist ein Held der Weisheit (weshalb ihm auch diese Geschichte zugeschrieben wird, obwohl die Quelle nicht gesichert ist) – und er war alt. Der griechische Philosoph zählte immerhin 70 Jahre, als er starb, und das war vor mehr als zwei Jahrtausenden in der Tat ein biblisches Alter. Warum aber verbindet man Weisheit vor allem mit alten Menschen? Und ist Weisheit eine Fähigkeit, die nur Philosophen zugeschrieben wird, oder kann man sie auch im Alltag finden?

Jeder kennt das: Man hört die Meinung oder Einschätzung eines anderen zu einer Situation und ist verleitet zu sagen: »Wie weise!« Damit meint man landläufig eine spezielle Mischung aus Herz und Verstand, die Menschen in einer schwierigen, unübersichtlichen, verworrenen Lage dazu befähigt, die richtige Entscheidung zu treffen. Aber ist Weisheit eine Eigenschaft, für die es allgemeine Kriterien gibt? Findet man zumindest innerhalb eines Kulturraumes Definitionen von »weise« und »nicht weise«, auf die wir uns alle einigen können? Und lässt Weisheit sich in irgendeiner Form wissenschaftlich untersuchen?

Um diese Fragen zu beantworten, setzte die berühmte Berliner Altersstudie (1989–1996) eine Vielzahl von unabhängigen Beobachtern ein, die Menschen ohne Kenntnis ihres Alters anhand von Fragebögen danach beurteilen sollten, ob sie sie für weise hielten oder nicht. Die Befragten mussten beispielsweise angeben, was sie in einer komplexen menschlichen Situation, z. B. einem Streit, sagen oder tun würden. Oder sie bekamen die simple und nicht weiter differenzierte Frage gestellt, wie man am besten von Rom nach Berlin kommt. Natürlich könnte man darauf schnell und einfach antworten: Wie wäre es mit dem Flugzeug? Genauso kann man aber auch mit einer Reihe von Gegenfragen antworten (z. B. wie lange der Reisende in Berlin bleiben will, ob er alleine oder zu mehreren reist, wie viel Zeit er hat etc.) und damit eine Reihe weiterer Variablen berücksichtigen. Dies ist natürlich langwieriger als die schnelle Antwort »mit dem Flugzeug«, aber auch deutlich variantenreicher in den möglichen Antworten. Ältere Menschen, so ergab die Studie, hatten nicht ein Detail der Situation vor Augen, sondern eher das große Ganze. Zwar macht diese Herangehensweise Entscheidungen nicht unbedingt schneller, aber es vergrößert die Handlungsvarianten, da mehr Einflussfaktoren berücksichtigt werden.

Die Antworten der Befragten wurden hinterher von Gutachtern analysiert, die ihrerseits nichts über die Studienteilnehmer wussten. Erstaunlicherweise herrschte dabei häufig große Übereinstimmung über die Situationsanalysen oder Lösungswege, die als weise galten – oder eben nicht. Das Überraschendste aber war, dass fast alle Antworten, die als weise eingestuft wurden, von Probanden stammten, die älter als 65 Jahre waren.

Nun gehört Weisheit zu den mit am höchsten bewerteten menschlichen Fähigkeiten, und sie wird vor allem älteren Menschen zugeschrieben. Wie passt dies aber zu den Befunden, dass Rechenkapazität, Arbeitsgedächtnis und bestimmte Gedächtnisaspekte mit dem Alter abnehmen? Was unterscheidet Weisheit von anderen Gehirntätigkeiten? Und wie kommt es, dass sie mit fortschreitendem Alter eher zu- als abnimmt?

Um diesen Fragen wissenschaftlich nachzugehen, muss man sich anschauen, welche Merkmale Weisheit konstituieren könnten (Abb. 26). Eine allumfassende Definition verbietet sich hier zwar, aber angelehnt an ein Modell des Psychologen Paul Baltes lassen sich folgende Aspekte nennen:

1. Man muss sich neben allen anderen Qualitäten, die weise Menschen brauchen, schon sehr gut auskennen, um einen Rat geben zu können, auf den die meisten anderen nicht gekommen wären. Facettenreiches Faktenwissen über die Welt, das man auch als Experten- oder Berufswissen bezeichnen kann, gehört konstituierend zur Weisheit hinzu.

2. Um in schwierigen Lebenslagen hilfreiche Strategien generieren zu können, bedarf es eines reichen Strategiewissens. Dazu gehört nicht nur eine Lösungsstrategie, sondern auch eine Methode, mit der diese auf überzeugende Art vermittelt wird. Daneben gilt es zu berücksichtigen, was eine Person oder Organisation als Lösung bzw. als Lösungsweg akzeptieren würde.

3. Im Alltag suchen wir meistens Rat in schwierigen zwischenmenschlichen Fragen. Jemanden, der komplexe Lebenslagen beurteilen und für sie einen Rat oder gar eine ganze Palette an

Ratschlägen parat hat, bezeichnen wir als weise. Gefragt ist hier Wissen darüber, wie Lebensprobleme in zeitliche und lebensweltliche Kontexte eingebettet sind und in welcher Weise sich Lebensentscheidungen im Zuge menschlicher Entwicklungen gegenseitig bedingen.

4. Weise Menschen geben meist klare und eindeutige Ratschläge, aber sie wissen auch, dass man anderen Ideen und Erklärungen gegenüber tolerant sein muss – kurzum: Weise Menschen wissen meist um die Relativität von Werten und Zielen.

5. Weisheit besteht darin, mit widersprüchlichen und undurchsichtigen Informationen, widerstreitenden Interessen und unklaren Intentionen umgehen zu können, denn gerade dann ist guter Rat teuer. Weise Menschen sind nicht nur imstande, Ordnung in

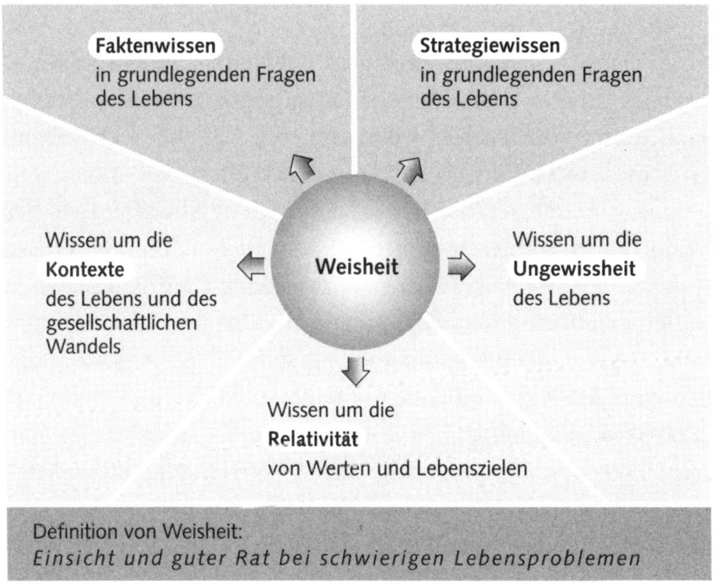


**Abbildung 26: Weisheitsmodell**

Weisheit als Expertensystem, nach Paul Baltes, Berliner Altersstudie. In der Abbildung werden die im Text genannten Komponenten von Weisheit graphisch dargestellt.

eine diffuse Informationslage zu bringen, sie können auch schnell eine Gewichtung vornehmen.

Weisheit ist ein vielschichtiger und komplexer Begriff, entsprechend lohnt es sich anzusehen, wie andere Wissenschaftler den Begriffskontext der Weisheit umreißen, etwa die deutsche Soziologin Monika Ardelt, die in Florida forscht. Ardelt kommt zu einer Dreiteilung der Essenz von Weisheit:

- Kognitive Komponenten: Hier geht es um Aussagen wie »die Wahrheit wissen wollen«, Unwägbarkeiten auszuhalten, in einer vieldeutigen Welt nicht nur Schwarz und Weiß, sondern auch die Graustufen sehen zu können.
- Reflexion: Sie erlaubt es einem, verschiedene Perspektiven einnehmen zu können, sich glaubhaft in die Handlungsalternativen oder sich widersprechende Positionen hineindenken zu können.
- Affektivität: Die emotionale Intelligenz (siehe Kapitel 5) ermöglicht es uns, sich in andere hineinzuversetzen, die eigenen Emotionen sehr gut kontrollieren und auf einen reichen Schatz an Gefühlsregungen zurückgreifen zu können. Auf dieser Ebene zeigt sich, dass neben dem Alter (jenseits des 60. Lebensjahres) ein hohes Interesse an dem Erleben anderer Menschen wichtiger ist als die Zentrierung auf sich selbst.

Auf einer abstrakteren Ebene kann man sagen, dass Weisheit zwei Wissenskomponenten auf höchstem Niveau vereint, nämlich eine Art Expertenwissen bezogen auf Fakten plus die Art und Weise, wie man ein Problem behandelt (prozedurales Wissen). Eine solche Anhäufung von Wissenselementen bedingt, dass man bestimmte Situationen bereits erlebt haben muss, und dies setzt ein bereits lang gelebtes Leben voraus. Der vielleicht wichtigste Aspekt von Weisheit besteht also in der Problemlöse-Kompetenz.

Weisheit kann aber auch betrachtet werden als die Fähigkeit überragender Mustererkennung des Gehirns, wie dies der New Yorker Neurologe Elkhonon Goldberg in seinem Buch *Die Weis-*

*heitsformel* beschrieben hat. Laut Goldberg hat das 50plus-Gehirn eine ganze Palette von Matrizen bzw. Musterlösungen für viele lebensweltliche Probleme parat, da es einiges an Lebens- oder Berufserfahrung aufzuweisen hat und vergleichbare Situationen bereits erlebt hat. Je mehr Erfahrung man hat, desto besser die unbewusste Analyse. Man bezeichnet dies als Intuition. Intuitionen können als weitreichende, komprimierte und kristallisierte Erfahrungen verstanden werden. Sie sind weder »irrational« noch spontan emotional, sondern das Produkt analytischer, meist nicht sprachlicher Prozesse, die derart stark verdichtet sind, dass ihre innere Struktur selbst demjenigen unverständlich bleibt, der sie entwirft. Vor allem aber beruhen sie auf einem Mustererkennungsprozess, bei dem das Gehirn, ohne dass es einem bewusst wird, ein zugrunde liegendes Thema (Muster) einer Situation erinnert und schnell die großen Zusammenhänge erkennen kann, ohne dass es erst viele Fakten abrufen muss. Beim Lösen von komplexen Problemen geht es also nicht um den schnellen und präzisen Abruf einer großen Fülle von exakten Fakten (hier wären jüngere Menschen schneller und besser), sondern vor allem um das Wissen, *wie* ein Problem gelöst werden kann, dessen grundsätzliches Muster man schon vielfach erlebt hat. Und genau das macht neben anderen Faktoren Weisheit aus: in einer komplexen Situation bestimmte bekannte Muster wiederzuerkennen, die es einem erlauben, den Verlauf einer neuen Situation zu simulieren, die Zukunft vorherzusagen und die richtigen Ratschläge zu geben bzw. Entscheidungen zu treffen.

**»Es mag sein, dass wir durch das Wissen anderer gelehrter werden. Weiser werden wir nur durch uns selbst.«**
Michel de Montaigne

Diese Art des Wissensschatzes bezeichnet man als implizites oder auch stilles Wissen; es ist Teil des prozeduralen Gedächtnisses und hilft bei der Lösung von Alltagsproblemen. Zu den Charakteristika dieses Wissens gehört, dass es nicht im Rahmen einer formalen Berufsausbildung erworben wird, sondern als *training on the job.* Und das Besondere an diesem Gedächtnissystem ist, dass trotz des Alterns des Gehirns keine Verluste zu beobachten sind. Ein »alter Hase« wird mit diesem prozeduralen Wissens aller Wahrscheinlichkeit nach seinen Job sehr gut erledigen, selbst wenn einzelne kognitive Fähigkeiten nachlassen – so wie ein erfahrener Chefarzt auch im Alter noch nach schneller Durchsicht der Patientenkartei und einer kurzen Untersuchung eine treffsichere Diagnose stellen kann.

Ein individuelles Repertoire an spezifischen Mustern für bestimmte Begebenheiten oder Problemlösestrategien führt zu einem generischen Gedächtnis (Abb. 27). Das wird an einem Beispiel deutlich: Wir erkennen Gemeinsamkeiten zwischen allen Wirtschaftskrisen, selbst wenn die Auslöser völlig unterschiedlich sind. Genauso wie ein erfahrener Fußballtrainer in einer bestimmten Spielsituation aus Erfahrung weiß, wie er zu reagieren hat. Dies leitet er nicht nur aus der konkreten Situation ab, sondern auch aus all dem Wissen, dass er generalisiert (generisch) aus vorherigen Erfahrungen in vergleichbaren Situationen zusammensetzt.

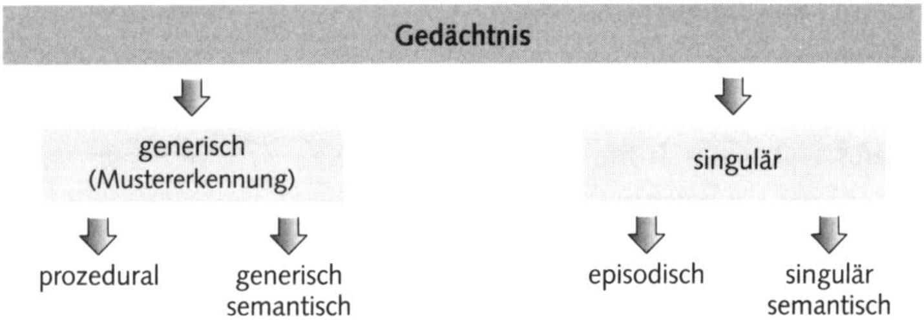


**Abbildung 27: Generisches Gedächtnis**

Dargestellt sind die Gedächtnissysteme des Gehirns, vor allem unter dem Gesichtspunkt, ob Erinnerungen generisch oder singulär sind. Beim singulären Gedächtnissystem geht es um Fakten (Hauptstadt von Frankreich) oder singuläre autobiographische Erinnerungen, bei generischen Gedächtnisinhalten um die dem Lerninhalt zugrunde liegenden Muster.

In einem frühen Stadium des Lernens neigen Menschen dazu, ähnliche, aber nicht identische Situationen für identisch zu halten (denken wir nur an die grammatikalischen Verallgemeinerungen von Kindern). Die gemeinsamen Aspekte einer Situation werden schneller erlernt als diejenigen, in denen sich die Situationen unterscheiden. Neuronal gesprochen bedeutet dies, dass bei unterschiedlichen Reizmustern, die aber bestimmte Gemeinsamkeiten aufweisen, die Gemeinsamkeiten schneller abgespeichert werden als die Singularitäten – kurzum, das raumzeitliche Muster der elektrischen Erregung im Gehirn weist bestimmte Ähnlichkeiten zu vorher erlebten Begebenheiten auf. So ist die allgemeine Form von Fischen schneller gelernt als die spezifische Silhouette eines ganz bestimmten Fisches. Diese Gemeinsamkeiten werden abgespeichert als generische Erinnerungen. Sie sind Erinnerungen an Muster sowohl in Wahrnehmungsstrukturen als auch ganzer Situationen bis hin zu Denkalgorithmen.

Ein erfahrenes Gehirn hat viele dieser Mustersituationen (Matrizen) abgespeichert. Man kann sogar sagen: Je generischer, also allgemeiner, ein Muster ist und je größer der Schatz an Erfahrungen ist, aus deren Überlappung es generiert wird, desto robuster und weniger anfällig ist diese Art von Gedächtnis für Auswirkungen von Hirnschäden – im Gegenteil, es bleibt bis in das hohe Alter hinein intakt. So zeigt sich auch, dass abstrakte Repräsentationen bei einem Hirnverfall weniger beeinträchtigt werden als konkrete Repräsentationen. Einen spezifischen Kaffeebecher, den man in seinem Leben schon mal benutzt hat, vergisst man, die Form eines Kaffeebechers dagegen nicht, und genauso verhält es sich auch mit weitaus komplexeren Situationen.

Ein typisches Erinnerungsmuster besitzt eine wichtige Eigenschaft: Es enthält zum einen Informationen über die Dinge, mit denen man schon Bekanntschaft gemacht hat, zum anderen Informationen über Dinge, mit denen man in Zukunft in Kontakt kommen kann (alle Tomatensorten, alle politischen Krisen, alle Börsenkräche etc.). Insofern ist das generische Gedächtnis hilfreich, wenn man mit neuen Situationen konfrontiert wird: Da das menschliche Gehirn unglaublich viele Muster abgespeichert hat, wird einiges der neuen Situation mit den bereits vorhandenen Mustern übereinstimmen, so dass wir wesentliche Aspekte ad hoc erkennen können. Das gilt für physikalische Objekte ebenso wie für verbale Äußerungen oder soziale Situationen. Und dies erklärt auch, warum ältere Menschen, trotz der Einschränkungen, die die Gehirnalterung mit sich bringt, in neuen Situationen noch sehr gut Entscheidungen treffen können, denn »neu« ist in den seltensten Fällen in allen Merkmalsaspekten vollständig »neu«, schließlich verblassen generische Erinnerungen nicht. Dazu kommt das Phänomen der Musterexpansion: Wenn man eine Tätigkeit (ob sportlich oder kognitiv) häufig trainiert, vergrößert sich das verarbeitende Gehirnareal – was ebenfalls Schutz vor Verfall bietet. Noch wichtiger aber ist der Umstand, je häufiger wir eine Aufgabe geübt haben, desto weniger Gehirnressourcen benötigen wir, um sie zu bewältigen. Das Gehirn wird quasi effizienter und kann eine solche Aufgabe auch mit geringerer Durchblutung erledigen. Obwohl man also durch Training mehr Gehirnressourcen zur Verfügung haben könnte, benötigt man in der Routine weniger – gerade im alternden Gehirn eine doppelte Absicherung gegen kognitive Verluste. Diese Art der Musterexpansion zeigt, wie »müheloses Expertentum« funktionieren kann.

**»Gelassenheitsgebet: Gott gebe mir die Gelassenheit, Dinge hinzunehmen, die ich nicht ändern kann, den Mut, Dinge zu ändern, die ich ändern kann, und die Weisheit, das eine vom anderen zu unterscheiden.«**
Unbekannt,
wird auch Franz von Assisi zugeschrieben

Auch im folgenden Beispiel spielt Intuition eine entscheidende Rolle: An der amerikanischen Harvard-Universität hat man vor einigen Jahren untersucht, in welchem Alter Menschen die besten ökonomischen Entscheidungen in komplexen Finanzfragen fällen. Es stellte sich heraus, dass in der Spitzengruppe überproportional viele Menschen jenseits des 50. und 60. Lebensjahres vertreten waren – mit anderen Worten: In diesen beiden Altersdekaden kamen die Probanden besonders schnell zu einer Entscheidung, aber auch die Konsequenzen der finanziellen Entscheidungen wurden besonders gut erkannt. Wie die nachfolgende Analyse ergab, hing dies mit der Lebenserfahrung der älteren Teilnehmer und einer besseren emotionalen Kontrolle zusammen.

Weiterhin gilt: Je generischer Muster sind, desto redundanter sind ihre neuronalen Repräsentationen und desto widerstandsfähiger sind sie gegenüber Gehirnabbau, sprich Demenz. Das Repertoire von Mustern wächst mit zunehmendem Alter – daher ist Altern logischerweise der Preis, den wir zahlen müssen, um Weisheit zu erhalten, ohne dass sie eine zwingend notwendige Dividende ist. Alle im Laufe des Lebens angesammelten Muster dienen als Mechanismus geistiger Ökonomie. Wer ein Leben lang geistig aktiv war, wird in späteren Jahren mit langsamerem kognitivem Altern belohnt: Bei Menschen mit überdurchschnittlichem Denkvermögen, so hat man in Studien festgestellt, nimmt beides bis zum 80. Lebensjahr sogar zu. Allgemeinwissen und Vokabular bleiben jedoch im Alter konstant oder nehmen ab, wenn das logische Denken bei Menschen unterdurchschnittlich ist.

Zusammenfassend bleibt festzustellen, dass Weisheit vor allem etwas mit dem Treffen guter Entscheidungen in komplexen Situationen zu tun hat. Dazu bedarf es der richtigen Mixtur aus emotionaler Kontrolle (damit nicht Affekte die Handlungen bestimmen wie bei Jugendlichen), Expertenwissen und Lebenserfahrung. Und das bedeutet auch, dass man Weisheit nicht allein dadurch erlangt, dass man kalendarisch älter wird, sondern indem man Lebenserfahrungen ansammelt und für die Probleme und Sorgen anderer Menschen ein offenes Ohr hat. Stark selbstzentrierte Menschen, die Letzteres eher vernachlässigt haben, senken ihre Chance, im Alter weise zu werden.

**»Man braucht zwei Jahre, um sprechen zu lernen, und fünfzig, um schweigen zu lernen.«**
Ernest Hemingway

### Der Sitz der Weisheit im Gehirn

Natürlich wollen die Neurowissenschaftler auch ergründen, inwiefern sich diese Erkenntnisse über Weisheit mit Ergebnissen der Neurowissenschaften bezüglich des alternden Gehirns in Verbindung bringen lassen.

Beginnen wir mit einem der wichtigsten Merkmale der Weisheit: der hohen emotionalen Intelligenz (siehe auch Kapitel 5). Die Teile des Stirnlappens, die mit emotionaler Kontrolle beschäftigt sind, altern langsamer als andere Gehirnareale wie etwa die Amygdala. Als Konsequenz nimmt die kortikale Kontrolle über unser Gefühlsleben zu. Eine positive Folge des Alterns besteht also darin, dass wir bessere anatomische Voraussetzungen haben, um unsere Emotionen zu kontrollieren und zu analysieren. Noch wichtiger ist aber, dass wir mit zunehmendem Alter über mehr Erfahrungen verfügen, wie man mit bestimmten Situationen, in denen man emotional aufgewühlt ist, umgeht. Auch hier spielen also gespeicherte Erinnerungen (Lebenserfahrung!), in dem Fall über erlebte Episoden, eine Rolle. Lebenserfahrung ist aber keine automatische Konsequenz des Älterwerdens. Wie bei jüngeren Menschen gibt es auch bei älteren eine große Spannbreite hinsichtlich der emotionalen Intelligenz – je nachdem wie viele Erfahrungen man mit anderen Menschen und dem eigenen Gefühlsleben gemacht hat. Dennoch ist es nicht unwahrscheinlich, dass der EQ parallel zu den gelebten Jahren steigt. Aufgrund dieser besser werdenden emotionalen Kontrolle darauf zu schließen, dass die Welt im Alter emotional »grauer« wird, wäre aber falsch; im Gegenteil, viele Altersstudien belegen, dass die Gefühlswelt reichhaltiger wird.

Weiter oben habe ich gezeigt, dass ein anderes Merkmal der Weisheit Mustererkennung ist. So kann man mit zunehmendem Alter aufgrund seiner Lebenserfahrung in fast allen Situationen auf einen Erfahrungsschatz zurückgreifen, der es einem erlaubt, selbst bei schlechter »Faktenbeleuchtung« sicher einen guten Lösungsvorschlag zu unterbreiten. Dass ein weiser Mensch eine ungewöhnlich hohe Zahl von Mustern kennt, von denen jedes einzelne eine ganze Klasse wichtiger Informationen umfasst, ist genau genommen das Ergebnis einer großen Zahl von Attraktoren, die im Gehirn eines älteren Menschen gespeichert sind. Unter Attraktoren versteht man Berechnungssysteme im Gehirn, die anhand der Gesamtanalyse einer komplexen Situation jenseits der singulären Faktenlage zu eindeutigen Lösungen kommen. Allgemein bezeichnet der Begriff Attraktor einen für ein System »attraktiven« dynamischen Zustand, im Sinne eines über die Zeit relativ stabilen Musters – wir brauchen nur die Eckpunkte eines Stuhls oder eines Apfels zu sehen und mit hoher Wahrscheinlichkeit wird das gesamte Muster neuronaler Erregung aktiviert, welches einen »Apfel« oder einen »Stuhl« kodiert. Da es eine Zeit dauert, bis sich diese mustererkennenden Attraktoren bilden und in entsprechend großer Zahl ansammeln, muss man erst alt werden, um weise sein zu können.

Attraktoren im Gehirn bedeuten für das generische Gedächtnis, dass eine ganze Bandbreite an Inputreizen die gleiche Aktivierung eines raumzeitlichen Musters in einem neuronalen Netzwerk auslöst. Um es an einem Beispiel deutlich zu machen: Sie können sich nicht an den Namen einer Person erinnern, aber in dem Moment, wo die Person den Raum betritt, fällt Ihnen der Name wieder ein. Eine visuelle Komponente über das Gesicht hat eine auditorische Komponente über den Namen aktiviert – obwohl die beiden Informationen in verschiedenen Arealen verarbeitet werden (die Gesichtsinformation im Scheitellappen, die Namensinformation im Schläfenlappen). Sie sind zu einem einzigen Attraktor verwoben, und sobald eine kleine Untereinheit einer Neuronengruppe aktiviert wird, können sie das gesamte Netz aktivieren.

Ein in diesem Kontext wichtiger Umstand ist, dass es bezüglich der Mustererkennung eine interessante und bisher wenig beachtete Arbeitsaufteilung zwischen der rechten und linken Großhirnhemisphäre gibt. Zwar arbeitet das Gehirn als wohlintegriertes Ganzes, doch die Hemisphären weisen profunde funktionelle Unterschiede auf (Abb. 28). Die rechte Hemisphäre ist die Gehirnhälfte für Neues, sie ist, wenn man so will, die wagemutigere Seite der Großhirnrinde, die Entdeckerin des Unbekannten und des Unkartierten (Verarbeitung neuer Informationen). Und diese Seite des Gehirns altert schneller als die linke Seite, die ihrerseits das Depot für komprimiertes Wissen und für stabile Mustererkennungsinstrumente ist. Diese Mechanismen ermöglichen es, effizient mit vertrauten Situationen und geistigen Routinen umzugehen. All dies bezogen auf Rechtshänder, denn bei einem Teil der Linkshänder ist die Hemisphärenfunktionalität vertauscht.

Die beiden Hemisphären unterscheiden sich auch hinsichtlich der Cortextypen. So hat die rechte Hemisphäre mehr heteromodale Assoziationscortices, was bedeutet, dass es mehr Areale gibt, wo verschiedene Sinneswahrnehmungen (Sehen, Hören, Fühlen, Schmecken, Riechen) miteinander kombiniert verarbeitet werden. Hier findet verstärkt die Integration von Informationen statt, die sie von unterschiedlichen sensorischen Arealen erhält. Als die holistischere Hemisphäre setzt die rechte Seite des Gehirns das synthetische Bild der multimedialen Welt um uns herum wieder zusammen. Die linke Hemisphäre hat mehr modalitätsspezifische Assoziationscortices. Sie verarbeitet also Sinneskanäle getrennter voneinander, als dies auf der rechten Seite der Fall ist, und sie verfügt über mehr lokale Verbindungen zwischen benachbarten corticalen Regionen (vergleichbar einem kontinentalen Schienennetz). Die rechte Hemisphäre wiederum hat mehr weitverzweigte Verbindungen zwischen entfernt liegenden corticalen Arealen und ähnelt damit eher einer interkontinentalen Schiffs- oder Flugzeugflotte.

Wenn wir etwas Neues lernen, ist zunächst die rechte Hemisphäre involviert – und genau die wird im Alter in ihrer Leistungsfähigkeit beeinträchtigt, so dass es entsprechend schwieriger wird, komplett neue Konzepte zu lernen. Hinzu kommt, dass die Dopaminkonzentration abnimmt, was zusätzlich die Neugierde

**Abbildung 28: Linke und rechte Hemisphäre**

Die beiden Großhirnhemisphären sind funktionell nicht gleichwertig, sondern übernehmen unterschiedliche Aufgaben; während die rechte Hemisphäre vor allem am Erwerb neuer Fähigkeiten und der Aktivierung der Neugierde beteiligt ist, ist die linke Seite der Aufbewahrungsort vieler gespeicherter Muster.

auf Neues dämpft. Aber je routinierter wir etwas anwenden und je länger wir bestimmte Wissensinhalte benutzen, umso mehr erfolgt eine Umschichtung auf die linke Großhirnhemisphäre: Hier werden generische Gedächtnisinhalte gespeichert, Routinen und Muster (Abb. 29).

Ein Individuum, das sich einer »wirklich« neuen Situation oder einem neuen Problem gegenübersieht, packt es vorwiegend mit der rechten Hemisphäre an. Aber sobald das Problem vertraut ist, die Aufgabe beherrscht wird, wird die dominante Rolle der linken Hemisphäre deutlich. Es sieht so aus, als ob die entsprechenden Muster, die die Essenz des Problems bzw. der Klasse dieser Probleme einfangen, in der linken Hemisphäre gebildet und gespeichert werden. Diese Art der Mustererkennung gilt für sprachbezogene Gedächtnisinhalte (deklaratives Gedächtnis) ebenso wie für nicht sprachliche Gedächtnisinhalte (prozedurales Gedächtnis)!

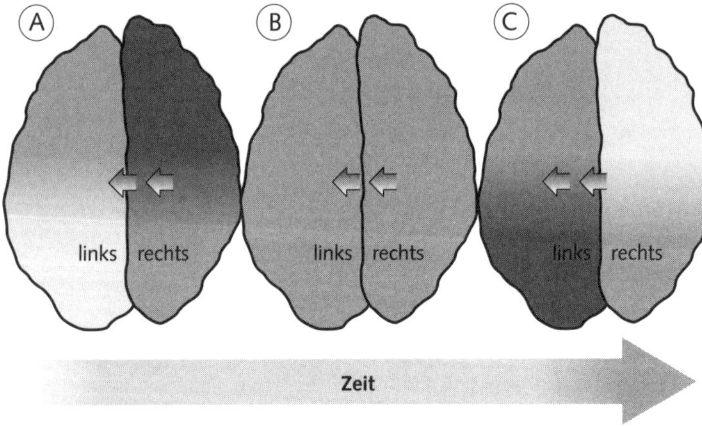


**Abbildung 29: Die Routine wandert nach links**
Jeder Prozess einer neuen Musterbildung muss zuerst die rechte Hemisphäre durchlaufen (A), dann erst ist die linke Hemisphäre dran. Dadurch kommt es zu einer allmählichen Verlagerung (B) des »geistigen Gravitationszentrums« (E. Goldberg) in die linke Hemisphäre (C), also von rechts nach links.

Einer der Gründe für die unterschiedlichen Alterungsprozesse der beiden Hemisphären könnte darin bestehen, dass die linke Hemisphäre im Laufe des Lebens immer stärker genutzt wird (man erkennt in neuen Situationen ständig bekannte Muster), während man nicht permanent Neues lernt.

Im Laufe des Alterungsprozesses werden die Sulci (Furchen) der rechten Großhirnhälfte immer flacher. Besonders ausgeprägt scheint diese Verflachung im Scheitel- und Hinterhauptslappen der rechten Hemisphäre. Die Sulci der linken Hemisphäre dagegen zeigen kaum Veränderungen, hier beginnt der Abbau erst zehn Jahre später. Daraus ergibt sich folgendes Bild: Während unseres Heranwachsens sammelt das Gehirn verschiedene Muster an, die uns in die Lage versetzen, mit neuen Situationen so umzugehen, als seien sie vertraut. Diese gebrauchsfertigen Muster werden, sobald sie einmal gebildet sind, vorwiegend in der linken Hemisphäre gespeichert. Es entsteht ein gradueller Übergang von rechts nach links.

Entsprechend verlagert sich die kognitive Kontrolle im Laufe des Lebens von der rechten auf die linke Seite – ein über das gesamte Leben ablaufender Prozess. In jungen Jahren ist die rechte Hemisphäre die dominante, im Laufe des Lebens verliert sie mehr und mehr an Terrain zugunsten der linken Hemisphäre, während die linke Hemisphäre nach und nach eine zunehmend größere Bibliothek von wirksamen Mustererkennungsprozessen aufbaut (in Form neuronaler Attraktoren). Die rechte Hemisphäre ist in unserer Jugend und im frühen Erwachsenenalter von entscheidender Bedeutung – in einer Zeit der Wagnisse und Abenteuer, des Navigierens in unbekannten Gewässern. Die linke Hemisphäre dagegen dominiert in reiferen Jahren, in denen man neue Ereignisse und Umstände im Lichte eines erworbenen Erfahrungsschatzes sieht.

Jenseits des hier Beschriebenen gibt es noch eine andere spannende Beobachtung, die indirekt etwas mit dem Gehirn von Albert Einstein, einem der größten Physiker aller Zeiten, zu tun hat. So hatte man nach dessen Tod versucht, in seinem Gehirn neuronale Indikatoren für seine Genialität zu finden. Nun war dieses Unterfangen in gewisser Hinsicht naiv, da die bloße Neuroanatomie wenig über die Funktionalität verrät, und entsprechend fiel das Ergebnis der Untersuchungen auch sehr bescheiden aus. Dennoch fand man im Scheitellappen der Großhirnrinde, in dem unser räumliches Vorstellungsvermögen seinen Platz hat, eine signifikant erhöhte Anzahl an Gliazellen, speziell der Oligodendrozyten, die die Axone ummanteln und für eine bessere und effektivere Signalübertragung im Gehirn sorgen. Sie machen die weiße Substanz im Gehirn aus. Und in der Tat ist diese weiße Substanz beim Menschen von allen Lebewesen am weitesten entwickelt.

Wie eine Studie an 70 Männern im Alter von 19 bis 76 Jahren von George Bartzokis von der University of California herausgefunden hat, bedeutet eine bessere Isolierung der Axone eine effektivere neuronale Verarbeitung. Denn durch die Ummantelung der Axone kann die Erregungsleitung in Sprüngen erfolgen (saltatorische Erregungsleitung), was eine Geschwindigkeitssteigerung um gigantische 3000 % bewirkt. Je besser die Isolierung der Axone, desto schneller und präziser können Informationen zwischen Nervenzellen übermittelt werden.

Interessant ist nun, dass neben einer genetischen Komponente, die die Anzahl an Gliazellen im Gehirn zu bestimmen scheint (wobei Frauen mehr Gliazellen haben als Männer), in Gehirngebieten, die eine hohe Aktivität aufweisen (also trainiert werden), der Anteil der weißen Substanz zunimmt. Frauengehirne sind im Durchschnitt besser myelinisiert als die der Männer – sie leben nicht nur statistisch länger, sondern erhalten sich auch ihre kognitiven Fähigkeiten länger, und es ist eine attraktive Hypothese, dies im Zusammenhang mit der besseren Myelinisierung zu sehen. Eventuell ist das weibliche Gehirn also besser gegen den kognitiven Verfall geschützt, da die Versorgung der Nervenzellen durch die Gliazellen und die Isolierung der Axone bei Frauen besser angelegt sind als bei Männern. Früher hat man dafür eher das Östrogen verantwortlich gemacht, aber dieser Befund hat sich bislang nicht bestätigt, und es bleibt weiterhin umstritten, inwiefern das Hormon einen positiven Effekt auf die Funktion des Gehirns im Alter hat.

Noch eine andere Erkenntnis haben die Altersstudien der letzten Jahre hervorgebracht: Zur Weisheit gehört auch die Fähigkeit, auf schwierige moralische Fragen des menschlichen Zusammenlebens eine Antwort geben zu können. Zu nennen sind hier: Darf ein Mensch einem anderen dabei helfen, wenn dieser sich z. B. wegen einer unheilbaren Krankheit töten will? Wann darf ein Arzt die Behandlung eines älteren kranken Menschen beenden? Unter welchen Umständen ist eine Lüge erlaubt? Die Grundlage dafür ist die Fähigkeit, sich alternative Handlungsmöglichkeiten vorstellen zu können, also: »Was würde passieren, wenn ich x mache, was würde passieren, wenn ich y mache?« Vor allem gehört zu dieser Art des Denkens, das mögliche Scheitern eines Lösungsansatzes mit einzubeziehen, denn häufig klappt weder Lösung A noch Lösung B. Diese Fähigkeit des Gehirns, mit einzukalkulieren, was sich ereignen könnte, wenn gewisse andere Dinge (nicht) eintreten, wird als kontrafaktisches Denken bezeichnet; es ist eine Denkweise, die für eine vernünftige Entscheidungsfindung nicht nur in moralischen Fragen wichtig ist.

**»Weisheit ist die Fähigkeit zu wissen, was man übersehen darf.«**
William James, Psychologe

Nun gibt es im Gehirn kein genetisch zu füllendes Areal für Moral, aber kulturelle Vorstellungen und persönliche Erfahrungen werden im präfrontalen Cortexanteil des Stirnlappens zusammengeführt. Wie die Arbeitsgruppe um die Französin Nathalie Camille anhand bildgebender Verfahren zeigen konnte, geht die Fähigkeit zu kontrafaktischem Denken verloren, wenn der orbitofrontale Cortex geschädigt ist. Dies weist nun auf einen interessanten Zusammenhang hin: Der orbitofrontale Cortex ist uns schon mehrfach als das Gehirnareal begegnet, das die eigenen Emotionen kontrolliert und erkennt, aber auch die anderer Menschen. Wie gut wir uns in die Gefühls-, aber auch Gedankenwelt eines anderen hineinversetzen können, hat mit unserer Empathiefähigkeit zu tun. Um einem Menschen in einer schwierigen Lebenssituation einen guten Rat geben zu können, muss man einiges über ihn bzw. seine Gefühls- und Denkwelt wissen. Dazu darf man aber nicht zu ichzentriert sein, eine psychologische Kategorie, vielmehr muss man bereit sein, sich auf andere Menschen einzulassen. Untersucht man Ichbezogenheit in Bezug auf Weisheit, zeigt sich, dass Menschen, die als weise bezeichnet werden, eine starke Offenheit gegenüber anderen Menschen haben und meist eine große Gabe zur Empathie besitzen. Wie gleich mehrere Altersstudien belegen, nimmt die Fähigkeit der Empathie mit zunehmendem Alter zu, während die Ichzentriertheit im statistischen Mittel abnimmt. Zwar schließt diese Mittelwertverschiebung egoistische ältere Menschen nicht aus, im Allgemeinen aber sind ältere Menschen im Vergleich zu ihrer Zeit als junge Erwachsene stärker anderen Menschen zugewandt. Vorausgesetzt, dass Krankheit und der Verlust der sozialen Umgebung nicht dazu führen, dass sie eher isoliert leben.

Einer der entscheidenden Wissensschätze für Weisheit und Kompetenz ist das sogenannte präskriptive Wissen. Hier haben wir abgespeichert, wie die Dinge sein sollten und was wir tun müssen, um sie entsprechend unseren Wünschen und Bedürfnissen zu gestalten. Es handelt sich also um das Wissen über eine gewünschte Handlungsweise, und dazu gehört auch das Wissen, das man benötigt, um in einer Bürgerinitiative oder einer politischen Partei erfolgreich zu sein. Dem entgegen steht das sogenannte deskriptive Wissen. Man bezeichnet damit das Wissen darum, wie die Dinge sind, z. B. Wissen über objektivierbare Dinge wie einfache Additionsaufgaben (5+5=10) oder Faktenwissen wie die Hauptstadt von Frankreich, das Datum der Hochzeit etc.

Hirnanatomisch kann man diese Wissensschätze in verschiedenen Arealen des Gehirns verorten. Das deskriptive Wissen ist vorwiegend im hinteren Teil der Großhirnrinde lokalisiert, also im Schläfen-, Scheitel und Hinterhauptslappen (Temporal-, Parietal- und Occipitallappen). Im Unterschied dazu wird das präskriptive Wissen im vorderen Teil des Gehirns, im Stirnlappen (Frontallappen) gespeichert (Abb. 30). Gerade im Alter verlieren Menschen im Bereich des deskriptiven Wissens an Präzision und Geschwindigkeit, das präskriptive Wissen aber kann sogar noch besser werden, in jedem Fall bleibt es auch in späteren Jahren als Wissens- und Handlungskategorie erhalten.

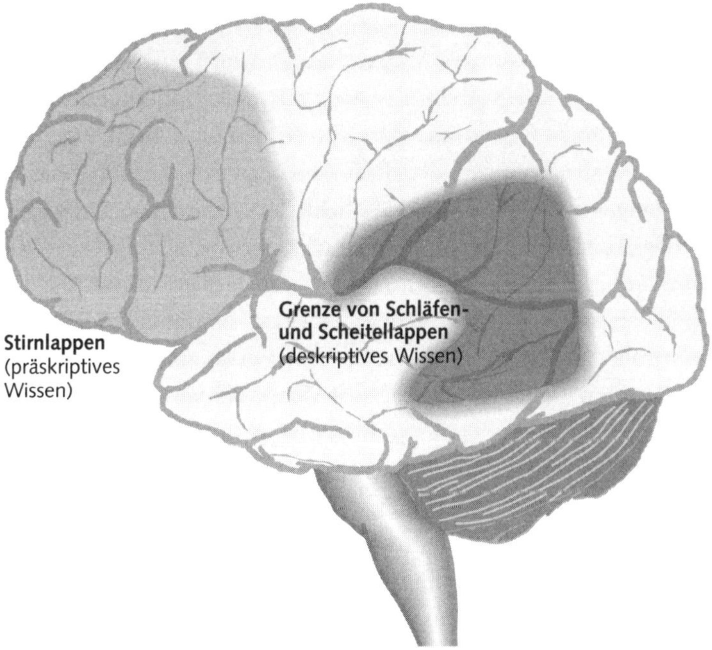


**Abbildung 30: Wissen und Wissensschätze**

Präskriptives Wissen ist eine Funktion des Stirnlappens, während deskriptives Wissen vor allem in den Grenzgebieten von Scheitel-, Schläfen-, und Hinterhauptslappen gespeichert und verarbeitet wird.

**Kreativität im Alter**
Während Weisheit in der Tat ein Attribut des Alters ist, wird Kreativität der »wilden« Jugend zugeschrieben. Der renommierte amerikanische Altersforscher Gene D. Cohen argumentiert in seinem Buch *Geistige Fitness im Alter* überzeugend gegen dieses Altersstereotyp. Auf der Basis einer Vielzahl großer Altersstudien argumentiert er, dass jede Altersstufe ihr ganz eigenes kreatives Potenzial hat, das sich auf unterschiedliche menschliche Fähigkeiten zurückführen lässt. Kreativität, so Cohen, ist deshalb unterschiedlich ausgeprägt in den einzelnen Altersstufen. Während Kreativität also in der Jugend etwas mit dem Ausprobieren ganz neuer Muster, neuer Materialien und neuer Betrachtungsweisen zu tun hat, ist es im Alter die neue Mischung an bekannten Materialien, Mustern und Blickwinkeln, die das Neue ausmachen. Kreativität bedeutet ja, um es mal am Beispiel eines Chefkochs dingfest zu machen, nicht nur, dass man ein ganz neues Gericht aus bisher unbekannten Zutaten zaubert, sondern es kann auch heißen, dass man aus sieben alltäglichen Nahrungsmitteln oder Resten im Kühlschrank ein geniales Mahl zaubern kann.

Kreativität kann man dem Harvard-Psychologen Howard Gardner zufolge in eine »große Kreativität« und eine »kleine« unterteilen. Zur »großen Kreativität« zählen die weltverändernden Entdeckungen, wie Einstein sie im wissenschaftlichen Bereich hervorgebracht hat, ebenso wie Erfindungen in Technik und Gestaltungen im künstlerischen Bereich. Die »Kreativität im Kleinen« umfasst originelle Lösungsansätze im Alltag eines Menschen, die Fähigkeit, in einer neuen Situation zu neuen Lösungen zu kommen, die in einem bestimmten sozialen Kontext als »sinnhaft« angesehen werden. Auch die Umstrukturierung einer gegebenen Situation in einer bisher unbekannten Art gehört hierhin, etwa Albert Einsteins Überlegungen zur Geschwindigkeit von Licht und zwei fahrenden Zügen, aus denen er schließlich seine berühmte Relativitätstheorie entwickelt hat. Auf die Frage, wie er über Raum und Zeit nachgedacht habe, antwortete der Physiker, dass er sich oft vorgestellt habe, auf einem Lichtstrahl zu reiten – oder neben ihm herzulaufen –, und sich dabei gefragt habe, ob das Licht stehen bleibe, wenn man selbst in Lichtgeschwindigkeit nebenherliefe.

Beim Finden kreativer Lösungen im Berufs- und Privatleben spielt Erfahrung eine ebenso große Rolle wie Wissen. Beides nimmt mit dem Alter zu, und deshalb sollten wir Kreativität und Alter nicht als Gegensätze denken. Dafür spricht auch, dass mancher altersbedingte Verlust sich positiv auf unsere Kreativität auswirkt: Als latente Inhibition bezeichnen Psychologen die Art von Lernen, die es einem ermöglicht, bestimmte Stimuli als irrelevant zu klassifizieren und sich beim Lösen zukünftiger komplexer Lebensaufgaben weniger stressen zu lassen. Diese Fähigkeit nimmt aber im Alter ab, da das Arbeitsgedächtnis an Leistungsfähigkeit einbüßt. Wissenschaftliche Kreativitätsstudien haben gezeigt, dass bei hoch kreativen Menschen die laterale Inhibition sehr gering ausfällt. Sie sind also oft leichter ablenkbar beim Lösen einer Aufgabe und lassen den Blick auch auf Nebensächlichkeiten schweifen, entdecken dabei aber Ungewöhnliches und Originelles. Wie Studien außerdem belegen, spielt Geschwindigkeit bei kreativen Prozessen keine entscheidende Rolle. Bildgebende Verfahren zeigen, dass kreative Gehirne häufig nicht die direkten, schnellen Verarbeitungsstufen im Gehirn verwenden; vielmehr ist eine größere, weitverzweigte Aktivierung über beide Hemisphären zu beobachten. Kreativität hängt zudem von Fähigkeiten des Stirnlappens ab, und dieser hat auch im Alter noch ein großes Potenzial.

### Postkarte aus dem Leben

*Ein angesehener, bereits pensionierter Experte für Zeitmanagement gibt ein Seminar für Studenten, die Betriebswirtschaft studieren. Folgendes kleines Experiment hat er sich für die Gruppe hoch qualifizierter Studenten ausgedacht: Er nimmt einen leeren Fünf-Liter-Krug mit einer sehr großen Öffnung und stellt ihn auf den Tisch vor sich. Dann legt er nacheinander zwölf faustgroße Steine in den Wasserkrug. Nachdem er ihn bis an den Rand mit Steinen gefüllt hat, fragt er die Seminarteilnehmer, ob der Krug jetzt voll sei. »Ja«, schallt es ihm entgegen. Er fragt: »Wirklich?« Und greift unter den Tisch und holt einen Eimer mit Kieselsteinen hervor, von denen er einige in den Wasserkrug füllt und diesen dann schüttelt, so dass sich die Kieselsteine in die Lücken zwischen den großen Steinen setzen. Erneut fragt er die Gruppe: »Ist der Krug nun voll?« Das Seminar hat verstanden, und einer antwortet: »Wahrscheinlich nicht!« Wiederum greift der Seminarleiter unter den Tisch und zaubert einen Eimer voller Sand hervor. Er schüttet Sand in den Krug, der sich in den Lücken zwischen den großen Steinen und den Kieselsteinen Platz sucht. »Ist der Krug jetzt voll?« – »Nein«, ruft die Klasse. Daraufhin nimmt er einen mit Wasser gefüllten Krug und gießt ihn bis zum Rand in den anderen Krug aus. Fragend schaut er die Studenten an: »Was, glauben Sie, ist der Sinn meiner Vorstellung?«*

*Ein Angeber hebt die Hand: »Es bedeutet, egal wie voll dein Terminkalender auch ist, wenn du es wirklich versuchst, kannst du noch einen Termin dazwischenschieben.« – »Nein«, antwortet der weise Experte, »das ist nicht der Punkt. Die Moral dieser Vorstellung ist: Wenn du nicht zuerst mit den großen Steinen den Krug füllst, kannst du sie später nicht mehr hineinsetzen. Was sind die großen Steine in eurem Leben? Eure Kinder, Personen, die ihr liebt, eure Ausbildung, eure Träume, würdige Anlässe, Lehren und Führen von anderen, Dinge zu tun, die ihr liebt, Zeit für euch selbst, eure Gesundheit, eure Lebenspartner? Denkt immer daran, die großen Steine ZUERST in euer Leben zu bringen, sonst bekommt ihr sie nicht alle unter. Wenn ihr mit den unwichtigen Dingen beginnt, dann füllt ihr euer Leben mit kleinen Dingen, beschäftigt euch mit Sachen, die keinen Wert haben, und werdet nie die wertvolle Zeit für große und wichtige Dinge haben.«*

KAPITEL 7

# Kahlschlag im Gehirn: Erkrankungen des alternden Gehirns

*Ich bin ein schwacher, kind'scher, alter Mann,*
*Achtzig und drüber: keine Stunde mehr*
*Noch weniger, und grad' heraus,*
*Ich fürchte fast, ich bin nicht recht bei Sinnen.*
*Mich dünkt, ich kenn' Euch, kenn' auch diesen Mann;*
*Doch zweifl' ich noch, denn ich begreif' es nicht,*
*An welchem Ort ich bin; all mein Verstand*
*Entsinnt sich dieser Kleider nicht, noch weiß ich,*
*Wo ich die Nacht schlief.*

William Shakespeare, *König Lear*

## Wie viel Vergessen ist normal?

Man macht sich auf Richtung Küche, um etwas zu holen. Auf halbem Wege weiß man zwar noch, dass man in die Küche gehen wollte, aber warum, hat man vergessen. Um etwas zu trinken? Oder einen Snack zu sich zu nehmen? Nein, man wollte etwas holen, aber was war es noch? Meist hilft dann nur eines: zurück in das Zimmer zu gehen, in dem man den Entschluss gefasst hat. Manchmal reicht allein der Anblick des Zimmers, manchmal muss man den Blick erst streifen lassen, um sich wieder zu erinnern, was man holen wollte, und in seltenen Fällen muss man sogar die gerade absolvierte Tätigkeit wieder aufnehmen, um zu merken, dass einem beim Verpacken eines Geschenkes die Schere fehlte. Erneut tritt man den Weg in die Küche an. Dort angekommen, findet man die Schere gleich, aber die nächste Irritation steht an: Da sitzt ein Studienfreund des Sohnes. Wie hieß der gleich noch?

Mit einem »Hallo, wie geht's dir heute?« meint man die Situation überspielen zu können, nur antwortet der junge Mann: »Immer noch gut, genau wie vor 15 Minuten, als Sie mich schon mal gefragt haben …« Jetzt lässt sich die Situation allenfalls mit einem Kalauer retten. »Wie hieß die Krankheit noch, bei der man immer alles vergisst?« Dabei kann man sich einigermaßen sicher sein: Solange man sich dessen bewusst ist, dass man etwas vergessen hat oder etwas nicht erinnert, ist man nicht an Alzheimer oder einer anderen Demenz erkrankt. Denn mit der Alzheimer-Erkrankung geht nicht nur die Erinnerung verloren, sondern auch das Vermögen zu wissen, dass man etwas vergessen hat.

Generell gilt für Situationen wie die oben beschriebene (die im Übrigen schon um das 50. Lebensjahr herum zunehmen): Keine Panik! Oft ist der Grund für das Erinnerungsdefizit wesentlich harmloser als befürchtet. Denn, was viele nicht wissen, jede Form von körperlicher oder emotionaler Belastung oder Sorge stellt eine mögliche Ursache für Gedächtnisprobleme dar. Haben wir zu viel oder dauerhaft Stress, schaltet das Gehirn, insbesondere der Hippocampus, die Arbeitseffektivität herunter oder stellt sie schlimmstenfalls gänzlich ein. Dies ist einer der Gründe, warum Gedächtnisstörungen neben Kopf- und Bauchschmerzen heute zu den häufigsten psychosomatischen Symptomen zählen. Zudem können Gedächtnisprobleme auch handfeste organische Ursachen haben: So können z. B. routinemäßig eingenommene Medikamente zu Merkschwierigkeiten führen. Um nur ein Beispiel zu nennen, das sich häufig beobachten lässt: Ärzte verschreiben Frauen mit Wechseljahrbeschwerden gerne Schlafmittel – manchmal über Jahre hinweg. Dabei wird oft übersehen, dass sich die Zeitspanne, bis der Wirkstoff den Körper wieder verlassen hat, mit zunehmendem Lebensalter verlängert, sprich: durch die Verlangsamung des Stoffwechsels werden Medikamente langsamer abgebaut. Der Arzt muss die Dosierung entsprechend anpassen, sonst können neben einer vermehrten Schläfrigkeit auch Gedächtnisstörungen die Folge sein.

Insofern ist es sinnvoll, wenn Gedächtnisprobleme auftauchen, sich selbst auf Stress und psychische Belastungen hin zu befragen bzw. diese zu reduzieren oder eingenommene Medikamente auf ihre Dosis (und Notwendigkeit) hin zu überprüfen. Auch Entspannungsübungen wie Yoga, autogenes Training oder Tai-Chi können dem Gedächtnis wieder auf die Sprünge helfen – sie mindern den Stress und normalisieren den Gehirnstoffwechsel und -rhythmus wieder. Gehirnjogging ist hier meist die falsche Therapie.

Nehmen die Schusseligkeiten aber zu und lassen sich nicht mehr einfach durch Entspannungsübungen beheben und betreffen immer wieder auch Dinge, die zu vergessen man sich nie hätte vorstellen können, empfiehlt es sich, eine Gedächtnisambulanz aufzusuchen und der unerklärlichen Verschlechterung des Merkvermögens auf den Grund zu gehen. In persönlichen Gesprächen sowie mit Hilfe von psychologischen und hirnphysiologischen Untersuchungen klären Spezialisten dort ab, ob überhaupt eine Merkstörung vorliegt – und falls ja, warum. Eine typische Testreihe könnte so aussehen:

Punkt 1: Die Merkfähigkeit selbst wird getestet. Dazu muss der Patient sich Wörter einprägen und sie später aktiv (d. h. ohne Hinweisreize) oder passiv (d. h. mittels Hinweisreizen) wiedergeben. Letzteres ist für ein unerkranktes Gehirn eine einfache Übung, aber es spricht vieles für eine beginnende Demenz, wenn man hier schlecht abschneidet, d. h. zum Beispiel aus einer 10er-Wortliste nur 2 oder 3 Wörter erinnert (normal wären mindestens 5).

Punkt 2: Der Patient muss versuchen, Zahlen und Buchstaben miteinander zu verbinden, die durcheinander auf einem Blatt stehen. Er soll die Ziffer »1« durch einen Strich mit dem ersten Buchstaben des Alphabets, dem »A«, verbinden, dann weiter zur »2«, von dort aus zum »B« und so weiter. Der Wechsel zwischen Buchstaben und Zahlen erfordert eine gewisse mentale Flexibilität – und gerade sie ist bei Patienten, die am Beginn einer Demenz-Erkrankung stehen, anders als bei Personen mit normalen Alterserscheinungen, oft eingeschränkt.

Punkt 3: Der Patient wird auf seine Konzentrationsfähigkeit hin überprüft. Er muss zeigen, ob er es schafft, die selektive Aufmerksamkeit auf einen bestimmten Aspekt einer Situation zu fokussieren und alles andere auszublenden. Im richtigen Leben passiert das beispielsweise, wenn wir einem Gesprächspartner zuhören, ohne uns vom Geplauder in der Umgebung ablenken zu lassen. Im Test zeigt der Neuropsychologe seinem Patienten ein Blatt, auf dem die Namen Dutzender Farben geschrieben stehen. Die Schrift ist jedoch jeweils anders gefärbt, als es das Wort vermuten ließe. »Gelb« prangt also beispielsweise in grünen Buchstaben auf dem Papier. Der Kandidat muss so schnell wie möglich die Farben der Worte benennen. Keine leichte Aufgabe, muss man doch bei diesem sogenannten Stroop-Test seine natürliche Tendenz, die Wörter zu lesen, unterdrücken und sich ganz auf die Farben konzentrieren.

Punkt 4: Um das räumliche Vorstellungsvermögen zu testen, bittet der Neurologe den Patienten, aus dem Kopf eine Uhr mit zwölf Ziffern zu zeichnen (Abb. 31).

Punkt 5: Da eine Demenz nicht nur mit einem Gedächtnisverlust einhergeht, wird auch das allgemeine Denk- und Rechenver-

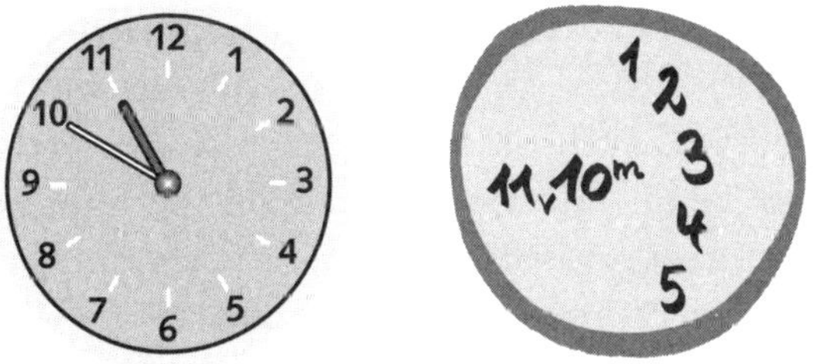


**Abbildung 31: Uhren-Test**

Ein wichtiger Test zur Einstufung von potenziellen Alzheimer-Patienten ist ein simpler Uhren-Test, bei dem eine Uhr mit der proportional richtigen Zwölfer-Einteilung gemalt werden muss. Rechts ist die von einem Alzheimer-Patienten gezeichnete Uhr zu sehen, die keine richtige räumliche Einteilung der zwölf Ziffern und deren Markierung zeigt.

mögen getestet. Dazu müssen die Probanden Gesten imitieren, einfache Rechenaufgaben lösen oder Wörter niederschreiben, die man ihnen diktiert.

Im Übrigen kommt man bei einer so gründlichen Untersuchung der kognitiven Fähigkeiten gar nicht so selten zu dem Ergebnis, dass keine Gehirnanomalie vorliegt, sondern Geschwindigkeit und Präzision beim Lernen, die altersbedingt nachgelassen haben, nicht mehr unseren Erwartungen an uns selbst genügen. Dass die enorm hoch sind, hängt unter anderem damit zusammen, dass das Thema Gedächtnis zunehmend in das Interesse öffentlicher Berichterstattung rückt und dabei manchmal die Illusion geweckt wird, unsere kognitiven Möglichkeiten seien grenzenlos. Dermaßen sensibilisiert, glauben viele Menschen bei sich Defizite zu entdecken und therapieren zu müssen. Oder es kommt zu kognitiven Einbußen, die messbar und in der Tat besorgniserregend sind, ohne dass die Ursache dafür im Gehirn zu suchen ist. Verblüffend häufig erweisen sich die Gründe für Gedächtnisdefizite nämlich als geradezu trivial: Sie beruhen z. B. auf einem dramatischen Flüssigkeitsmangel des Körpers (Dehydrierung), da ältere Menschen schlicht nicht die pro Tag erforderlichen 2,5 Liter Flüssigkeit in Form von Wasser, Tee oder Säften zu sich nehmen. In der Folge sterben im Durstzentrum Nervenzellen ab, und es wird zu selten Flüssigkeitsbedarf signalisiert. Auch ein Defizit an Vitaminen oder Mineralstoffen wie Eisen kann Gedächtnisprobleme verursachen. So wussten Ärzte aus der Gedächtnissprechstunde von einer älteren, gehbehinderten Patientin zu berichten, die sich jahrelang nur von Brot und Kuchen ernährte, weil sie den Bäcker in der Nähe noch gut zu Fuß erreichen konnte, aber nicht mehr die weiter entfernt gelegenen Supermärkte. Kurzum, eine einseitige Ernährung und Flüssigkeitsmangel verbergen sich weit öfter hinter kognitiven Defiziten als Erkrankungen des Gehirns.

Dieses Wissen kann dem Besuch einer Gedächtnissprechstunde den Schrecken nehmen, denn tatsächlich nimmt man viel häufiger Verhaltens- und Ernährungstipps mit nach Hause als eine wirklich bedrohliche Diagnose. Die andere gute Nachricht ist: Demenz-Erkrankungen, die früh diagnostiziert werden, lassen sich in ihrer Symptomatik abmildern, da ein früh beginnendes Gedächtnistraining und eine frühzeitige Medikation die kognitiven Funktionen länger erhalten können.

## Von der Gehirnalterung zur Gehirnerkrankung

Leichte kognitive Störungen (englisch: *mild cognitive impairment,* MCI) bezeichnen Verluste im Erinnerungsvermögen, welche die altersbedingte »Normalvergesslichkeit« übersteigen, ohne andere kognitive Funktionen in Mitleidenschaft zu ziehen. Sie machen sich durch eine Häufung von Erinnerungslücken bemerkbar; die Betroffenen haben außerdem Schwierigkeiten beim Abspeichern aktueller Ereignisse. Neurologen und Psychologen betrachten sie als Grauzone zwischen den üblichen Altersbeschwerden und einer beginnenden Demenz.

Mit Hilfe bildgebender Verfahren sind Neurologen mittlerweile imstande, die Gehirne zu untersuchen, die von diesen milden, aber messbaren Störungen der Gedächtnisfähigkeiten betroffen sind. So ließ sich nachweisen, dass vor allem die für das autobiographische und das Faktengedächtnis wichtigen Gehirnstrukturen wie der Hippocampus (hier vor allem der Gyrus dentatus) und der Schläfenlappen bei einer MCI verkleinert sind. Entweder weil die Nervenzellen an Komplexität verloren haben und abgestorben sind oder weil Gliazellen abgebaut worden sind. Außerdem lässt die Aktivität des hinteren cingulären Cortex nach. Veränderungen im Übergangsbereich zwischen Schläfen- und Scheitellappen (Temporo-Parietallappen) können zu Wortfindungsstörungen führen. Markant sind auch kleine Mikroschädigungen in der weißen Substanz (Mikroläsionen). Zwar sind diese Entwicklungen im Zuge der Gehirnalterung »normal«, aber sie können, obwohl sie bei vielen Menschen ohne Symptome bleiben, eine MCI verursachen. Das scheint damit zusammenzuhängen, dass die Alterungsprozesse des Gehirns bis zu einer bestimmten Grenze kompensiert werden können (siehe Kapitel 8); ist diese überschritten, kommt es zu einer leichten kognitiven Beeinträchtigung, deren Entwicklung sehr unterschiedlich verläuft und in jedem Fall in regelmäßigen Abständen überwacht werden sollte. Nehmen die Veränderungen im Denkorgan weiter zu, äußert sich das bei den Betroffenen in starker Vergesslichkeit und in der zunehmenden Schwierigkeit, neue Informationen zu speichern. Eine MCI (Erinnern Sie sich noch, wofür die Abkürzung steht?) liegt nur dann vor, wenn neben dem Gedächtnis mindestens eine weitere kognitive Funktion beeinträchtigt ist, z. B. im Bereich Sprache oder Konzentration. Zeigt sich über die Jahre hinweg eine weitere, deutliche Verkleinerung des Hippocampus, des hinteren cingulären Cortex, des Schläfen- und Scheitellappens, begleitet von Aktivitätsverlusten im Stirnlappen, spricht man von einer beginnenden Demenz. Erst dann handelt es sich um eine sehr ernste Diagnose. Im Unterschied zu den üblichen Alterungsprozessen ist bei einer Demenz der entorhinale Temporallappen betroffen, eine Region, die dem Hippocampus vorgeschaltet ist und normalerweise resistent gegen reine Alterungsprozesse ist.

Für Angehörige älterer Menschen ist es ratsam, eine gewisse Aufmerksamkeit für mögliche Veränderungen der Merkfähigkeit bei ihrem Lebenspartner oder ihren Eltern zu entwickeln. Aber man darf sich nicht allein darauf konzentrieren. Immer deutlicher zeigt sich, dass eines der ersten Symptome einer beginnenden Demenz darin besteht, dass Konzepte von Geld, Krediten und Verträgen nur noch eingeschränkt verstanden werden.

Im Folgenden werden die häufigsten alterskorrelierten Erkrankungen (Alzheimer-Demenz, Morbus Parkinson und Schlaganfälle) in ihren Ursachen, Symptomen und möglichen Therapien beschrieben. »Anti-Aging« gibt es nicht, aber – und das ist die gute Nachricht – wir können die Risiken für eine Erkrankung durch unseren Lebensstil deutlich beeinflussen, und zwar schon Jahrzehnte bevor wir alt sind. Auch deshalb ist es so wichtig, sich frühzeitig und obwohl die Pensionierung noch zehn bis zwanzig Jahre und damit weit entfernt ist, mit dem Alter zu beschäftigen. Unser Lebensstil als 50-Jährige ist mitentscheidend für die Erkrankungen unseres Gehirns als 70-Jährige! Und wer dennoch erkrankt, für den gibt es bei früher Diagnose Therapiemöglichkeiten.

### Alzheimer-Demenz

Demenz ist kein anderes Wort für Alzheimer, sondern ein Oberbegriff für rund 50 verschiedene Ausprägungen von Erkrankungen des Gehirns, von denen der Typ Alzheimer die häufigste ist (nämlich 55 bis 60 % aller Demenzen), gefolgt von der gefäßbedingten Demenz (vaskuläre Demenz, die etwa 20 % aller Demenzen ausmacht). Weitaus seltenere Formen – aufgrund einer Parkinson-Erkrankung – sind das sogenannte Pick-Syndrom und eine Levybody-Demenz.

> **»Es gibt künstliche Knie, neue Hüftgelenke, andere freuen sich des Lebens mit 'nem Herzschrittmacher, aber der Kopf, die Birne. Schlimmer geht's nicht.«**
> Rudi Assauer

Die Alzheimer-Demenz hat körperliche Ursachen, die, sobald die Krankheit ausgebrochen ist, nur noch schwer beeinflussbar sind: Im Gehirn sterben bestimmte Zellen ab und Zellverbindungen lösen sich. Zu den typischen Symptomen der Alzheimer-Demenz gehört, dass kognitive, soziale und emotionale Fähigkeiten verloren gehen: Das Geschirr steht im Kühlschrank und nicht auf dem Tisch. Die Betroffenen können nicht mehr schreiben, nicht etwa, weil sie motorisch nicht in der Lage wären, ein Schreibgerät zu halten, sondern weil sie nicht mehr wissen, wie es geht und was man dazu braucht; oder sie haben vergessen, wo in ihrem Haus, in dem sie seit Jahrzehnten leben, die Toiletten sind.

Die wichtigste Form der vaskulären Demenz beruht auf multiplen, kleinen Gehirn-Infarkten, die durch Verschlüsse der kleinen Arterien tief in der Großhirnrinde (dieser Blutgefäßverschluss wird als Thrombose bezeichnet) verursacht werden. Diese Art der Demenz kann bei Bluthochdruck und Diabetes mellitus vermehrt auftreten. Bei den Patienten fallen häufig halbseitige motorische Bewegungsstörungen auf.

Die Wahrscheinlichkeit, an Alzheimer oder einer anderen Demenz zu erkranken, steigt mit dem Alter (Abb. 32). Neben den beiden häufigsten Formen existiert die seltenere Ausprägung der familiären Alzheimer-Erkrankung, die vererbt wird und über deren Risikofaktoren man inzwischen einiges weiß. Von ihr sind aber nur wenige Prozent der Erkrankten betroffen. Anders als bei Morbus Alzheimer weisen die betroffenen Patienten sehr viel früher im Leben Symptome und schließlich das Vollbild der Erkrankung auf.

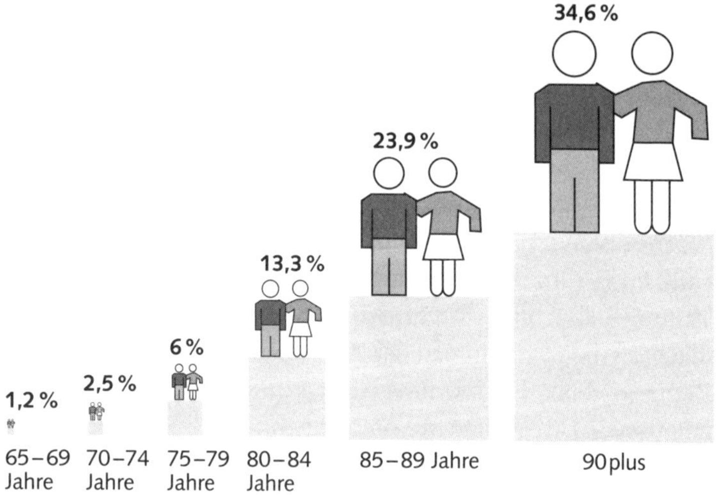


**Abbildung 32: Wie viele Menschen leiden in welchem Alter an Alzheimer?**

Während nur einer von hundert 65-Jährigen an Alzheimer erkrankt, ist jeder Dritte über 90 Jahre alte Mensch von dieser Erkrankung betroffen. Das klingt erst einmal bedrohlich, bedeutet aber auch, dass selbst bei den über 90-Jährigen zwei von drei die Krankheit nicht bekommen!

Erstmals vorgstellt wurde das Krankheitsbild in Tübingen im Jahre 1906. Auf der 37. Tagung Südwestdeutscher Irrenärzte berichtet ein Neuropathologe von der Psychiatrischen Klinik in München über eine 55-jährige Frau mit massivem Gedächtnisverlust, die schließlich in geistiger Umnachtung gestorben war. Einen Namen für die »eigenartige Erkrankung der Hirnrinde«, welche die Patientin befallen hatte, hatte Alois Alzheimer (1864 bis 1915) damals noch nicht. Und genauso wenig ahnte er, dass sich die später nach ihm benannte Demenz zu einem der drängendsten Probleme der Altersforschung im 21. Jahrhundert entwickeln sollte. Wie bereits erwähnt, ist die Alzheimer-Erkrankung die häufigste Demenzform – weltweit leiden schätzungsweise 25 bis 30 Millionen Menschen an ihr. Allein in Deutschland leben wahrscheinlich 1,5 Million Alzheimer-Patienten, deren Anzahl sich mit der zunehmenden Alterung der Gesellschaft innerhalb der nächsten Generation verdoppeln dürfte, wenn nicht ein Gegenmittel gefunden wird oder Präventionsmöglichkeiten erforscht und genutzt werden. Die Zahlen aus den USA sind noch beeindruckender: Dort leben 4,5 Millionen Erkrankte – sie zu pflegen kostet allein 100 Milliarden Dollar pro Jahr –, und man schätzt, dass es dort im Jahr 2050 11,3 Millionen Alzheimer-Fälle geben wird. Weltweit könnten es dann über 100 Millionen Betroffene sein, davon allein 16,5 Millionen in Europa.

Diese nackten Zahlen lassen die schlimmen Schicksale, die sich hinter der Diagnose Alzheimer verbergen, nur erahnen. Intensiv suchen Hirnforscher nach Möglichkeiten, den schleichenden Gedächtnisverlust zu stoppen oder gar rückgängig zu machen. Dafür müssen sie aber zunächst die Vorgänge im Gehirn der Betroffenen verstehen. Neben den psychologischen Methoden der Befragung und den Tests, die Aufschluss über die Wahrnehmungs-, Denk- und Gedächtnisleistung der Patienten geben, kommt mittlerweile auch die Methode der Magnetresonanztomografie, kurz MRT oder Kernspin genannt, zum Einsatz. Mit ihrer Hilfe lassen sich Gehirnstrukturen im Detail sichtbar machen und Gehirnveränderungen erkennen, die typisch für eine Alzheimer-Erkrankung sind: z. B. die fortschreitende Zerstörung von Nervenzellen durch kleine Läsionen (neuro-fibrilläre Degenerationen), die zunächst vor allem im Hippocampus auftauchen, einer essenziellen Struktur für das Gedächtnis, sowie in dem ihn umgebenden Schläfenlappen.

*Ursachenforschung*

Inbesondere zwei Eiweißmoleküle stehen im Verdacht, zum Untergang so vieler Nervenzellen zu führen und dadurch die Alzheimer-Erkrankung auszulösen; sie tragen die prosaischen Namen Abeta und Tau.

Abeta ist ein 40 bis 42 Aminosäuren langes Peptid, Aβ oder β-Amyloid genannt, das von bestimmten Enzymen aus einem wesentlich längeren Eiweißmolekül, dem Amyloid-Vorläuferprotein (Amyloid Precursor Protein, APP), herausgeschnitten wird. APP liegt übrigens auf dem Chromosom 21, welches bei der Trisomie 21 (Down-Syndrom) in einer überzähligen Form vorliegt; und in der Tat haben Menschen mit einer Trisomie neben anderen gesundheitlichen Problemen ein sehr hohes Risiko, an Alzheimer zu erkranken. Das Amyloid-Vorläuferprotein APP sitzt in der Zellmembran (der äußeren Hülle) der Nervenzelle und kann an drei verschiedenen Stellen von Sekretasen – das sind die Moleküle, die Eiweiße der Zellmembran spalten – zerschnitten werden. Wird APP vom Enzym Alpha-Sekretase gespalten, entstehen harmlose Fragmente, die möglicherweise sogar eine positive Wirkung für die Stabilität von Synapsen und den daran stattfindenden plastischen Vorgängen haben. Schlagen Beta- und Gamma-Sekretase jedoch gleichzeitig zu, bildet sich β-Amyloid, das außerhalb der Nervenzellen zu großen Proteinknäueln, sogenannten Amyloid-Plaques, verklumpen kann. Zu den mysteriösen Dingen der Alzheimer-Erkrankung gehört, dass diese Plaques seit Alois Alzheimer als charakteristisch für diese Form der Demenz gelten, ohne dass ihre genaue Rolle im Krankheitsverlauf klar ist. So wird Abeta auch im gesunden Gehirn gebildet, und Mäuse, die riesige Mengen Plaques ausbildeten, nachdem man ihnen das menschliche APP in ihr Genom geschleust hatte, zeigten vergleichsweise geringe Einbußen in ihrer Lernfähigkeit.

Noch kann die Frage, warum Abeta im alternden Gehirn auf einmal Plaques bildet, die noch dazu toxisch wirken, nicht eindeutig beantwortet werden. Eine Theorie geht davon aus, dass die Plaques vor allem durch entzündliche Reaktionen, die durch ihre extrazelluläre Anwesenheit ausgelöst werden, umliegende Nervenzellen massiv schädigen; mit anderen Worten: Nicht die Plaques an sich sind schädlich – erst zusammen mit dem Immunsystem lösen sie die Krankheit aus. Anderen Theorien zufolge lösen die Plaques Reaktionen in Neuronen aus, die deren inneres Zellskelett schädigen.

Das zweite Molekül, das möglicherweise die Alzheimer-Demenz auslöst, ist Tau. Es ist ein Eiweiß, das in den langen Fortsätzen (Axone) der Nervenzellen vorkommt. Bereits Alois Alzheimer hat beschrieben, dass in den Nervenzellen von Alzheimer-Patienten neben den Plaques Neurofibrillenbündel zu finden sind. Hierbei handelt es sich um Eiweißablagerungen in Zellen – im Unterschied zu den Plaques, die sich außerhalb der Nervenzellen befinden –, die aus bestimmten Skelettkomponenten der Zellen entstanden sind. Wie man heute weiß, bestehen sie zu einem erheblichen Teil aus Tau. Dieses Eiweiß stabilisiert in den Axonen wiederum andere Strukturelemente, die Mikrotubuli, eine Art Skelett in den Zellen, das anders als das Körperskelett des Menschen aus beweglichen Eiweißmolekülen besteht. Zusammen mit anderen Zellskelettelementen sorgen die Mikrotubuli nicht nur für eine gewisse Stabilität der Zellen, sie sind auch die »Eisenbahnschienen«, auf denen innerhalb der Zellen »Güter« transportiert werden, etwa die Mitochondrien, die Energiekraftwerke der Zellen. Axonale Fortsätze können bis zu einem Meter lang sein, und wenn der Transport kollabiert, stirbt die Zelle ab. Bei der Alzheimer-Erkrankung konnte nun beobachtet werden, dass die neurofibrillären Bündel vor allem durch ein verändertes Tau verursacht werden, dem zu viele stark negative kleine Molekülgruppen angehängt werden. Dadurch löst Tau sich von den Mikrotubuli ab, und diese fallen mangels Stabilisierung in sich zusammen. Die dadurch entstehenden neurofibrillären Bündel stören nun das Gleichgewicht der Zellen, wesentliche Transportprozesse in den Nervenzellen finden nicht mehr statt.

Wie es dazu kommt, dass sich mit zunehmendem Alter dieses veränderte Tau ansammelt, ist bislang nicht geklärt. Eine Theorie besagt, dass durch die Plaquesbildung aus Abeta eine Calcium-

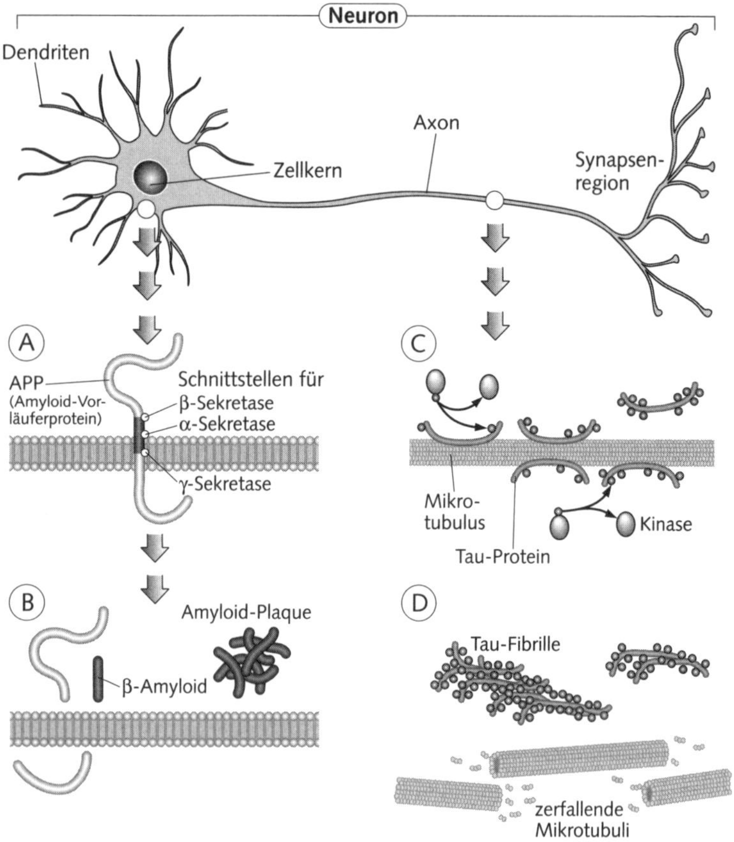

Signalkaskade in den umliegenden Zellen ausgelöst wird, die dann dazu führt, dass die vielen Phosphatgruppen an das Tau angebunden werden. Um diese These zu überprüfen, haben unter anderem Forscher in Zürich einen Mäusestamm gezüchtet, der übermäßig viel verändertes Tau produziert. In der Tat nahm die Zahl der Tau-Neurofibrillen dramatisch zu, wenn man in diese Mäusegehirne Abeta gab. Es ist also nicht unwahrscheinlich, dass Abeta und die daraus resultierenden Plaques (Abb. 33) der Auslöser der Alzheimer-Erkrankung sind und die Tau-Neurofibrillen das Ereignis, welches die Zellen schleichend, aber unaufhaltsam tötet.

Anders als man annehmen könnte, findet das Absterben von Nervenzellen nicht gleichmäßig im Gehirn statt; vielmehr beginnt es vorne (frontal), und zwar häufig zunächst in unserem Riechhirn (Regio entorhinalis, in dem auch Geruchseindrücke verarbeitet werden), was nicht zuletzt erklärt, warum bei vielen Alzheimer-Patienten zuerst der Geruchssinn beeinträchtigt ist. Erst von hier aus erfolgt der neuronale Kahlschlag im Hippo-

**Abbildung 33: Plaques und Tau im Wechselspiel**

Die Wurzeln des Übels sind fatale Proteinablagerungen: Das Amyloid-Vorläuferprotein (APP) sitzt in der Zellmembran des Neurons und kann an drei verschiedenen Stellen zerschnitten werden (siehe Bild A). Wird es vom Enzym α-Sekretase gespalten, entstehen harmlose Fragmente. Schlagen jedoch β- und γ-Sekretase zu, bildet sich β-Amyloid, das außerhalb der Nervenzellen zu Amyloid-Plaques verklumpt (Bild B). Das Eiweißmolekül Tau stabilisiert die Mikrotubuli im Axon des Neurons, die wiederum das Skelett sowie das Transportwegenetz der Zelle bilden. Bei Alzheimer-Patienten werden die Tau-Proteine durch Kinasen mit Phosphatgruppen überfrachtet; Kinasen sind Enzyme, z. B. Katalysatoren chemischer Reaktionen, die Phosphatgruppen von einem Molekül – etwa ATP – an Eiweiße anbringen (Bild C). Solche phosphorylierten Tau-Proteine lösen sich von den Mikrotubuli und verbacken innerhalb der Nervenzellen zu Tau-Fibrillen. Die Mikrotubuli zerfallen – das Zellskelett bricht zusammen (Bild D).

campus, dann greifen die Neurofibrillen und Plaques auf die gesamte Großhirnrinde über. Es kommt zum Massensterben von Nervenzellen, in dessen Folge einige Botenstoffe im Gehirn nur noch vermindert produziert und ausgeschüttet werden. Zu dem Botenstoffsystem, das sehr früh und besonders stark von der Alzheimer-Demenz betroffen ist, zählen Nervenzellen im Nucleus basalis, einem Gehirnareal, das im vorderen, unteren Teil des menschlichen Gehirns sitzt und als Botenstoff das Acetylcholin verwendet; durch seine Verbindungen in den Hippocampus und den Stirnlappen hinein hat es eine große Bedeutung für die Aufmerksamkeit sowie für Lern- und Gedächtnisvorgänge. Da der Botenstoff Acetylcholin wichtig für die selektive Aufmerksamkeit ist und darüber hinaus die Stabilität von Emotionen bedingt, sind

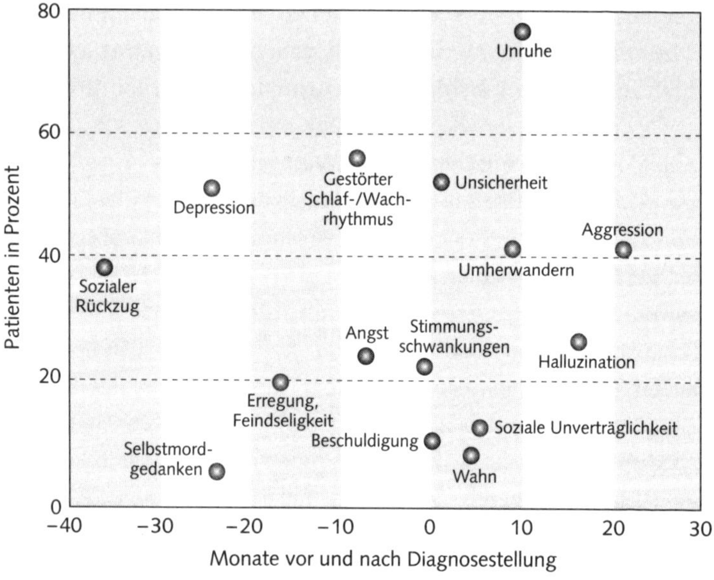


**Abbildung 34: Krankheitsverlauf der Alzheimer-Demenz**

Dargestellt ist der symptomatische Verlauf einer Alzheimer-Demenz, wie er auftreten könnte. Im Detail verläuft jede Demenz aber anders und ist einzigartig.

bei Alzheimer-Patienten – neben dem Kurzzeitgedächtnis – diese Fähigkeiten stark beeinträchtigt (Abb. 34).

Des Weiteren werden vor allem im Hippocampus und im Stirnlappen die Aufnahme und Freisetzung von Glutamat nicht mehr korrekt reguliert. Anders als beim Acetylcholin, das bei Alzheimer-Erkrankten vermindert produziert wird, wird zu viel Glutamat ausgeschüttet bzw. zu wenig durch Wiederaufnahme in Zellen inaktiviert; und auch das bringt das fein austarierte Gleichgewicht der chemischen Synapsen durcheinander.

Neben den cholinergen Neuronen, also den Nervenzellen, die als Botenstoff Acetylcholin ausschütten, sind noradrenerge Nervenzellen, die als Botenstoff Noradrenalin benutzen, vom neuronalen Kahlschlag betroffen. Das Neurotransmittersystem, welches Noradrenalin benutzt, ist entscheidend an der Stimmungsregulation beteiligt, der generellen Aufmerksamkeit (Wachheit, englisch: *arousal*) und an der Modulation unseres Lernvermögens, vor allem wenn es um den Übergang vom Kurz- zum Langzeitgedächtnis geht. Man sieht, die Symptomatik der Alzheimer-Erkrankung kann bis in die biochemischen Details hinein aufgeklärt werden, aber die alles entscheidende wissenschaftliche Einsicht über Ursache und Auslöser, vor allem darüber, welche Maßnahmen das Auftreten verhindern können und wo eine effektive Therapie ansetzen sollte, fehlt noch immer. Alles, was die jahrelange Forschung bisher herausgefunden hat, beschränkt sich darauf, Symptome zu lindern.

### *Risikofaktoren und Therapieansätze*

Demenzen haben die verschiedensten Ursachen, und entsprechend unterscheiden sich auch die vermuteten Risikofaktoren und Therapieansätze. Hier seien jetzt nur die beiden häufigsten Demenzen, die vaskuläre Demenz und die Alzheimer-Demenz, beschrieben.

Wie wir gesehen haben, machen vaskuläre Demenzen etwa 20 % aller Demenzen aus. Risikofaktoren sind Rauchen, Übergewicht und Fettstoffwechselstörung, die jeweils die Wahrscheinlichkeit, an dieser Demenzform zu erkranken, um den Faktor 2 erhöhen. Mit anderen Worten: Ein Mensch, der regelmäßig raucht oder stark übergewichtig ist, geht ein doppelt so hohes Risiko ein, an einer vaskulären Demenz zu erkranken. Noch größer wird das Risiko bei chronischem Alkoholmissbrauch, Diabetes, (2- bis 3-fach erhöhtes Risiko), koronarer Herzerkrankung (2-bis 4-fach erhöhtes Risiko) oder Bluthochduck (5-fach höheres Risiko). Das stärkste Risiko haben Menschen mit Herzrhythmusstörungen (6-bis 18-fach höheres Risiko).

Nachdem 30 % der über 85-Jährigen an Alzheimer erkranken, liegt es nahe zu glauben, dass der Krankheitsbeginn auch in diese Lebensspanne fällt. Allerdings haben Studien gezeigt, dass der Beginn der Krankheit häufig schon vor dem 50. Geburtstag liegt. Das heißt aber auch, dass man ihren Ausbruch deutlich nach hinten schieben kann, vorausgesetzt, man kennt und beachtet die Risikofaktoren. Auch wenn die Ursachen der Alzheimer-Erkrankung noch nicht im Detail aufgeklärt sind, so lassen sich doch eine Reihe von Risikofaktoren identifizieren: Ähnlich wie bei der vaskulären Demenz erhöht Rauchen die Wahrscheinlichkeit, an einer Alzheimer-Demenz zu erkranken, wie eine Studie des Kaiser-Permanente-Medical-Care-Programmes in Nordkalifornien belegt. Dafür hat man in den Jahren 1978 bis 1985 21 000 Personen im Alter von 50 bis 60 Jahren einem freiwilligen Gesundheitscheck unterzogen und befragt. 25 Jahre später hat man die Versuchsteilnehmer abermals untersucht. Dabei zeigte sich, dass bei den Teilnehmern, die zwischen dem 50. und 60. Lebensjahr zwei Päckchen Zigaretten am Tag geraucht hatten, das Risiko, an einer Alzheimer-Demenz zu erkranken, um den Faktor 2 größer war als bei denjenigen, die Nichtraucher waren. Wie sich herausstellte, war dieser Risikoeffekt sogar dosisabhängig: Bei denjenigen, die nur ein Päckchen Zigaretten pro Tag konsumierten, war das Risiko lediglich 1,5-fach so groß. Fest steht aber, dass Rauchen im Alter von 50 das Risiko, ein Vierteljahrhundert später an Alzheimer zu erkranken, erhöht! Wer übrigens weniger als zehn Zigaretten pro

Tag rauchte oder nur in jungen Jahren diesem Laster nachging, musste kein erhöhtes Risiko fürchten.

Neben dem Rauchen erhöht Übergewicht das Alzheimer-Risiko, vor allem wenn der Body-Mass-Index (BMI) schon vor dem 50. Lebensjahr über 30 lag. Der BMI errechnet sich aus dem Körpergewicht (in kg) dividiert durch das Quadrat der Körpergröße ($m^2$). Wer also 1,80 m groß ist und 100 kg wiegt, hat einen BMI von über 30. Dass sowohl Rauchen als auch Übergewicht nicht gesund sind, weiß man zur Genüge – warum aber sollte es das Alzheimer-Risiko erhöhen? Weil sowohl Rauchen als auch Fettpolster zu ständigen kleinen Entzündungen im Körper führen, die die Immunreaktion auf Proteinausfällungen im Gehirn (Plaques) verstärken. Vor allem Bauchfett scheint Entzündungsreaktionen im Körper zu fördern und die schädlichen Effekte von Plaques im Gehirn noch zu potenzieren.

Diese Befunde zeigen auch, dass die ersten Symptome erst zwischen zehn und dreißig Jahren nach dem Auslösen der Alzheimer-Erkrankung sichtbar werden. Anders gesagt: Der Krankheitsverlauf kann bis zu 30 Jahren »unsichtbar« sein. Insofern ist es sinnvoll, sich bereits frühzeitig und weit vor Renteneintritt mit dem Altern und damit einhergehenden Krankheiten zu beschäftigen und danach zu leben.

### *Kahlschlag verhindern*

Gibt es wirklich einen Lebenswandel, der uns vor Alzheimer schützt? Schließlich erkranken auch nichtrauchende, schlanke Bildungsbürger an Demenz. Deshalb muss die ernüchternde Einsicht lauten: Es sind keine Faktoren bekannt, die uns davor schützen. Aber – und das sollte man nicht unterschätzen – es gibt durchaus Dinge im Leben, die man tun kann, um den symptomatischen Beginn der Krankheit zehn oder gar 15 Jahre nach hinten zu schieben, so dass man sie statt mit 80 erst mit 90 Jahren bekommt.

Wie Studien an eineiigen, und damit genetisch identischen, Zwillingen gezeigt haben, kann das Auftreten der Alzheimer-

Erkrankung je nach Lebenswandel um ein bis sieben Jahre abweichen. Im Umkehrschluss bedeutet dies, dass es viele Menschen gibt, die den Beginn einer Alzheimer-Erkrankung in sich tragen, ohne es überhaupt oder nur in sehr geringem Ausmaß symptomatisch zu merken. So wie Schwester Bernadette aus der »Minnesota Nun Study«, die bis zum Alter von 85 Jahren in allen kognitiven Tests sehr gut abschnitt, ehe sie an einer Herzattacke verstarb. Sie hatte sich bereit erklärt, ihr Gehirn nach ihrem Tod für wissenschaftliche Zwecke zur Verfügung zu stellen. Man ging davon aus, dass es ob des vorbildlichen Lebenswandels (gesundes Leben mit wenig Stress und hohen kognitiven Anforderungen bis ins hohe Alter) noch deutlich jünger aussehen müsste, als es das Lebensalter der Nonne erwarten ließ. Umso überraschter waren die Wissenschaftler, als sie feststellten, dass es voller Plaques war und Stufe 6 der Alzheimer-Skala und damit der höchsten Demenzstufe entsprach. Da die Schwester aber im Laufe ihres Lebens große kognitive Reserven angesammelt hatte, konnte sich ihr Gehirn vor dem negativen Effekt des Nervenzelltodes schützen und bis zum Schluss herausragende Leistungen erbringen.

Ein nicht weniger spektakulärer Fall ist der eines 73-jährigen Londoner Professors, der Schachspieler genannt: Als er statt sieben nur noch vier Schachzüge im Voraus denken konnte, war er zutiefst beunruhigt und suchte eine Gedächtnisambulanz auf. Dort wurden Dutzende von kognitiven Tests durchgeführt, ohne dass die Ärzte irgendwelche Auffälligkeiten entdecken konnten. Im Gegenteil, der Professor lernte im Alter von 73 Jahren sogar noch, mit dem Computer umzugehen. Aber auch nach seinem Tod wurden Plaques-Ablagerungen und neurofibrilläre Bündel in seinem Gehirn gefunden, die auf eine fortgeschrittene Alzheimer-Erkrankung hindeuteten. Für seinen Alltag war dies jedoch ohne Konsequenzen geblieben, nur ihm selbst war aufgefallen, dass sich seine Rechenkapazität beim Schachspiel als begrenzt erwies!

In beiden Fälle sagt die Anzahl an Plaques und neurofibrillären Bündeln nichts über die geistige Verfassung der Menschen aus; die kognitiven Reserven, die sie durch ihren Lebenswandel gebildet hatten, sorgten dafür, dass die Symptome der Demenz-Erkrankung nicht offensichtlich wurden. Bei Menschen mit höherer Bildung zeigen sich die Alzheimer-Symptome generell später, auch wenn die Krankheit bei ihnen genauso fortschreitet wie bei anderen auch.

Ein weiteres Beispiel bestätigt diesen Befund: Wer zweisprachig aufwächst, bekommt laut einer kanadischen Studie erst fünf Jahre später Alzheimer als Menschen mit nur einer Muttersprache, auch wenn die Lebensbedingungen sonst vergleichbar sind. Da die kanadische Lebenserwartung bei 79 Jahren liegt, bedeutet dies, dass eine fünf Jahre später einsetzende Erkrankung bei Menschen jenseits der 70 sich in eine Halbierung der Alzheimer-Rate übersetzt – ganz einfach deshalb, weil Menschen, die mit 83 Jahren Alzheimer bekommen hätten, aus ganz anderen Gründen bereits mit 80 Jahren gestorben sind! Das Phänomen erklärt sich folgendermaßen: Wer zwei Sprachen spricht, muss ständig in seinem Arbeitsgedächtnis sortieren, in welchen Sprachenkontext die Wörter, die er aufnimmt, gehören. Er trainiert also ständig (!) seine Exekutivfunktion im präfrontalen Cortex – was zu zusätzlichen kognitiven Ressourcen führt, die den symptomatischen Beginn der Alzheimer-Krankheit für viele Jahre kompensieren können. Ob dies auch bei Sprachen funktioniert, die man erst im Alter lernt, ist eine spannende Frage zukünftiger Forschung. Eventuell gelten diese Erkenntnisse sogar dann, wenn man in seiner Muttersprache ein relativ hohes Niveau erreicht: So konnte die kalifornische Nonnenstudie, an der immerhin fast 700 Probandinnen teilnahmen, zeigen: Je elaborierter die Sätze waren, die die Schwestern im Alter von 20 Jahren von sich gaben, desto mehr war das Auftreten einer Demenz nach hinten verschoben. Dies wird unterstützt durch den Befund, dass Menschen mit einem niedrigen Bildungsstandard ein zweimal höheres Risiko haben, an Alzheimer zu erkranken, als Menschen mit einem hohen Bildungsstandard. Gehirne, die ein Leben lang gelernt haben, sind die effektiveren; sie benötigen weniger Gehirnressourcen, um eine Aufgabe zu lösen, was eventuell ebenfalls zu höheren kognitiven Reserven beiträgt. Menschen mit hoher Bildung zeigen allerdings auch einen anderen Krankheitsverlauf: Ist die Krankheit einmal diagnostiziert, verläuft sie heftiger und die Patienten versterben schneller – ein Beleg dafür, dass die Krankheit im Gehirn schon weit fortgeschritten war, aber erst spät zum Durchbruch kam. Bildung schützt also nicht im engeren Sinne vor Alzheimer, es maskiert die Symptome aber für einige Jahre – eine gleichermaßen persönliche wie bildungs- und gesundheitspolitisch weitreichende Erkenntnis!

Bemerkenswert ist der Umstand, dass die Chance, an Alzheimer zu erkranken, um 38 % sinkt, wenn man sportlich aktiv ist; sie sinkt um weitere 12 %, wenn man sozial aktiv ist. Soziale Aktivität kann karitative Tätigkeiten umfassen, aber auch Reisen und das Pflegen eines Freundeskreises. All das trainiert das Gehirn, weil es uns zwingt, uns mit der komplexen Gedanken- und Gefühlswelt anderer auseinanderzusetzen.

### *Demenz und Depression*

Eine Demenz beginnt häufig mit einer Depression. Sie sollte jedoch nicht damit verwechselt werden, auch wenn sie eine Reihe von Merkmalen mit ihr gemein hat.

| **Demenz** | **Depression** |
|---|---|
| schleichender Beginn | Beginn lässt sich oft genau datieren |
| Der Betroffene hat keine Einsicht in seine Beschwerden | nimmt Störungen der Leistungsfähigkeit meist stark wahr |
| häufig Unruhe | häufig Lethargie |
| meist keine vorherigen neurologischen Behandlungen | häufig psychiatrische Vorbehandlungen |
| Langzeitgedächtnis betroffen | Langzeitgedächtnis zunächst nicht betroffen |

Die Unterschiede zwischen einer Depression und einer beginnenden Demenz zu kennen ist entscheidend für die Wahl der richtigen Therapie. So haben viele Antidepressiva (der älteren Medikamentengeneration) eine anticholinerge Wirkung, die die Wirksamkeit des Botenstoffs Acetylcholin begrenzt. Dies gilt es aber bei Alzheimer-Patienten unbedingt zu verhindern, da sie unter einer Unterversorgung mit Acetylcholin leiden, denn wie wir bereits gesehen haben, sterben die diesen Botenstoff produzierenden Zellen besonders früh im Verlauf der Erkrankung ab und tragen dadurch maßgeblich zu den massiven Gedächtnisproblemen bei. Ein Großteil der Medikamente, die die Alzheimer-Symptomatik mildern, verstärken die Wirkung auf Acetylcholin-Rezeptoren bzw. verlängern die Wirksamkeit des Acetylcholins im synaptischen Spalt.

Alzheimer-Patienten sollten also keine sogenannten trizyklischen Antidepressiva (der Name ergibt sich aus der chemischen Struktur) einnehmen, sondern lieber auf neuere Antidepressiva zurückgreifen, vor allem solche, die gezielt auf Serotonin oder Noradrenalin einwirken.

### *Angehörige von Alzheimer-Patienten*

An der Stelle soll auch ein Blick auf die Angehörigen von Alzheimer-Erkrankten geworfen werden. Die Alzheimer-Demenz ist nicht nur eine gesellschaftliche Herausforderung mit riesigen Kostenexplosionen im Gesundheitswesen, sondern auch eine immense Last für die pflegenden Angehörigen, insbesondere was deren psychologische Belastung betrifft. Wer hilft eigentlich den pflegenden Angehörigen, mit dem Verlust an Persönlichkeit und Erinnerung zurechtzukommen – bei einer körperlich noch vorhandenen Person, die unausweichlich, manchmal langsam, dann wieder in Schüben, dem totalen geistigen Verfall entgegenlebt? Für die endlose Mühe, Liebe und Anstrengung, die Ehepartner für ihre erkrankten Lebensgefährten, Kinder für ihre Eltern aufbringen, müsste man ihnen eigentlich ein Denkmal setzen.

Stellvertretend für die Gedanken vieler Angehöriger, die einen Alzheimer-Patienten in ihrer Familie haben und diesen selbst pflegen oder sich um seine Belange kümmern, sei hier Arno Geiger zitiert, der in seinem Roman *Der König in seinem Exil* nicht nur den Verfallsprozess seines demenzkranken Vaters genau protokolliert, sondern auch die angespannte Welt der Angehörigen und ihre Gedankengänge aufgezeichnet hat: »Heute befällt mich ein stiller Zorn über die Vergeudung von Kräften; denn wir schimpften mit der Person und meinten die Krankheit. ›Lass Dich nicht gehen!‹, sagten wir hundertmal, und der Vater nahm es hin, geduldig und nach dem Motto, dass man es am leichtesten hat, wenn man rechtzeitig resigniert. Er wollte dem Vergessen nicht trotzen, verwendete nie auch nur die geringsten Gedächtnisstützen und lief daher auch nicht Gefahr, sich zu beklagen, jemand mache Knoten in seine Taschentücher. Er leistete sich keinen hartnäckigen Stellungskrieg gegen seinen geistigen Verfall, und er suchte nicht ein einziges Mal das Gespräch darüber, obwohl er – aus heutiger Sicht – spätestens Mitte der 90er Jahre um den Ernst der Sache gewusst haben muss. Wenn er zu einem seiner Kinder gesagt hätte, tut mir leid, mein Gehirn lässt mich im Stich, hätten alle besser mit der Situation umgehen können. So jedoch fand ein jahrelanges Katz-und-Maus-Spiel statt, mit dem Vater als Maus, mit uns als Mäusen und der Krankheit als Katze.«

Mitgefühl zu bekommen ist das eine. Das andere, wie man sich die Pflege zu Hause erleichtern kann, etwa dadurch, dass die Wohnung so eingerichtet ist, dass ein dementer Patient sich gut darin zurechtfinden kann. Mittlerweile haben alle Krankenkassen Anlaufstellen zum Thema häuslicher Pflege von dementen Patienten eingerichtet, an die man sich als Angehöriger bei Fragen und auf der Suche nach Hilfe wenden kann. Daneben gibt es sehr gute Ratgeberliteratur, aber auch Selbsthilfegruppen, wo man sich mit anderen Angehörigen Demenz-Kranker über gute, anwendbare und erprobte Tipps austauschen kann. Für die Pflegenden gilt, sich klarzumachen, dass jeder Kampf gegen das Vergessen von Anfang an ein verlorener Kampf ist. Betrachtet man die Erkrankung aber nicht von ihrem Ende her, sondern in ihrem Verlauf, besteht durchaus die Chance, über einen streng geregelten Tagesablauf und unterstützt durch Fotoalben und ständige Hinweise darauf, was als Nächstes auf dem Programm steht, dem dementen Patienten noch relativ lange durchs Leben zu helfen.

An dieser Stelle kann kein ausführlicher Ratgeber für Pflegende erstellt werden, aber einige Anregungen möchte ich doch geben; außerdem sei auf die weiterführende Literatur am Ende des Buches verwiesen.

Anregung 1: In der Kommunikation mit Demenz-Kranken kommt es immer wieder zu Irritationen: Man ist versucht, die Welt eines dementen Patienten zu korrigieren, nicht bedenkend, dass seine Wahrnehmung eine ganz andere geworden ist. Einem dementen Menschen, der es nachts klingeln hört und deshalb zur Tür laufen möchte, ist mehr geholfen, wenn man mit ihm ein Gespräch darüber beginnt, wer das so spät noch sein könnte, statt ihm seine Illusionen ausreden zu wollen. Entsprechend lautet der Vorschlag: Bauen Sie nicht ein Lügengebäude auf, sondern versuchen Sie sich in die Wahrnehmungs- und Kommunikationswelt eines dementen Patienten hineinzudenken. Ein anderes Beispiel sind Wortfindungsstörungen. Typisch ist die folgende Situation bei Tisch: »Will ich … Haben.« Wenn zu erahnen ist, was der Kranke gemeint hat, sollten Sie eine klare Frage stellen, die mit einem einfachen »Ja« oder »Nein« beantwortet werden kann, wie: »Möchtest du die Butter haben?« Bedenken Sie außerdem, dass es Demenz-Kranke enorm verwirrt, wenn Worte, Gestik und Mimik nicht stimmig sind, also eine fröhliche Geschichte erzählt wird und der Patient dabei traurig-ernsthaft angeschaut wird. Denn die Gehirnstrukturen, die unbewusst Gesten verarbeiten, sind noch sehr lange intakt. Wenn Sie also mit dementen Menschen sprechen, versuchen Sie das Gesagte mit klaren, eindeutigen Gesten zu unterstreichen.

Anregung 2: Gestalten Sie den Wohnraum so, dass ein dementer Patient sich darin gut zurechtfindet, weil er klar und eindeutig strukturiert ist und es wenig Stolperfallen gibt. Ideal ist, wenn es einen bestimmten Platz in der Wohnung gibt, von dem aus man ein Zimmer gut überschauen kann und an dem eine Reihe von vertrauten Gegenständen stehen. Auch großgeschriebene, gut lesbare Kalender helfen den Patienten, sich zu orientieren.

Anregung 3: Verschlucken ist eine große Gefahr für demente Patienten. Ihr Schluckreflex funktioniert nicht mehr zuverlässig und dadurch können Essensreste in die Lunge gelangen, was zu einer Lungenentzündung führen kann. Deshalb sollte man einen dementen Menschen immer ganz in Ruhe essen lassen, ohne dass er dabei viel reden muss; die Speisen sollten so vorbereitet sein, dass er sie gut schlucken kann, bei Flüssigkeiten hilft es, wenn sie etwas angedickt sind. Auch gilt es, auf eine genügend hohe Kalorienzufuhr zu achten, die sich bei älteren Menschen zwischen 1700 und 2000 kcal pro Tag bewegen sollte. Um eine optimale Nährstoffversorgung sicherzustellen, sollte man mit dem Arzt genau besprechen, welche Vitamine in welcher Form ergänzt werden müssen. Fragen Sie explizit nach Vitamin D (wird in der Haut älterer Menschen weniger gut produziert), aber auch Vitamin B6, B12 und Folsäure bieten sich hier an, da hier häufig eine Unterversorgung zu beobachten ist. Immer wieder gewarnt wird vor dem Konsum von Grapefruitsaft oder -früchten, da sie mit einer Reihe von Arzneimitteln, die Demenz-Kranke häufig bekommen, interagieren und deren Wirksamkeit mindern.

Anregung 4: Geben Sie dem Tag eines Demenz-Kranken eine klare Struktur. Viele Patienten werden im Laufe des Tages sehr unruhig, beginnen mit Tätigkeiten, ohne sie zu Ende zu führen, laufen umher. Der Grund dafür ist eine gewisse Orientierungslosigkeit, da es ihnen schwerfällt, sich den Ablauf des Tages vorzustellen. Deshalb ist es hilfreich, wenn der Tag eine feste Abfolge hat und die Angehörigen den Patienten immer wieder daran erinnern, an welchem Punkt des Tages er sich befindet, was für den

Tag geplant ist etc. – warum nicht auch mit Hilfe einer großen Tafel, auf der die anstehenden Tagesereignisse notiert werden und auf die immer wieder verwiesen wird. Vor allem die Mahlzeiten können hier wichtige Eckpfeiler der Orientierung sein.

Diese Anregungen sind nur eine oberflächliche Betrachtungsweise, die vor allem zeigt, was man für einen Demenz-Kranken, aber auch für sich selbst tun kann, um sich den Alltag zu erleichtern und die Krankheitswahrnehmung abzumildern. Ganz entscheidend ist dabei, offen mit der Erkrankung umzugehen, so dass auch die Nachbarn und alle Angehörigen Bescheid wissen. Gerade Erstere können eine wichtige Rolle dabei spielen, wenn es z. B. darum geht zu verhindern, dass ein Patient unbeobachtet aus dem Haus oder der Wohnung entwischt. Vor allem sollten Angehörige aber an ihre eigenen Auszeiten denken, die zwar immer kompliziert zu organisieren, aber absolut notwendig sind, um weiterhin die körperliche und psychische Kraft für die Pflege aufbringen zu können. Studien zeigen, dass Demenz-Kranke entspannter und ruhiger sind, wenn die sie pflegenden Menschen ausgeglichen sind – die eigene Erholung kommt also beiden zugute, dem Patienten und dem Angehörigen.

### Parkinson-Erkrankung

Viele von uns haben sicherlich noch das Bild des selbst ernannten »Größten« des Boxens Muhammad Ali (Cassius Clay) vor Augen, der 1996 in Atlanta zitternd die olympische Fackel entzündet hat. Ein Monument der Willensstärke, aber auch des Verfalls, denn von dem einst großmäuligen, vor Energie strotzenden Boxer war kaum noch etwas übrig geblieben. Seit Jahren bereits litt Cassius Clay an Parkinson. Auch die wackelige segnende Hand von Johannes Paul II., der am Ende seines Lebens ebenfalls an Parkinson litt, ist vielen von uns vermutlich noch präsent.

Nach der Alzheimer-Demenz ist die Parkinson-Erkrankung (Morbus Parkinson) die zweithäufigste degenerative Erkrankung des Gehirns. Namensgeber ist der Londoner Arzt und Apotheker James Parkinson (1755–1824), der mit seinem »Essay on the Shaking Palsy« (Aufsatz über die Schüttellähmung) im Jahre 1817 als Erster eine Arbeit über diese Krankheit veröffentlicht hat. Doch er lag glorreich falsch: Weder handelt es sich um eine Lähmung, noch wird die Parkinson-Erkrankung immer von einem Schütteln begleitet. Auch seine Therapievorschläge waren nicht von Erfolg gekrönt (Aderlass und Schröpfen), und trotzdem wurde die Krankheit später nach ihm benannt. Es war der berühmte französische Neurologe Jean-Martin Charcot (1825 bis 1893), der als Erster von »Morbus Parkinson« sprach.

Allein in Deutschland leiden ca. 100 000 bis 250 000 Menschen an ihr. Pro Jahr werden 10 000 bis 15 000 Neuerkrankungen diagnostiziert. Männer sind etwas häufiger betroffen als Frauen, die Gründe hierfür sind nicht bekannt. Nur ca. 10 % der Parkinson-Patienten sind jünger als 40 Jahre. In der Regel fällt die Erkrankung zwischen dem 50. und 60. Lebensjahr zum ersten Mal auf. Ihre Häufigkeit steigt mit dem Alter: Bei den 60- bis 70-Jährigen ist etwa einer von 100 Menschen an Parkinson erkrankt, bei den 70- bis 80-Jährigen beträgt der Anteil bereits 2 %. Wenn keine präventive Therapie gegen die Parkinson-Erkrankung gefunden wird, bedeutet dies: 8 % der Kinder, die am Beginn des 21. Jahrhunderts geboren wurden und eine Lebenserwartung von weit über 90 Jahren haben, werden später an Parkinson leiden.

### *Die Symptome*

Parkinson geht einher mit einer fortschreitenden Beeinträchtigung des gesamten Bewegungsapparates. Allerdings ist der Beginn oft unauffällig und bleibt im Verborgenen, denn die dann noch unspezifischen Symptome sind einseitige Verspannungen an Armen und Schultern, begleitet von Müdigkeit, Deprimiertheit und Schweißausbrüchen. Von diesem Zeitpunkt an (der sich häufig nur im Nachhinein rekonstruieren lässt) dauert es etwa zehn Jahre, bis die Krankheit diagnostiziert werden kann. Häufig fallen früher mühelos ausgeführte feinmotorische Fähigkeiten schwerer, etwa einen Faden in eine Nadel einzufädeln oder mit kleinem Uhrenwerkzeug zu hantieren. Außerdem verändert sich das Schriftbild: Die Buchstaben Betroffener werden immer kleiner und unleserlicher.

Parkinsonspezifisch sind drei Grundsymptome: Tremor, Akinese und Rigor (Abb. 35). Der Tremor, für die meisten Menschen der Inbegriff für die Parkinson-Erkrankung, ist ein Zittern der Gliedmaßen, auffällig an Händen und Fingern zu erkennen, das besonders in Ruhephasen deutlich wird. Die Akinese bezeichnet eine hochgradige Bewegungsarmut. Der Erkrankte zeigt eine allgemeine Verlangsamung aller Bewegungsabläufe und benötigt für die Fortbewegung sowohl eine Anlauf- als auch Stoppzeit. Akinese und Tremor führen dazu, dass selbst alltägliche Routinetätigkeiten wie Zähneputzen, Schnürsenkelbinden, Knöpfeschließen zu einer unüberwindlichen Hürde werden. Der Rigor ist eine Muskelsteifheit, die durch einen erhöhten Muskeltonus

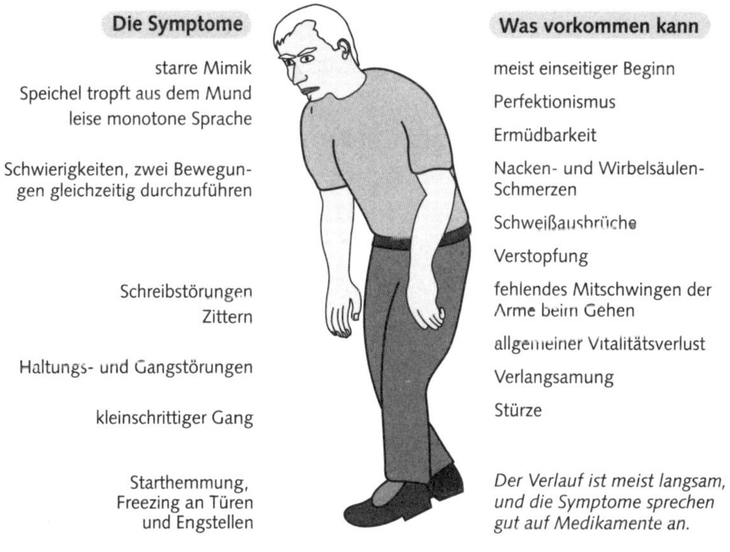


**Abbildung 35: Schematische Auflistung der Parkinson-Symptome**

(Anspannung der Muskulatur) geprägt ist. Die andauernde und unwillkürliche Muskelspannung führt zu einer Steifheit aller Gliedmaßen sowie des Rumpfes. Die daraus resultierende Körperhaltung ist ein nach vorne gebeugter Oberkörper bzw. eine nach vorne gebeugte Kopf- und Nackenpartie.

Daneben treten oft zahlreiche weitere Symptome auf, wie z. B. Nacken- und Rückenschmerzen, Schlafstörungen, vermindertes Mitpendeln der Arme beim Laufen, Stolpern, kleine Schritte, Störung der Darmmuskulatur, eine leiser und schleppender werdende Sprache. Ob der Symptomatik ist es nicht verwunderlich, dass jeder zweite Parkinson-Patient unter Depressionen leidet. Dies hängt wohl auch damit zusammen, dass nicht nur die Bewegungen mühsamer, sondern auch die Gedanken verlangsamt werden; bei jedem Dritten lassen sich im späteren Verlauf der Erkrankung Demenzerscheinungen nachweisen.

*Ursachen*

Ein Durchbruch im Verständnis von Morbus Parkinson gelang Anfang der 60er Jahre: Gleich mehrere Arbeitsgruppen erkannten im Mangel des Neurotransmitters Dopamin eine Ursache der Erkrankung, unter ihnen der schwedische Nobelpreisträger Arvid Carlsson, der das Dopamin entdeckt hatte ebenso wie die Vorstufe L-Dopa, die sich inzwischen zu einem wichtigen Medikament gegen die Parkinson-Erkrankung entwickelt hat. Der Dopaminmangel entsteht durch das Absterben von Neuronen in der Substantia nigra, die, im Mittelhirn gelegen, einer der Hauptorte der Dopaminsynthese sind, was den Gehirnkern – bedingt durch ein Abbauprodukt des Dopamins Melanin – schwarz erscheinen lässt. Wenn die ersten Symptome der Parkinson-Erkrankung diagnostiziert werden, sind allerdings schon 50 % der Dopamin produzierenden Zellen im Mittelhirn abgestorben!

Das in der Substantia nigra produzierte Dopamin wird über lange Projektionsbahnen unter anderem in den Basalganglien ausgeschüttet. Die Basalganglien, mächtige Strukturen, die unter-

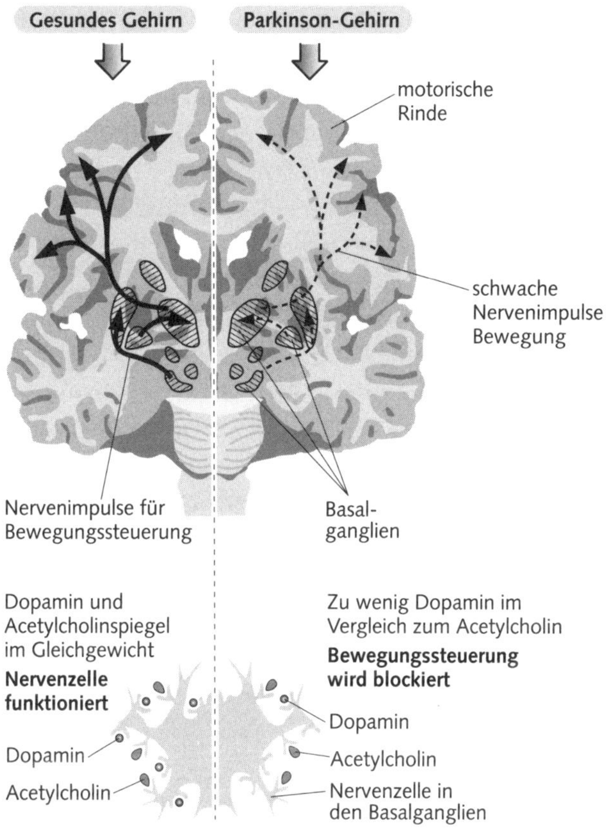


**Abbildung 36: Neurologische Ursachen der Parkinson-Erkrankung anhand des Vergleiches eines gesunden und eines Parkinson-erkrankten Gehirns**

halb der Großhirnrinde gelegen sind, sind wichtig, um gelernte Bewegungen automatisiert durchzuführen. Rutschen wir auf einer glatten Fläche aus, so sind es die Basalganglien, die die notwendige Ausgleichsbewegung blitzschnell und unbewusst initiieren. Im Zusammenspiel mit der Großhirnrinde und dem Kleinhirn bewirken die Basalganglien, dass wir Bewegungen flüssig und zielgerichtet ausführen können. Fehlt durch das Absterben von

Neuronen Dopamin im Mittelhirn, kann all dies nur noch unter größten Schwierigkeiten und sehr verlangsamt ausgeführt werden. Aber nicht nur die Basalganglien sind für ein reibungsloses Funktionieren auf das Dopamin aus dem Mittelhirn angewiesen, auch der Thalamus im Zwischenhirn braucht eine gehörige Dosis Dopamin (Abb. 36). Bleibt diese aus, beginnen die Neuronen in einem ungewollten Gleichklang zu feuern, und diese synchronisierte Aktivität bewirkt das Zittern der Hände, Arme und Finger.

Warum die Dopamin produzierenden Neuronen absterben, ist nicht bekannt. Allerdings erkranken auffällig viele Boxer und Menschen nach Kontamination mit Schwermetallen an Morbus Parkinson. Bei etwa 10 % der Patienten kann ein Gendefekt lokalisiert werden – sie erkranken auch besonders frühzeitig, nämlich bereits um das 30. Lebensjahr herum. Der Gendefekt hängt damit zusammen, dass Proteine nicht richtig abgebaut werden können und die Neuronen sich dann mit Eiweißstoffen überladen, da die Protein-Abfallentsorgung nicht regelkonform funktioniert. Warum dies allerdings ausgerechnet die Dopamin produzierenden Zellen trifft, ist wiederum unbekannt.

*Therapie*

Es gibt durchaus Theorien, warum bei der Parkinson-Erkrankung im Gehirn ausgerechnet die Nervenzellen verloren gehen, die in der Substantia nigra Dopamin produzieren. Was die Krankheit auslöst, darüber gibt es aber keine sicheren Erkenntnisse. Und genauso wenig hat man bislang eine Möglichkeit gefunden, die »angeschlagenen« dopaminergen Neuronen am Leben zu halten. Aber es gibt durchaus erfolgversprechende Ansätze, die Parkinson-Krankheit in ihren Symptomen aufzuhalten. Sie reichen von Stammzellentherapien über Medikamente bis hin zur Tiefenhirnstimulation.

Die Entdeckung des Dopaminmangels bei der Parkinson-Erkrankung schien zunächst zu einer schnellen medikamentösen Behandlung zu führen, denn durch die Gabe des Medikamentes Levodopa (das den Wirkstoff L-Dopa enthält, eine Vorstufe des Dopamins) verbessern sich die mit der Parkinson-Erkrankung einhergehenden Symptome erheblich. Eine direkte Verabreichung von Dopamin ist nicht möglich, da nur die Vorstufe L-Dopa die Blut-Hirn-Schranke überwinden kann – bei dieser Barriere handelt es sich um eine streng kontrollierte Grenze zwischen dem Gehirn und dem Blutkreislauf. Zwar tritt durch die L-Dopa-Gabe schnell eine Besserung bei den Patienten ein, aber im fortgeschrittenen Krankheitsverlauf kommt es zu einem Wirkungsverlust und sogenannten On-/Off-Phasen. Dabei wechseln sich Phasen erhöhter Mobilität abrupt mit solchen starker Immobilität und sogar einer Verstärkung der Parkinson-Symptome ab. Deshalb versucht man bei der Medikamentierung, die noch vorhandene Dopaminausschüttung in ihrer Wirkung zu verstärken oder den fehlenden Einfluss des Dopamins auf die Basalganglien indirekt auszugleichen. Welches Medikament für welchen Patienten empfehlenswert ist, hängt von zahlreichen Faktoren wie Alter, Symptome, Nebenwirkungen (Verträglichkeit) ab.

Zu den Medikamenten, die auf das Ungleichgewicht an neuronalen Botenstoffen wirken, die durch den Dopaminmangel hervorgerufen werden, gehören z. B. der verhältnismäßige Überschuss an Glutamat und Acetylcholin in den Basalganglien, deren Ausschüttung normalerweise von Dopamin kontrolliert wird. Amantadine sind hierbei nun Wirkstoffe, die die Wirkung von Glutamat hemmen; COMT-Hemmer (Inhibitoren der Catechol-O-Methyltransferase eines Dopamin abbauenden Enzyms) und MAO-B-Hemmer (Inhibitoren des Enzyms Monoaminooxidase-B) wirken ebenfalls den Dopamin abbauenden Enzymen entgegen und normalisieren das Ungleichgewicht der Neurotransmitter.

Eine andere Art der Behandlung stellt die Gabe von GDNF *(Glial-cell line derived neurotrophic factor)* dar. Dies ist ein Wachstumsfaktor, der besonders Dopamin produzierende Neuronen am Leben hält. Klinische Studien testen gerade, ob er eine therapeutische Relevanz haben könnte. Allerdings ist die Darreichungsform nicht ganz unproblematisch: Da GDNF nicht die Blut-Hirn-Schranke passieren kann, muss es mittels einer Injektion von gentechnisch veränderten Viren verabreicht werden, eine Methode, die beim Menschen immer noch nicht ausgereift ist. Nur wenige Parkinson-Zentren bieten diese Möglichkeit überhaupt an.

Parkinson war eine der ersten Erkrankungen, die man versucht hat mit Hilfe von neuronalen Stammzellen zu kurieren. Die Idee ist simpel: Im Gehirn der Parkinson-Patienten ist eine eng begrenzte und gut definierte Gruppe von Nervenzellen betroffen, die als Botenstoff Dopamin verwenden. Stammzellen sind die (fast) Alles-Könner unter den Körperzellen, und wenn es gelingen würde, diese in das Gehirn an die richtige Stelle (die Substantia nigra) zu injizieren, und die Stammzellen sich dann noch zu einem bestimmten Zelltyp (dopaminerge Neuronen) entwickelten, wäre es denkbar, die Erkrankung ursächlich zu heilen. Bisher ist dies Zukunftsmusik, aber es wird intensiv daran gearbeitet, die so vielversprechenden neuronalen Stammzellen für die Medizin nutzbar zu machen.

Ein anderer Ansatz, um die Parkinson-Erkrankung in Schach zu halten, ist die Tiefenhirnstimulation, die in der Tat schon bei vielen Patienten erfolgreich angewendet wird. Dabei werden dem Patienten Elektroden implantiert, die über unter der Haut verlegte Leitungen mit einem Impulsgeber im Bereich der Brust oder dem Oberbauch verbunden sind (Abb. 37).

Das gerne auch als »Hirnschrittmacher« bezeichnete System stimuliert mit minimalen elektrischen Impulsen (3 bis 5 V bei einer Stimulationsfrequenz von 130 Hz) das Mittelhirn oder Kerngebiete direkt unter dem Thalamus (Nucleus subthalamicus). Dabei werden entweder durch den Dopaminmangel gestörte Gehirnrhythmen normalisiert oder die noch verbleibenden dopaminergen Nervenzellen aktiviert und wundersamerweise länger am Leben erhalten. Bislang wurden weltweit ca. 50 000 Patienten mit dieser Art der Gehirnstimulation operativ versorgt, und die bisherigen Ergebnisse sind überaus positiv: Nicht nur Krankheitssymptome wie Zittern (Tremor), Steifigkeit (Rigor) und Bewegungsarmut (Akinese) bessern sich dadurch, sondern nachweislich auch die Lebensqualität der Patienten – bisher sogar ohne abnehmende Wirkung, wie das bei der L-Dopa-Gabe noch beobachtet wurde. Auch die beschriebenen Nebenwirkungen sind gering. Ein anderer Vorteil der Stimulation besteht darin, dass man sie bei ungewollten Nebeneffekten einfach einstellen kann. Warum diese Methode der Symptombehandlung so lange Zeit so erfolgreich und ohne eine Abnahme der Wirksamkeit funktioniert, ist weitgehend unbekannt.

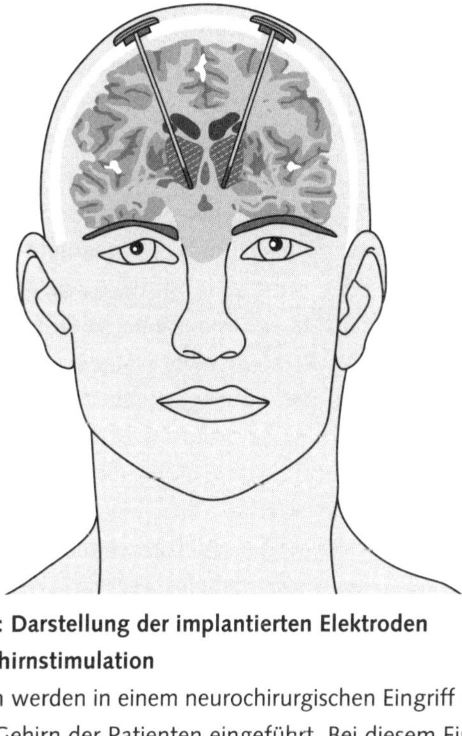

**Abbildung 37: Darstellung der implantierten Elektroden bei der Tiefenhirnstimulation**

Die Elektroden werden in einem neurochirurgischen Eingriff millimetergenau in das Gehirn der Patienten eingeführt. Bei diesem Eingriff können die Patienten wach sein, da das Gehirn selbst schmerzunempfindlich ist.

## Schlaganfall

Im Unterschied zu den langsamen, degenerativen Gehirnerkrankungen wie Parkinson oder Alzheimer, die einen schleichenden Verfall mit sich bringen, ist ein Schlaganfall eine plötzlich auftretende Erkrankung des Gehirns. Dabei wird die Blutversorgung des Gehirns massiv gestört, was oft zu einem anhaltenden Ausfall von Gehirnfunktionen führt. Der Psychologe Scott Moss, der im Alter von 43 Jahren einen Schlaganfall erlitt und in der Folge weder Sprache verstehen konnte, noch in der Lage war, selbst zu sprechen (Aphasie), und zudem rechtsseitig gelähmt war, beschrieb seine Erfahrungen nach dem Gehirnschlag so: »Als ich am nächsten Morgen im Krankenhaus aufwachte, war ich aphasisch. Ich konnte vage verstehen, was andere zu mir sagten, wenn sie sehr langsam sprachen und sich auf einen sehr konkreten Vorgang bezogen … Ich hatte jede Fähigkeit, zu sprechen, zu lesen und zu schreiben, verloren. Die ersten beiden Monate war ich sogar unfähig, innerlich – also in Gedanken – Worte zu verwenden … Ich konnte auch nicht mehr träumen. Was von mir selbst geschaffene Konzepte betraf, lebte ich also acht bis neun Wochen lang in einem völligen Vakuum … Ich konnte nur die unmittelbare Gegenwart bewältigen … Mein Intellekt war verloren gegangen – eine unabdingbare Voraussetzung meiner Persönlichkeit – all die essenziellen Dinge, die ein Individuum zu etwas Einzigartigem machen … Lange Zeit fühlte ich mich wie ein halber Mensch.«

Die Terminologie für diese Erkrankung des Gehirns ist genauso umfangreich wie die durch einen Schlaganfall verursachten Schäden: So wird sie auch als Gehirnschlag, zerebraler Insult, apoplektischer Insult, Apoplexia cerebri oder kurz Apoplex bezeichnet. Dazu gesellen sich angloamerikanische Begriffe wie Stroke oder Cerebrovascular accident (CVA); sie werden gewissermaßen als Oberbegriff verwendet, um unterschiedliche neurologische Krankheitsbilder zu beschreiben, deren hauptsächliche Gemeinsamkeit plötzliche Symptome sind, die nach einer auf das Gehirn begrenzten Durchblutungsstörung auftreten.

Schlaganfälle gehören zu den häufigsten Erkrankungen in Deutschland und sind mit 8 % die dritthäufigste Todesursache. Die Wahrscheinlichkeit, einen Schlaganfall zu erleiden, steigt mit zunehmendem Alter. Darüber hinaus zählen die durch einen Schlaganfall verursachten Funktionsverluste zu den häufigsten Ursachen für eine dauerhafte Behinderung. Pro Jahr erleiden ca. 250 von 100 000 Menschen einen Schlaganfall, das sind in Deutschland etwa 200 000 Schlaganfälle pro Jahr, wobei etwa 160 000 der Betroffenen älter sind als 60 Jahre. Etwa zwei Drittel der Patienten sind auch ein Jahr nach dem Infarkt noch pflegebedürftig.

Die Ursachen der Minderdurchblutung bestimmter Gehirnareale von wenigen Minuten bis Stunden können hierbei ganz unterschiedlicher Natur sein. So können Arterien verstopft sein, was eine Ischämie (Minderdurchblutung eines Gehirnareals und damit einhergehende Sauerstoffminderversorgung) verursacht. Oder aber es kommt zu Hirnblutungen, weil eine Arterie geschädigt wurde. Ob die Ursache eine Minderdurchblutung oder eine Blutung ist, lässt sich erst im Krankenhaus durch bildgebende Verfahren wie die Computertomographie (CT) oder Kernspin sicher sagen. Gemeinsam ist den verschiedenen Ursachen eines Schlaganfalls, dass es den Nervenzellen plötzlich an Sauerstoff, Glukose (Traubenzucker) und anderen Substraten mangelt. Dabei stirbt das Gebiet, das länger ohne Sauerstoffversorgung ist, ab. Dies bezeichnen wir als Infarkt. Um das geschädigte Areal herum liegt die sogenannte Penumbra, ein Gebiet, das durch die absterbenden Nervenzellen und die dadurch freigesetzten Sauerstoffradikale mit geschädigt wird; es ist häufig viel größer als das Infarktgebiet selbst. Ein wichtiges therapeutisches Ziel besteht darin, die Zellschädigungen im Gebiet der Penumbra so klein wie möglich zu halten, indem der Patient nach einem Infarkt so schnell wie möglich behandelt wird. Jede Minute zählt.

Die Symptome eines Schlaganfalls treten plötzlich auf, und je nach Ausmaß der betroffenen Gebiete können sich ein oder mehrere der folgenden Symptome zeigen:

- Wortfindungsstörungen oder Sprach-, Schrift- oder Verständnisstörungen. Je nachdem wo das Gehirn geschädigt ist, kann es zu verschiedenen Formen von Aphasien kommen. Sie lassen sich grob unterteilen in motorische Aphasien, welche die Sprachproduktion beeinträchtigen, und sensorische Aphasien, bei denen das Sprachverständnis gestört ist. Tritt beides gemeinsam auf, spricht man von einer globalen Aphasie. Wer beispielsweise an einer leichten motorischen Aphasie leidet, hat Wortfindungsprobleme oder verwendet falsche Begriffe. Bei schweren Formen können die Betroffenen oft keine vollständigen, grammatisch korrekten Sätze mehr bilden und stoßen nur noch isolierte Worte im Telegrammstil hervor.
- Sehstörung auf einem oder beiden Augen (evtl. einseitige Pupillenerweiterung), Gesichtsfeldausfall, Doppelbilder oder auch fehlende Wahrnehmung eines Teils der Umwelt (Neglect)
- Schwindel, Gangstörung, Gleichgewichts- oder Koordinationsstörung (Ataxie)
- Taubheitsgefühl bis hin zu Lähmungen im Gesichts-, Arm-, Beinbereich oder gar einer ganzen Körperhälfte
- Verwirrung bzw. Orientierungsstörungen
- Schluckstörungen (Dysphagie)

Damit man als Laie einen möglichen Schlaganfall relativ schnell erkennen kann, haben Ärzte in den USA einfache Kriterien entwickelt: Kann der Betroffene noch normal lächeln, oder ist das Gesicht dabei einseitig verschoben? Kann er oder sie noch beide Arme heben und diese oben halten (bei einer Lähmung kann ein Arm nicht gehoben werden bzw. sinkt oder dreht sich, vor allem bei geschlossenen Augen, ab)? Kann ein einfacher Satz verständlich formuliert oder verstanden werden, ohne dass er verwaschen klingt?

Auch wenn der Patient keine Schmerzen hat, bei Verdacht auf einen Schlaganfall ist äußerste Eile geboten! Für die Erste Hilfe gilt: Erst den Notruf tätigen, dann den Patienten so lagern, dass der Oberkörper erhöht ist, und fortlaufend das Bewusstsein kontrollieren, dabei jede körperliche Belastung vermeiden. Es sollte auch darauf geachtet werden, dass der Betroffene nichts isst oder trinkt, da Erstickungsgefahr droht, wenn das Gehirn den Schluckvorgang nicht mehr korrekt steuern kann. Wenn irgend möglich, sollte ein Patient mit Verdacht auf einen Schlaganfall zur genauen Diagnostik und Therapie in eine spezialisierte Abteilung für Schlaganfall-Behandlung (Stroke Unit) gebracht werden.

Dort wird man als Erstes versuchen, den Patienten mit speziellen Medikamenten zu behandeln, die eine Auflösung der kleinen Blutgerinnsel in den Blutgefäßen bewirken (Thrombolyse). Um die Durchblutung aller Gehirnareale so schnell wie möglich wiederherzustellen, sollte damit innerhalb der ersten vier Stunden nach einem Schlaganfall begonnen werden.

Nicht zu verwechseln mit einem Schlaganfall, auch wenn sich die Symptome gleichen, ist eine sogenannte Transitorische Ischämische Attacke (TIA). Hierbei handelt es sich um eine vorübergehende Durchblutungsstörung im Gehirn, die wenige Minuten bis Stunden, aber weniger als 24 Stunden dauert und in der Regel ohne sichtbare Folgen bleibt. Dennoch darf auch eine TIA nicht unterschätzt werden, zum einen weil bei vielen Patienten mit einer TIA morphologische Schädigungen des Gehirns nachweisbar sind, zum anderen weil das Risiko für einen Schlaganfall nach einer TIA sehr groß ist. Insofern muss eine TIA genauso behandelt werden wie ein »normaler« Schlaganfall.

### *Rehabilitation*

Die Rehabilitation von Patienten mit einem Schlaganfall beginnt idealerweise sofort nach dem Auftreten erster Symptome in spezialisierten Behandlungszentren, den erwähnten Stroke Units, von denen es in Deutschland mittlerweile fast 200 gibt. Obwohl nach der akuten Versorgung eines Schlaganfallpatienten die Schädigungen seines Gehirns hoffentlich in Grenzen gehalten werden konnten, muss man fast immer damit rechnen, dass bestimmte Gehirngebiete unwiederbringlich verloren gegangen sind und die Sprache oder die Motorik von Armen und Beinen infolgedessen eingeschränkt ist. Wie man heute weiß, muss man diese Lähmungen oder Sprachstörungen aber nicht als gegeben hinnehmen, sondern kann mit viel Training das Schlimmste verhindern. Reha-Ansätze erfordern ein hohes Maß an interdisziplinärer Zusammenarbeit und sind bei konsequenter Ausführung für den Rehabilitationsverlauf maßgeblich mitverantwortlich. Eine neue und wissenschaftlich gut belegte Methode besteht z. B. darin, sich die Plastizität, die auch dem alternden Gehirn noch zu eigen ist, zunutze zu machen. Sie bedeutet, dass das Gehirn sich neu verschalten kann, wenn sich die Nutzung bestimmter Gehirnareale verändert. Da die Körperoberfläche in der Sensorik und Motorik über Kreuz verschaltet ist und die linke Seite der Welt in der rechten Großhirnhemisphäre verarbeitet wird und umgekehrt, kann ein Schlaganfall, bei dem beispielsweise das Gebiet des motorischen Cortex in der *rechten* Hemisphäre betroffen ist, eine Lähmung oder zumindest Bewegungseinschränkung der *linken* Hand verursachen. Der betroffene Patient wird dann nur noch die rechte, voll funktionsfähige Hand nutzen wollen. Indem die gesunde Hand aber bis zu acht Stunden täglich in eine Schlaufe oder in einen engen Verband gelegt wird, ist er gezwungen, die linke Hand zu gebrauchen; das mag ihm am Beginn der Therapie absurd vorkommen, aber die Erfolge in der Behebung solcher Bewegungsschäden sind enorm.

Das Gehirn programmiert sich dabei um: Mühsam und langwierig werden die Verbindungen gestärkt, die die Motorik und Sensorik der verletzen Hemisphäre mit einer Hand, einem Arm oder einem Bein verbinden, die zuvor gelähmt schienen. Dafür müssen die Nervenzellen neue synaptische Kontakte bilden bzw. bestehende, aber ungenutzte Synapsen verstärken, und neue Axone und Dendriten müssen auswachsen. Wie die Willenskraft eines Menschen dies bewirken kann, wird intensiv wissenschaftlich untersucht. Bisherige Befunde zeigen, dass die Moleküle und zellulären Mechanismen, die für Lern- und Gedächtnisprozesse verantwortlich sind, auch bei der Reorganisation der Großhirnrinde nach einem Schlaganfall beteiligt sind.

Außerdem versuchen Physio- und Ergotherapeuten, mit Rehabilitation die Körperwahrnehmung des Patienten zu verbessern, z. B. seine Gehfähigkeit zu reaktivieren, Gangmuster einzuüben oder sensomotorische Fähigkeiten zu trainieren; Logopäden nehmen sich der Aufgabe an, die Sprachfähigkeiten wiederherzustellen. Das alles mit erstaunlichem und oft unterschätztem Erfolg.

Neuere Therapie-Ansätze versuchen, durch den Infarkt sekundär veränderte Hirnaktivitäten zu korrigieren. So zeigen einige Patienten eine vermehrte Aktivität der nicht geschädigten Großhirnhemisphäre, welche die motorischen Funktionen der vom Schlaganfall betroffenen Hirnhälfte stört. Eine Reduktion der Überaktivität, z. B. mit Hilfe der transkraniellen Magnetstimulation (TMS), die den neuronalen Aktivitätsfluss durch an den Kopf angelegte Magnetfelder stoppt, kann dazu führen, dass der Patient z. B. die gelähmte Hand wieder gebrauchen kann.

Eine spannende, neue Variante verbindet Grundlagenforschung mit einer originellen Therapieidee, nämlich die Patienten vor allem durch Nachahmung Bewegungen neu erlernen zu lassen. Für eine solche Art des Lernens gibt es in unseren Köpfen ein faszinierendes System an Spiegelneuronen, die bei zielgerichteten Aktionen aktiv werden, und zwar egal ob wir sie selbst ausführen oder nur an anderen beobachten. Entsprechend sind Spiegelneuronen vor allem in jenen Regionen des menschlichen Gehirns verbreitet, die Handlungen planen und initiieren: neben dem motorischen Cortex, der Bewegungsimpulse an die Muskeln schickt, vor allem das prämotorische sowie das supplementär-motorische Areal. Die Frage der Wissenschaftler ist, ob sich dieses Spiegelneuronensystem nicht auch zur Therapie von Schlaganfallpatienten nutzen lässt.

Dieser Idee folgend, entwickelte das Universitätsklinikum in Lübeck ein Reha-Programm für Schlaganfallpatienten, deren motorische Rindenareale durch eine Hirnblutung geschädigt worden waren. Die Probanden sahen dabei zunächst Filmaufnahmen mit einer Folge von Bewegungen – z. B. Arm ausstrecken, Hand öffnen, nach einem Apfel greifen und diesen zum Mund führen, um davon abzubeißen. Gleich darauf versuchten die Patienten, das Gesehene selbst aktiv zu imitieren, um die Repräsentation des Ablaufs im Gehirn zu festigen. Das simple Versuchsprogramm erwies sich als erfolgreich: Die motorischen Fähigkeiten der Probanden verbesserten sich im Verlauf eines sechswöchigen Trainingsprogramms deutlich schneller als in der Vergleichsgruppe, die keine Videotherapie erhielt und ein normales Trainingsprogramm durchlief (dieses führte zwar auch zu Verbesserungen, sie blieben aber hinter denen der Videotherapie zurück).

*Risikofaktoren*

Die Hauptrisikofaktoren für einen Schlaganfall sind Bluthochdruck und Rauchen, Herzerkrankungen (instabile Angina pectoris, Herzinfarkt, Herzrhythmusstörungen, Herzklappenfehler) und Stoffwechselstörungen (erhöhte Blutfettwerte, Diabetes mellitus). Da sie zum Teil etwas mit unserem Lebensstil zu tun haben, können wir sie auch beeinflussen: Aufs Rauchen kann man verzichten, und Bluthochdruck sowie Herzerkrankungen werden durch Übergewicht begünstigt, dem man durch viel Bewegung und eine Ernährungsumstellung entgegenwirken kann. Die Wissenschaft hält weitere gute Nachrichten bereit: Neuere Untersuchungen belegen nämlich, dass sich das Schlaganfallrisiko durch geringe Mengen Alkohol (weniger als 10 g Ethanol pro Woche – das sind etwa 0,5 Liter Bier pro Woche) sowie regelmäßige körperliche Aktivität, die wiederum zur Reduktion von erhöhtem Blutdruck führt, senken lässt. Daneben hat sich bei entsprechender Indikation der Einsatz von Medikamenten bewährt, die einen bestimmten Typ von Blutzellen, die die Blutgerinnung fördern (Thrombocyten), hemmen. Vor allem Acetylsalicylsäure und Ticlopidin werden in der Schlaganfallprophylaxe eingesetzt, da mit ihrer Hilfe das Risiko von Arterienverschlüssen vermindert werden kann.

Wer ungesund lebt oder eine genetische Disposition hat, läuft im Alter Gefahr, einen Schlagfall zu bekommen. Dass dies aber erst in dieser Lebensphase und nicht schon mit 40 Jahren oder noch früher geschieht, hat mit der Leistungsfähigkeit des Herz-Kreislauf-Systems zu tun, welches effektiv die Bildung von kleinen Thromben zu verhindern weiß, eine Fähigkeit, die im Alter nachlässt. Dazu kommt, dass im Laufe der Jahrzehnte viele Gefäße aufgrund von Ablagerungen enger und weniger flexibel werden.

Wie wir gesehen haben, kann ein entsprechender Lebensstil auf bestimmte Erkrankungen »aufschiebend« wirken. Dennoch scheinen vor allem jenseits des 85. Lebensjahres die Gene einen stärkeren Einfluss auf die kognitive Alterung zu haben als die Art und Weise, wie wir leben. Man könnte jetzt einwenden, warum sich dann nicht im Laufe der Evolution die Genvarianten eliminiert haben, die das Leben und unsere kognitive Leistungsfähigkeit jenseits des 85. Lebensjahres begrenzen. Dem lässt sich entgegnen, dass die Evolution in diesem Alter nicht mehr wirksam sein kann, da es weit jenseits der reproduktiven Phase keinen Einfluss mehr auf die Weitergabe der Gene hat. All dies ist aber Spekulation, Fakt ist, dass biologische Prozesse des Alterns jenseits des 85. Lebensjahres unser Altern stärker bestimmen, als dies in vorherigen Lebensjahrzehnten der Fall war.

**Postkarte aus dem Leben**

*»Als Konrad Lang zurückkam, stand alles in Flammen, außer dem Holz im Kamin.« Besser kann man einen Roman über die Alzheimer-Erkrankung nicht beginnen. Der Roman* Small World *von Martin Suter beschreibt schonungslos, wie es erst die Kleinigkeiten sind, die sich bei dem Protagonisten Konrad Lang, Mitte 60, zu Beginn seiner Alzheimer-Erkrankung einstellen. Manchmal harmlose Vergesslichkeit, aber auch Sonderbar-*

*keiten wie diese, dass er seine Brieftasche versehentlich in den Kühlschrank legt. All diese würde man mit etwas Wohlwollen noch als leichte kognitive Störungen (MCI) bezeichnen können. Bald aber vergisst Herr Lang, im Roman immer nur Konrad oder Koni genannt, den Namen der Frau, die er heiraten will. Der besondere Clou der Geschichte besteht darin, dass der Verlust der Fähigkeit, Neues abzuspeichern und Gedächtnisinhalte jüngeren Datums abzurufen, eine schwerreiche alte Dame, der Konrad Lang seit seiner frühesten Kindheit auf eine ungewöhnliche Art und Weise verbunden ist, in Bedrängnis bringt. Zwar hat er Schwierigkeiten, sich alltägliche Sachen zu merken, dafür werden in seinem Bewusstsein aber längst vergessene Begebenheiten aus seiner Kindheit wieder nach oben gespült; und hier scheinen »gefährliche« Erinnerungen dabei zu sein. Auch dies eine Erfahrung, die alte Menschen häufig machen: Während der »Alltagsverstand« und das Kurzzeitgedächtnis nachlassen, kommen immer häufiger längst vergessen geglaubte Erinnerungen hoch, manchmal so unverhofft und unerwartet, dass es nicht nur Konrad Lang, sondern auch eine ältere Dame zu erschrecken scheint – und bis hin zu Mordgelüsten geht. In Suters Roman fiebert und leidet man mit dem Protagonisten mit, folgt der detaillierten Beschreibung vom Fortschreiten seiner Krankheit mit Angst und Schrecken, aber auch mit Faszination und Neugier. Ob es hier und im wirklichen Leben zu erfolgreichen Therapien kommt, die mehr als ein Anhalten der Erkrankung bewirken, muss an dieser Stelle offen bleiben.*

*Das Buch hat sich jedenfalls binnen kurzer Zeit eine Million Mal verkauft. Und dem französischen Regisseur Bruno Ciche ist eine wunderbare Adaption des Romans gelungen, in der Gérard Depardieu den alternden Freigeist Konrad Lang spielt.*

## KAPITEL 8

# Frischekur fürs Gehirn

*»Die sicherste Methode, die Zukunft vorherzusagen, besteht darin, sie zu gestalten.«*
Peter Drucker

In ihrem Buch *Memory! Neues über unser Gedächtnis* erzählt die amerikanische Wissenschaftsjournalistin Sue Halpern von dem New Yorker Neurologen Scott Small. Er wird sehr häufig von älteren Menschen aufgesucht, die sich Sorgen um ihr Gedächtnis machen, weil sie Termine vergessen, den Namen von Klienten nicht erinnern oder den Titel eines Buches, das sie gerade gelesen haben, nicht parat haben. In den meisten Fällen, berichtet Dr. Small, würden die neurologischen Untersuchungen keinen Hinweis auf eine Alzheimer-Erkrankung oder eine andere Form der Demenz ergeben. »Das ist ganz normales Altern!«, versucht er seine Patienten zu beruhigen. Woraufhin die ihm gegenüber sitzenden Menschen fast immer fragten, ob es nicht ein Medikament dagegen gebe. Nein, muss Dr. Small dann immer wieder betonen, denn Altern ist keine Krankheit!

Das wollen wir gerne zugeben, aber dennoch wüssten auch wir gerne, wie wir unsere kognitiven Fähigkeiten, insbesondere die Leistungsfähigkeit unserer Gedächtnisses, möglichst lange möglichst gut erhalten können. Und auch wenn Altern ein unumkehrbarer Prozess ist und Jungbrunnen ebenso wie Anti-Aging-Mittel nur in Marketingabteilungen von Kosmetikherstellern und einigen Pharmafirmen existieren, so gibt es doch wissenschaftliche Evidenzen für eine Reihe von möglichen Maßnahmen, mittels derer wir es sehr wohl vermögen, kognitive Alterungsprozesse zu verlangsamen und die Stärken des Alterns gegenüber den

Schwächen auszubauen. Mit vielen von ihnen kann man zu jeder Zeit in seinem Leben beginnen und einen positiven Effekt auf das Altern erwirken. Aber es gehört auch zu den wissenschaftlichen Erkenntnissen der Altersforschung: Wer im Alter von 75 Jahren noch ein optimal leistungsfähiges Gehirn haben will, sollte schon vor dem 50. Lebensjahr damit anfangen, etwas dafür zu tun. Spätestens ab dann heißt es: Gewicht regulieren, sich regelmäßig bewegen, gesund ernähren und das Gehirn trainieren.

## Bewegung

*Mens sana in corpore sano* – diese lateinische Redewendung über den Zusammenhang, der zwischen einem gesunden Körper und einem gesunden Geist besteht, ist ein verkürztes Zitat aus den Satiren des römischen Dichters Juvenal. Dort heißt es: »Beten sollte man darum, dass in einem gesunden Körper ein gesunder Geist sei.« Juvenal beabsichtigte damit, seine Mitbürger bloßzustellen, die um alles Mögliche beteten, ohne selbst etwas dafür zu tun. Dies gilt auch heute noch für viele von uns. Wir haben sehr wohl die Möglichkeit, Einfluss auf unsere Leistungsfähigkeit zu nehmen, aber wir müssen sie auch nutzen und aktiv werden.

Motorische Bewegung wirkt positiv auf den Erhalt unserer Gehirnfunktion und -anatomie. Und überraschenderweise erweist sich hier: Was für das Herz gut ist, ist es auch für das Gehirn. Wer sich regelmäßig sportlich betätigt, nicht übergewichtig ist und nicht raucht, kann 10 bis 15 gesunde Jahre dazugewinnen, wie gleich mehrere Langzeitstudien an älteren Menschen zeigen.

Wer jede Woche durch Sport 2000 kcal verbraucht, wird mit einem geringeren Sterberisiko belohnt: Es sinkt um 28 % bei den 60- bis 69-Jährigen und sogar um 37 % bei den 70- bis 84-Jährigen. Und es gibt weitere positive Effekte: Bewegung verringert das Risiko von Demenz, Schlaganfall, Diabetes, Fettleibigkeit, Depression, Herz-Kreislauf-Erkrankungen, Brust- und Darmkrebs. Überraschend dabei ist, dass sich Fitnesstraining auch – ja man kann sogar sagen: im besonderen Maße – auf die kognitiven Fähigkeiten unseres Gehirns auswirkt. Wissenschaftliche Befunde zeigen, sportliche Betätigung erhält die kognitive Leistungsfähigkeit im Alter länger. Dies mag unserer populären Ansicht über die geistige Fitness von Profisportlern vielleicht entgegenstehen, doch hier gilt – wie so oft im Leben –, man kann auch zu viel des Guten tun. Eine umgekehrte U-Funktion besagt, dass man bei sportlicher Betätigung bis zu einem bestimmten Punkt einen positiven Effekt auf die Gesundheit beobachten kann, ab da dreht sich der Effekt ins Gegenteil um. So leben Leistungssportler keineswegs länger als normale Sportler, und wer sieben Mal pro Woche ein leichtes Ausdauertraining absolviert, weist im statischen Durchschnitt keine höhere kognitive Leistung auf als jemand, der dies nur drei Mal die Woche tut.

Schon ein geringes sportliches Engagement reicht aus, um einen größtmöglichen Effekt für das Gehirn und dessen Alterung zu erzielen:

- dreimal die Woche 30 Minuten trainieren
- im aeroben Bereich
- bei einem moderaten Puls von 130
- bei gleichmäßigen, rhythmischen Bewegungsabläufen, die große Muskelgruppen einbeziehen.

Letzteres ist selbst für Neurowissenschaftler ein überraschender Befund, glaubte man doch lange, dass Muskelarbeit in keiner Weise das Gehirn beeinflussen würde. Man nahm an, das Gehirn werde immer gleich mit Blut versorgt, da es, was die Blutversorgung angeht, vor allen Organen eine Art Vorfahrtsrecht genießt, mit anderen Worten also immer eine konstante Menge Blut bekommt, egal ob wir gerade schlafen oder einen Marathon laufen. Im Wesentlichen stimmt das auch, aber diese Betrachtungsweise hat übersehen, dass das Gehirn selbst seine Aktivität erhöhen muss, um die Muskelfasern der Muskeln anzusteuern. Und dabei gilt: Gehirnareale, die vermehrt aktiv sind, werden innerhalb von Sekunden auch besser durchblutet. Bereits bei einer Belastung von 100 Watt steigt die Durchblutung des Gehirns um etwa 30 %!

Vor allem die Gehirngebiete, die die Motorik steuern, sind hier in erster Linie betroffen. Sie liegen im Stirnlappen. Sobald ihre Durchblutung gesteigert wird, profitieren auch benachbarte Gehirnareale, neben den Spracharealen auch die Zentren, die unsere Aufmerksamkeit steuern, sowie Gebiete des Stirnlappens, die unsere Exekutivfunktionen vermitteln. Darüber hinaus bewirkt ein guter Blutkreislauf, der durch Fitnesstraining verbessert wird, eine verbesserte Durchblutung des Gehirns. Man muss sich nur vor Augen halten, dass das Gehirn zwar nur 2 % unseres Körpergewichts ausmacht, aber 20 % des Sauerstoffs im Blut verbraucht und darüber seine gesamte Energieversorgung erhält, und schon wird deutlicher, dass es einen Zusammenhang zwischen regelmäßiger körperlicher Aktivität und Gehirnfunktionen geben muss.

Die Wachstumsfaktoren, die nach Muskelaktivierung (Training) die Muskeln wachsen lassen, wirken auch auf das Gehirn. Sie sorgen für die Ausschüttung des bereits erwähnten BDNF *(Brain-Derived Neurotrophic Factor,* übersetzt in etwa der Nervenwachstumsfaktor des Gehirns), von dem man vermutet, dass es die Struktur von Nervenzellen positiv stimulieren kann (es können Synapsen und Dendritenbäume wachsen), die Neurogenese im adulten Gehirn fördert und die Neuronen vor dem Untergang schützt (neuroprotektive Wirkung von BDNF).

Die Freisetzung von BDNF im Gehirn wird durch mindestens zwei Tätigkeiten erreicht: Lernen und Bewegung. Und beides wirkt sich noch auf einen anderen Mechanismus aus, der das Gehirn vor dem Verfall schützt: die adulte Neurogenese. Gerd Kempermann, Neurowissenschaftler an der Universität Dresden, konnte diesen Zusammenhang erstmals im Labor von Fred Gage, einem der weltweit meistzitierten Neurowissenschaftler, belegen. Er zeigte, dass bei Mäusen, die eine Aufgabe lernen mussten und sich dabei viel bewegen durften, die Anzahl von neuen Nervenzellen im Hippocampus im Vergleich zu einer untrainierten Kontrollgruppe erhöht war. Wenige Jahre später führte der bereits erwähnte Scott Small ein Experiment durch, das sich nur auf Bewegung bezog: Er verglich zwei Gruppen von Mäusen, von denen einer ein Laufrad zur Verfügung stand, wie man es aus Hamsterkäfigen kennt, während die andere ohne Trainingsequipment auskommen musste. Das Ergebnis dieses Fitnessexperimentes war verblüffend: Die Mausgruppe mit Laufrad hatte nach dem Training doppelt so viele neue Nervenzellen im Hippocampus (genauer dem Gyrus dentatus) wie die Kontrollgruppe. Mit anderen Worten: Allein Bewegung vermag die Anzahl neugeborener Nervenzellen, die sich in existierende Schaltkreise integrieren können, zu verdoppeln.

In Experimenten der Neurobiologin Henriette van Praag konnte gezeigt werden, dass selbst alte Mäuse, die regelmäßig »trainierten«, im Anschluss an ihr Fitnesstraining schneller und besser lernten als die Tiere einer wenig beweglichen Kontrollgruppe. Und sie konnte belegen, dass durch die Muskeltätigkeit mehr neue Nervenzellen in die Schaltkreise des Hippocampus eingebaut wurden. Kurz, eine bessere Durchblutung und die Ausschüttung von BDNF steigern das Überleben konstant neugebildeter Nervenzellen im Hippocampus.

Der Befund ist deshalb so spannend, weil er einen Erklärungsansatz dafür bietet, dass von allen kognitiven Fähigkeiten vor allem das Gedächtnis von sportlicher Betätigung profitiert, schließlich ist der Hippocampus maßgeblich für das autobiographische und das Faktengedächtnis (siehe Kapitel 4). Die neugebildeten Nervenzellen können zum einen neue Informationen kodieren, zum anderen können sie einem altersbedingten Verlust von Nervenzellen im Hippocampus entgegenwirken.

All dies führt zu der Annahme, dass im menschlichen Gehirn vermehrt neue Nervenzellen gebildet bzw. in existierende neuronale Schaltkreise integriert werden und dort besser überleben, wenn das Gehirn sich in einem Körper befindet, in dem größere

Muskelgruppen mehrmals die Woche aktiviert werden. Oder um es in den Worten des Stammzellforschers Gerd Kempermann zu sagen: »Vermutlich ist die Neurogenese eine wesentliche Voraussetzung dafür, bis ins hohe Alter geistig fit zu bleiben.« Dass sportliche Tätigkeit sich im Alter positiv auf die Erhaltung vor allem des Gedächtnisses auswirkt, konnte der Neurowissenschaftler Arthur Kramer bereits 1999 zeigen: Aerobe, physische Aktivität verringert den Verlust von Nervenzellen und führt bei Senioren zu deutlichen Verbesserungen beim Lösen kognitiver Aufgaben, selbst wenn diese erst jenseits des 60. Lebensjahres mit einem Trainingsprogramm begonnen hatten, das nicht mehr umfasste, als dreimal die Woche bei niedriger Intensität für 45 Minuten zu trainieren. Darüber hinaus zeigten die Probanden vor allem eine Stärkung der exekutiven Funktion des Stirnlappens hinsichtlich ihrer Multitasking-Fähigkeit und Ablenkbarkeit. Sie konnten sich im Vergleich zu einer Kontrollgruppe länger und besser konzentrieren.

**»Zu unserer Natur gehört die Bewegung, die vollkommene Ruhe ist Tod.«**
Blaise Pascal

Zwar waren die Effekte nicht so groß wie bei Menschen, die sich schon vor dem 50. Lebensjahr regelmäßig sportlich betätigten, aber sie waren deutlich besser als die einer Kontrollgruppe, die kaum sportlich aktiv war. Das bedeutet im Umkehrschluss, dass es nie zu spät ist, mit regelmäßiger körperlicher Bewegung anzufangen. Allerdings sollte man, bevor man Nordic-Walking-Stöcke oder ein neues Rennrad kauft, unbedingt mit seinem Hausarzt dahingehend Rücksprache halten, welchen Sport man in welchem Umfang unter Berücksichtigung des individuellen Gesundheitszustandes machen darf. Und je untrainierter man ist, desto langsamer sollte man seine Leistungsfähigkeit steigern, sonst endet jeder noch so gut gemeinte sportliche Ansatz schnell in Frustration und schlimmstenfalls sogar mit enormen Kreislaufproblemen.

Heute vertreten viele Mediziner die Meinung, dass moderates Training sogar ein eigenständiges Heilmittel ist, wie der Journalist Jörg Blech in seinem Buch *Bewegung: Die Kraft, die Krankheiten besiegt und das Leben verlängert* ausführt. Hierbei geht es nicht nur darum, die Herztätigkeit zu verbessern und das Gehirn länger fit zu halten, sondern es lässt sich auch belegen, dass bereits ein moderates Ausdauertraining die Stimmung beeinflusst und Angstzustände mindert. Wer Sport treibt und dabei Erfolge erzielt, steigert das eigene Selbstwertgefühl ebenso wie das Selbstbewusstsein und kann besser mit Stress umgehen. Sogar das Risiko, eine Depression zu erleiden, wird durch sportliche Betätigung halbiert!

### *Gehirnerkrankungen und Bewegung*

Moderates Ausdauertraining hilft nicht nur, die kognitive Leistungsfähigkeit von alternden, gesunden Gehirnen zu erhalten, sondern es beugt Demenz-Erkrankungen vor. Dies ist gesundheitspolitisch (im Jahre 2050 könnten es zwei Millionen Alzheimer-Patienten in Deutschland sein) und auch vor dem Hintergrund des individuellen Leidens von ebenso großer Bedeutung wie die Bemühungen von Wissenschaftlern und Pharmafirmen, neue und effektivere Medikamente gegen die Alzheimer-Krankheit (und auch andere Formen der Demenz) zu finden. Schon heute sind die Daten beeindruckend: So wurde bereits 2005 eine Studie in dem angesehenen Wissenschaftsmagazin *Lancet Neurology* veröffentlicht, die folgendes belegt: Wer sich schon vor dem 50. Lebensjahr regelmäßig sportlich betätigt (mindestens zwei- bis dreimal die Woche), kann sein Risiko, an Alzheimer zu erkranken, um 70 % verringern. Das bedeutet am Ende von komplexen statistischen Berechnungen, dass die Erkrankung im Schnitt sieben Jahre später beginnt, man also nicht mit 83 Jahren, sondern erst mit 90 Jahren an Alzheimer erkrankt. Und damit sinkt das Risiko, den Ausbruch der Erkrankung überhaupt zu erleben, da viele Menschen zwischen dem 83. und 90. Lebensjahr versterben. Und noch etwas anderes konnte in der Lancet-Studie belegt werden: Über 70-Jährige, die erst in diesem Alter mit dem Ausdauertraining begannen (schon 2 km Laufen pro Tag reichen hier aus), halbieren ihr Alzheimer-Risiko!

Der bereits erwähnte Arthur Kramer leitete noch eine weitere Studie, die die Bedeutung von Sport für die Alzheimer-Erkrankung untermauert: In dieser Untersuchung wurden gesunde Probanden ab dem 65. Lebensjahr über mehrere Jahre hinweg beobachtet und regelmäßig medizinisch untersucht. Nach sechs Jahren waren 19,7 % der sportlich wenig aktiven Senioren an einer Demenz erkrankt, während nur 13 % der sportlich aktiven Probanden an der Krankheit litten. Dies bedeutet eine Verringerung des Risikos um 38 %, und das vor dem Hintergrund, dass sie erst jenseits des 60. Lebensjahres damit begonnen hatten, Sport zu treiben. Die Erklärungen für diese Befunde sind im Moment noch Spekulation, aber es deutet sich an, dass sportliche Aktivität zu einer generell besseren Durchblutung des Gehirns führt, was Nährstoffe und Sauerstoff effektiver zu den Nerven- und Gliazellen des Gehirns transportiert und auch dafür sorgt, dass Abfallprodukte der Gehirnzellen schneller entsorgt werden. Darüber hinaus führt sportliche Betätigung dazu, dass bestimmte Gehirnareale, wie Hippocampus und Teile der Großhirnrinde, hier vor allem im Stirn- und Schläfenlappen, wachsen und damit ein altersbedingtes Schrumpfen dieser Gehirngebiete kompensiert werden kann. Für diesen Effekt spielt wohl die Neurogenese im Hippocampus eine Rolle, ebenso aber auch das Wachstum einzelner Nervenzellen durch Nervenwachstumsfaktoren. Das allein schützt zwar nicht vor einer Demenz, aber es steht mehr Gehirnkapazität zur Verfügung, um die Effekte des Alzheimer bedingten Nervenzellenabbaus auszugleichen.

Hinzu kommt ein Begleiteffekt der körperlichen Aktivität: Wir nehmen ab. Und auch dies wirkt sich positiv auf unser Gehirn aus. Da die schädigenden Effekte der Amyloid-Plaques im Gehirn durch Entzündungsreaktionen verstärkt werden, sind erhöhte Werte von Entzündungsmediatoren im Blut schädlich. Und genau hier kommt das Fettgewebe, insbesondere im Bauch- und Hüftbereich, ins Spiel: Es verstärkt die Konzentration von Entzündungsmediatoren im Blut und begünstigt damit indirekt das Auftreten der ersten Symptome der Alzheimer-Erkrankung (siehe Kapitel 7). Es sei daran erinnert: Wer schon vor dem 50. Lebensjahr einen BMI von über 30 hat, verdoppelt sein Risiko, an Alzheimer zu erkranken.

Durch regelmäßige sportliche Tätigkeit vermindert sich auch das Schlaganfallrisiko, und zwar um bis zu 50 %, wohl vor allem durch die bessere Durchblutung der Mikrokapillaren im Gehirn und die Stärkung des Blutkreislaufsystems. Und auch hier wirkt sich der Begleiteffekt des Abnehmens positiv auf die Wahrscheinlichkeit, einen Infarkt zu erleiden, aus: Denn wer übergewichtig ist, hat meist einen hohen Cholesterinspiegel, der wiederum das Schlaganfallrisiko erhöht. Aber nicht die Cholesterinmenge im Blut ist entscheidend, sondern wie es im Blut gebunden vorliegt. Mit Hilfe des Transportproteins LDL *(low density lipoprotein)* wird Cholesterin zu den Organen hin transportiert; bei diesem Prozess kann es immer wieder an die Blutgefäßwände abgegeben werden, wo sich dann Ablagerungen bilden, die die Blutgefäße verengen (Arteriosklerose). HDL *(high density lipoprotein)* wirkt dem entgegen, indem es überschüssiges Cholesterin aufnimmt. Entsprechend ist es von Vorteil, viel HDL-gebundenes und vergleichsweise wenig LDL-gebundenes Cholesterin zu haben. Der Quotient, den die meisten Ärzte bei einem Routine-Check-up bestimmen, sollte nach Möglichkeit unter drei liegen und in jedem Fall nicht höher als fünf sein.

### Ernährung und Trinken

Weitere wichtige Maßnahmen, die unser kognitives Altern maßgeblich beeinflussen, sind unsere Ess- und Trinkgewohnheiten, und zwar schon weit vor dem 50. Lebensjahr: Generell gilt es Übergewicht zu vermeiden, vor allem Fettdepots im Bauchbereich, die Entzündungsreaktionen im Körper forcieren und auch im Gehirn über die Jahrzehnte hinweg Schaden anrichten können. Was Trinkgewohnheiten angeht, sollte man wenig Kaffee (2 bis 3 Tassen am Tag) und wenig Alkohol trinken (nicht mehr als ein Glas Wein an fünf Tagen die Woche). Allerdings sind hier geringe Mengen besser als völlige Abstinenz. Wie viele Altersstudien zeigen, ist mäßiger Koffein- und Alkoholgenuss sogar gut. Denn beide Substanzen haben eine durchblutungsfördernde Wirkung, die dazu beiträgt, kognitive Ressourcen im Gehirn möglichst lange zu erhalten.

Neben diesen langfristig angelegten Maßnahmen kann man aber selbst im Alter noch damit beginnen, seine Trink- und Ernährungsweisen zu überprüfen und zu optimieren – und erzielt damit immer noch einen messbaren positiven Effekt auf das Gehirn. Wer im Alter durch richtige Ernährung und Flüssigkeitszufuhr seine kognitiven Ressourcen optimal erhalten will, muss zunächst einmal wissen, wie sich im Laufe der Jahre die Verwertung von Nahrung und unsere generelle Körperkonstitution ändern.

Mit zunehmendem Alter verändert sich der Körper in seiner Zusammensetzung hinsichtlich Muskelmasse und Fettanteil: Die Muskelmasse verringert sich »zugunsten« des Fettanteils. Zusätzlich nimmt der Wassergehalt des Körpers ab. Dies wird unter anderem äußerlich sichtbar an der nachlassenden Elastizität der Haut, aber es hat auch funktionelle Konsequenzen für das Gehirn: Wenn der Körper weniger Wasser speichert und dadurch selbst weniger Wasserdepots zur Verfügung hat, muss er zur Aufrechterhaltung einer optimalen Blutversorgung des Gehirns – und damit eines optimalen Blutdruckes – regelmäßiger Flüssigkeit aufnehmen. Leider lässt bereits im frühen Alter durch einen Verlust von Nervenzellen im Hypothalamus, wo neben anderen Funktionen auch der Flüssigkeitsbedarf gesteuert wird, das Durstgefühl nach, so dass ältere Menschen sehr genau darauf achten sollten, wie viel Flüssigkeit sie im Laufe des Tages zu sich nehmen. Aber auch viele junge Menschen klagen darüber, eigentlich nie richtig Durst zu verspüren (außer bei starker Dehydrierung). Trinken ältere Menschen zu wenig und trocknen aus, wirkt sich das dramatisch auf die körperliche und geistige Fitness aus: Die Leistungsfähigkeit in einem

IQ-Test kann bis zu 10 % abfallen, wenn der Körper dehydriert ist. Darüber hinaus kann starker Wassermangel fatale Folgen haben: Kreislaufprobleme, Kreislauf- und Nierenversagen bis hin zu Verwirrtheitszuständen und plötzlicher Bewusstlosigkeit.

Daneben verändert sich das Geschmacksempfinden deutlich, da die Anzahl der Geschmacksknospen im Mund zurückgeht. Die Veränderungen erfolgen sehr ungleichmäßig: Bitterere und saurere Geschmäcke erleben wir intensiver, süß und salzig dagegen schwächer. Erschwerend kommt hinzu, dass die »dritten Zähne« einen Teil der Mundschleimhaut überdecken und dadurch die Geschmacks- und Konsistenzwahrnehmung der Nahrung zusätzlich beeinträchtigt ist. Das Kauen wird schwieriger, die nachlassende Speichelproduktion macht den Mund trocken, und das Schlucken fällt ob der geringeren Speichelproduktion schwerer. Dadurch ist die Nahrung, vor allem Kohlenhydrate wie Zuckerverbindungen, weniger gut für die Verdauung vorbereitet und kann nicht so gut verwertet werden. Leider ist die Liste alterungsbedingter Defizite rund um die Ernährung hier noch nicht zu Ende: Im Magen-Darm-Trakt werden mit zunehmendem Alter weniger Verdauungsenzyme gebildet, was zur Folge hat, dass die Nahrung insgesamt schlechter aufgeschlossen wird und dem Körper weniger Nährstoffe über das Blut zur Verfügung gestellt werden. Das Essen verweilt länger im Magen, das Sättigungsgefühl setzt früher ein, und die verzehrten Portionsmengen werden zwangsläufig kleiner. Hinsichtlich der aufgenommenen Kalorien ist das zwar kein Problem, da es aber auch Mineralien und Vitamine betrifft, sollte man diese Stoffe bei seinen Ernährungsgewohnheiten im Blick behalten.

Glück hat, wer im Alter auf Medikamente verzichten kann – doch das dürften die wenigsten Senioren sein. In der Regel müssen mehrere Medikamente parallel eingenommen werden, und zwar inklusive aller »unerwünschten Nebenwirkungen«. Aus Ernährungssichtweise sind das Appetitverlust, Übelkeit, Mundtrockenheit und schlechtere Verwertung von Nährstoffen. Fragen

Sie Ihren Arzt danach, denn welche Konsequenzen die Nebenwirkungen eines Medikaments auf die Ernährung haben, wird nicht unbedingt auf Routinebasis besprochen.

Durch die Abnahme der Muskelmasse im Alter sinkt der Energiebedarf des Körpers, denn Fettgewebe benötigt im Ruhezustand wesentlich weniger Energie als Muskelgewebe. Der Körper älterer Menschen besteht jetzt zu einem größeren Anteil aus Fett, und das wirkt sich auf den Grundumsatz aus. Das ist völlig normal, muss aber im Rahmen bleiben, damit es nicht zu einer unkontrollierten Gewichtszunahme kommt. Ein zu hoher Fettanteil, vor allem an Bauch und Hüfte, begünstigt Stoffwechsel- und Herz-Kreislauf-Krankheiten, da dieses Fettgewebe vergleichsweise viele Entzündungsmediatoren freisetzt. Senioren sollten deshalb ihr Gewicht genau beobachten und bei Bedarf rechtzeitig gegensteuern. Dazu gibt es zwei Möglichkeiten: indem man durch regelmäßiges Fitnesstraining dem Abbau der Muskelmasse vorbeugt und damit gleichzeitig den Grundumsatz steigert oder indem man dem Körper kalorienmäßig nur das zuführt, was er tatsächlich braucht. Gradmesser für eine ausgewogene Energiebilanz ist das Körpergewicht – es spiegelt wider, ob Kalorienzufuhr und -verbrauch im Gleichgewicht sind, und sollte deshalb jeden Morgen nach dem Aufstehen gemessen werden.

Um sein Körpergewicht einordnen zu können, zieht man heute den bereits erwähnten Body-Mass-Index, kurz BMI, heran. Anhand der folgenden Tabelle kann man erkennen, wann sich das Gewicht eines Menschen im Normalbereich bewegt:

**Unter,- Normal- und Übergewicht nach dem BMI (nach WHO)**

| **Einteilung** | **BMI ($kg/m^2$)** |
|---|---|
| Untergewicht | weniger als 18,5 |
| Normalgewicht | 18,5 bis 24,9 |
| Übergewicht | 25,0 bis 29,9 |
| Adipositas (Fettsucht) | mehr als 30 |

Während bei Frauen im »jungen Alter« (60. bis 75. Lebensjahr) noch häufig das Abnehmen im Vordergrund steht, gewinnt die Zahl der Senioren, die an Mangelernährung und einem daraus resultierenden Untergewicht leiden, im hohen (80plus) und sehr hohen Alter (90plus) mehr und mehr an Bedeutung: Krankheiten und Beschwerden nehmen zu, was den Nährstoffbedarf für Reparatur- und Regenerationsleistungen des Körpers zusätzlich steigert, gleichzeitig ist die Nährstoffaufnahme im Magen-Darm-Trakt gestört. Hier können eine Anreicherung der Nahrung und die Gabe von einzelnen kritischen Nährstoffen (in Absprache mit dem Hausarzt) durchaus sinnvoll sein. Während Nahrungsergänzungsmittel in ihrer positiven Wirkung im gesunden, jungen Körpern umstritten sind bzw., wenn überhaupt, dann einen geringen Effekt haben, können sie im hohen Alter segensreich sein, um den Bedarf an Vitaminen, Magnesium, Zink, Eisen und anderen Mikrostoffen zu decken.

Wie sich der Energiebedarf des Körpers im Alter verändert, veranschaulicht die folgende Übersicht:

| **Alter** | **25–50 Jahre** | **51–64 Jahre** | **65 Jahre und älter** |
|---|---|---|---|
| Energiebedarf in kcal bei geringer körperlicher Aktivität | 2.400 (M)<br>1.900 (F) | 2.200 (M)<br>1.800 (F) | 2.000 (M)<br>1.600 (F) |
| Energiebedarf in kcal bei mittlerer Aktivität | 2.800 (M)<br>2.100 (F) | 2.500 (M)<br>2.000 (F) | 2.300 (M)<br>1.800 (F) |
| Energiebedarf in kcal bei täglicher moderater Aktivität | 3.100 (M)<br>2.400 (F) | 2.800 (M)<br>2.300 (F) | 2.500 (M)<br>2.100 (F) |

(M) = Männer, (F) = Frauen

*Quelle: DGE, Deutsche Gesellschaft für Ernährung, 2010*

Dass der Energiebedarf bei Männern und Frauen unterschiedlich ist, hängt damit zusammen, dass Frauen hormonell bedingt in allen Altersphasen einen geringeren Muskelanteil und deshalb auch einen niedrigeren Grundumsatz haben. Insgesamt kann man festhalten, dass bereits jenseits des 40. Lebensjahres der Stoffwechselumsatz abnimmt und man seine Ernährung umstellen muss, wenn man nicht zunehmen will. Spätestens ab dem 50. Lebensjahr sollte man zusätzlich verstärkt auf sportliche Aktivitäten achten – denn wer auch im Alter noch physisch aktiv (Spaziergänge, Wandern, Schwimmen, Gymnastik) ist, bei dem kommt es nicht per se zu einer Zunahme des Körpergewichts. Außerdem verbraucht man Energie dabei, trainiert das Herz-Kreislauf-System, erhält das Muskelgewebe (welches den Grundumsatz steigert) und beugt zugleich der Osteoporose vor. Und ganz nebenbei tut man auch etwas für sein Gehirn.

Übrigens: Wer jeden Tag 3 km durch die Nachbarschaft läuft (210 kcal), verbraucht im Jahr 76 000 kcal mehr – das sind umgerechnet 10 kg Fett. Einschränkend sei hier erwähnt, dass diese Rechnung immer nur sehr grobe Annäherungen sind, da der Körper Gegenmaßnahmen gegen die Gewichtsreduktion einleitet, die z. B. darin bestehen, dass der Stoffwechsel reduziert werden kann. Alles in allem sieht man an diesen Maßnahmen, dass man mit kleinem Aufwand viel für seine Gesundheit tun kann! Vor allem führt moderates Ausdauertraining dazu, dass man den Muskelanteil am Körpergewebe im Vergleich zum Fettgewebe noch für lange Zeit relativ konstant halten kann. Das hat nicht nur Vorteile für das Gehirn (siehe oben), sondern hilft auch, das Gewicht konstant zu halten, da Muskelgewebe mehr Energie verbraucht als Fettgewebe.

Aus alldem ergibt sich natürlich die Frage, was alte Menschen idealerweise essen und trinken sollten. Um gesund zu bleiben und lange zu leben, ist eine ausgewogene Ernährung, neben einer vernünftigen Lebensweise, wichtiger, als die meisten von uns wahrscheinlich vermuten. Weil wir mit zunehmendem Alter weniger essen, sollten wir darauf achten, dass die Lebensmittel, die wir zu uns nehmen, möglichst nährstoffdicht sind. Das heißt, sie müssen, in Relation zu ihrem Energiegehalt, sehr viele essenzielle Nährstoffe enthalten. Diesen Spagat in die Praxis umzusetzen erfordert zugegebenermaßen ein gewisses Ernährungswissen. Die Ernährungsempfehlungen für essenzielle Nahrungsbestandteile für Senioren unterscheiden sich nur unwesentlich von denen für Erwachsene in den mittleren Lebensjahren. Das bedeutet: Auch wenn der Kalorienbedarf im Alter abnimmt, so sinkt der Bedarf an essenziellen Aminosäuren, Spurenelementen und Vitaminen nicht automatisch, im Gegenteil, oft ist hier der Bedarf sogar erhöht.

Schauen wir uns die Lebensmittelgruppen samt ihrer relevanten Inhaltsstoffe an.

1. Getränke: Sie bilden die Basis einer gesunden Ernährung. Empfehlenswert sind kalorienarme Getränke wie Wasser, ungesüßte Früchte- und Kräutertees sowie »dünne« Fruchtsaftschorlen. Kaffee und Schwarztee sind keine echten Durstlöscher (was man an Flüssigkeit zu sich nimmt, scheidet man koffeinbedingt auch vermehrt wieder aus), sie helfen aber in einer Menge von zwei bis drei kleinen Tassen täglich – mehr sollten es nicht sein –, den Flüssigkeitsbedarf zu decken. Mangelndes Durstgefühl, aber auch die Angst, ständig die Toilette aufsuchen zu müssen, und die veraltete Weisheit »Zum Essen trinkt man nichts« sind Gründe dafür, dass ältere Menschen ihr Trink-Soll von 1,5 bis 2 Liter pro Tag oft nicht erfüllen.

2. Gemüse und Obst, Hülsenfrüchte und Nüsse: Gemüse enthält in großen Mengen Vitamine und Mineralstoffe und ist zugleich kalorienarm. Roh oder schonend zubereitet (gedämpft oder gedünstet), liefert es einen wichtigen Beitrag zur täglichen Ernährung. Tiefgekühltes Gemüse ist eine echte Alternative, weil es praktisch keine Nährstoffverluste aufweist. Auch Konserven (Gläser und Dosen) sind heute, in Bezug auf die Inhaltstoffe, besser als ihr Ruf. Ebenfalls wertvoll sind Pilze, denn sie ent-

halten Vitamin D und wirken damit der Knochenentkalkung entgegen. Frisches Obst hat in etwa denselben Stellenwert wie Gemüse. Erbsen, Bohnen, Linsen und Kichererbsen – allesamt Hülsenfrüchte – sind hervorragende pflanzliche Eiweißquellen, die darüber hinaus Ballaststoffe, Vitamine, Mineralstoffe und Spurenelemente beinhalten und sich außerdem äußerst positiv auf den Blutzuckerspiegel auswirken: Sie verhindern einen schnellen Anstieg und machen auf gesunde Art und Weise satt. Nüsse und Samen enthalten zwar Fette, dafür aber gesunde, vor allem da die nahrhaften Kerne essenzielle, sogenannte mehrfach ungesättigte, Fettsäuren enthalten, die sich positiv auf das Herz-Kreislauf-System und das Gehirn auswirken.

3. Vollkornprodukte, Brot, Getreide und Kartoffeln: Produkte aus dem vollen Korn sind gehaltvoller, weil die Randschichten nicht entfernt wurden, und genau da sitzen die Ballaststoffe, wichtigen Mineralstoffe, Spurenelemente und Vitamine, die in stark bearbeiteten Produkten wie hellem Mehl und weißem Reis nicht mehr enthalten sind. Vollkorntoast, Vollkornbrot oder Vollkornhaferflocken fürs Müsli und Kartoffeln sind ideale Lebensmittel, denn sie sind reich an Kohlenhydraten, Nährstoffen und halten den Blutzuckerspiegel langfristig im Gleichgewicht.

4. Milch und Milchprodukte liefern nahezu alles, was ältere Menschen brauchen: hochwertiges Eiweiß, Kalzium für stabile Knochen, Vitamine und Mineralstoffe. Sie sollten deshalb an diesen Lebensmitteln nicht sparen, egal ob in Form von Frischmilch, gesäuert in Form von Joghurt, Dick- oder Buttermilch, ob als Quark, Frisch-, Weich- oder Schnittkäse.

5. Fleisch und Wurst, Fisch und Ei: Die Produkte aus dieser Lebensmittelgruppe sind zum einen wichtige Eiweißlieferanten, zum anderen enthalten sie B-Vitamine für den Umbau der Nährstoffe im Körper, Eisen für die Blutbildung, Zink für eine starke Abwehr und Jod (Seefisch) für die Schilddrüse. Zu viel davon ist ungesund, weil viele dieser tierischen Produkte unerwünschte Stoffe wie Fett, Cholesterin und Purine (welche

zu Harnsäure abgebaut werden und Grundbausteine der Erbsubstanz sind) enthalten. Bei Fleisch und Wurst sollte verstärkt zu fettarmen Produkten wie Schinken und Putenbrustaufschnitt gegriffen werden. Salami, Streichwurst und Fleischwurst enthalten versteckte Fette und sollten eher selten den Weg auf einen Seniorentisch finden. Anders beim Fisch: Nur fette Seefische wie Lachs, Makrele und Hering enthalten Jod und die schützenden Omega-3-Fettsäuren und sollten deshalb regelmäßig auf dem Speiseplan stehen.

6. Pflanzenöle und Streichfette sind Nahrungselemente, die besser als ihr Ruf sind. Beide sind wichtig für ein gesundes kognitives Altern, wenn man die richtigen Sorten mit einem hohen Anteil an gesundheitsfördernden Fettsäuren wie Ölsäure und Omega-3-Fettsäuren auswählt. Verwendet werden sollten bevorzugt Rapsöl, Olivenöl, Sojaöl und Walnussöl. Angemerkt sei noch, dass kalt gepresste Öle nicht zum Braten und Backen geeignet sind; sie vertragen größere Hitzeeinwirkung nicht und zersetzen sich! Gegen kleine Mengen Butter oder Margarine aufs Brot spricht im Übrigen nichts; Frittierfett, Fertigdressings und Mayonnaise sollten allerdings möglichst gemieden werden, weil sie ungünstige Fettsäuren enthalten. Das gilt für jedes Alter, insbesondere aber für die späteren Jahre.

7. Kuchen, Süßigkeiten und Knabbereien: Diese geliebten Extras sind in der Regel ungesund, weil sie zu süß, zu fett und zu salzig sind. Da sie nur reichlich »leere Kalorien« bringen, sollte man sie bestenfalls in kleinen Mengen verzehren, die dann ganz bewusst genossen werden sollten!

8. Ballaststoffe haben generell eine große Bedeutung innerhalb unserer Ernährung. Lösliche (aus Obst und Gemüse) und unlösliche (aus Hülsenfrüchten und Vollkorngetreideprodukten) Ballaststoffe haben die Fähigkeit, Wasser zu binden, und erhöhen dadurch das Stuhlvolumen, sie verstärken die Darmtätigkeit und beugen somit der altersbedingt häufiger vorkommenden Verstopfung (bedingt durch eine Abnahme der Darmtätigkeit)

vor. Zudem halten sie den Blutzuckerspiegel in einem konstanten Bereich und können einem erhöhten Cholesterinspiegel entgegenwirken. Viele Senioren scheuen ballaststoffreiche Nahrung, weil sie ihnen schwer im Magen liegt. Richtig ausgewählt, muss dies aber nicht zu einem Problem werden: So kann man Vollkornbrot aus fein gemahlenem Vollkornmehl und feine Vollkornhaferflocken wählen, Obst und Gemüse kleiner schneiden und roh oder schonend gegart pürieren, um lästige Nebenwirkungen auf den Magen zu minimieren.

Aber es gilt nicht nur auf die Nahrungsbestandteile zu achten, sondern auch darauf, wie viel und in welchen Dosen man sie zu sich nimmt. Aufgrund der schnelleren Sättigung bieten sich für Senioren mehrere kleine Mahlzeiten über den Tag verteilt an. Aus einer Reihe von Altersstudien lassen sich folgende Tages-Ernährungsempfehlungen für ältere Menschen ableiten:

- 6 Portionen Getränke (entsprechen 1,5 bis 2 Liter)
- 3 Portionen Gemüse (400 g Gemüse und Salat) und 2 Portionen Obst (250 g)
- 4 Portionen Brot, Getreide und Kartoffeln (z. B. 3 Scheiben Brot und 200 g gekochte Kartoffeln oder 150 g gegarte Nudeln oder 150 g gegarter Reis)
- 3 Portionen Milchprodukte (1 Glas Milch, 1 Becher Joghurt und 1 bis 2 Scheiben Käse)
- 1 Portion Fleisch (200 g) oder 1 Portion Fisch (150 g) oder
- 1 bis 3 Scheiben fettarme Wurst
- außerdem: 2 bis 3 Eier, über die Woche verteilt
- 2 Portionen Fette (1 bis 2 EL Butter oder Margarine) und Öle (1 bis 2 EL) pro Tag
- 1 Portion »Extras«, z. B. 1 Stück Kuchen, 1 Handvoll Süßigkeiten oder Chips pro Woche
- oder 1 Glas Bier oder Wein pro Tag

Was den Alkoholkonsum anbelangt, lautet der Ratschlag, den große Altersstudien geben: Ja, aber in Maßen! Ein Glas Bier oder Wein darf es hin und wieder schon sein. Speziell Rotwein hat ein

Plus, das den gelegentlichen Konsum durchaus rechtfertigt. In ihm steckt Resveratrol, ein Pflanzenfarbstoff, der in Studien als Antioxidans gegen Krebszellen wirksam war sowie positive Effekte bei Herz-Kreislauf-Erkrankungen und Autoimmunerkrankungen zeigte und nicht zuletzt eine schützende Wirkung vor Alzheimer hat; es vermindert das Erkrankungsrisiko bzw. verschiebt es in spätere Lebensjahre.

Da eine optimale, vollwertige Ernährung dazu beitragen kann, die geistige Leistungsfähigkeit des Gehirns trotz des fortschreitenden Alterungsprozesses zu erhalten, sollten Senioren ein besonderes Augenmerk auf folgende Nähr- und Wirkstoffe haben:

- Ausreichende Zufuhr von Eiweiß: Etwa 50 g sollten es pro Tag sein, damit der Körper aus den einzelnen Eiweißbausteinen, den Aminosäuren, Körperzellen auf- und abbauen kann (Regeneration) und für den Stoffwechsel und diverse Regelmechanismen Botenstoffe und Hormone selbst herstellen kann. Gute Eiweißquellen sind mageres Fleisch, Fisch, fettarme Milchprodukte und Hülsenfrüchte.
- Glukose: Unser Gehirn ist ständig auf diesen Brennstoff (reiner Traubenzucker) angewiesen. Allerdings sollte er nicht in Form eines Zucker-Kicks erfolgen, z.B. durch Süßigkeiten oder Limonaden, die den Insulinspiegel in die Höhe schnellen lassen, ehe er anschließend umso tiefer fällt. Deutlich besser sind sogenannte komplexe Kohlenhydrate, wie sie in Kartoffeln, Reis und Vollkornprodukten enthalten sind. Sie werden langsam zu Glukose abgebaut und kontinuierlich ans Blut abgegeben. Das hat einen relativ konstanten Insulinspiegel zur Folge und ist für den Körper wesentlich günstiger.
- Vitamine des B-Komplexes, zu denen man auch die Folsäure rechnet: Sie verhindern unter anderem Gedächtnisstörungen, -verlust und Verwirrungszustände und sind in Schweinefleisch, Milchprodukten, Vollkornprodukten, Hülsenfrüchten, Kohl und Rohkost enthalten.

- Die Antioxidantien Vitamin A, C, E, Selen und Zink: Sie schützen die Gehirnzellen vor oxidativem Stress und können die Durchblutung des Gehirns fördern. Vitamin A, C, E sind in Leber, Obst, Gemüse und Keimölen enthalten, Selen in Fisch und Nüssen und Zink in Käse, Vollkornprodukten und Linsen. Interessante neue Studien bringen auch Blaubeeren immer wieder ins Gespräch, vor allem weil sie einen hohen Anteil an Flavonoiden haben, sekundären Pflanzenstoffen, zu denen auch die Blütenfarben gehören. Wichtigster hier zu nennender Bestandteil der Flavonoide ist das Anthocyanin, welches das Blau der Beeren bestimmt und die Beeren selbst vor der schädlichen UV-Strahlung der Sonne schützt. In Tierexperimenten konnte gezeigt werden, dass der Konsum von Blaubeeren die Gedächtnisleistungen hochbetagter Nagetieren deutlich steigerte. Langzeitstudien an Menschen laufen noch; ob der geringen Nebenwirkungen kann hier »auf Verdacht« dem Verzehr zugeraten werden.
- Eisen: Für eine optimale Sauerstoffversorgung des Gehirns ist eine ausreichende Versorgung mit Eisen unerlässlich, da der rote Blutfarbstoff, Hämoglobin, um Sauerstoff binden zu können, Eisen benötigt. Gute Eisenquellen sind Fleisch, Fisch, Hirse, Hülsenfrüchte und Hafer.
- Omega-3-Fettsäuren: In fetten Fischen und Pflanzenölen enthalten, verdünnen sie das Blut und sorgen somit für eine gute Durchblutung der feinsten Gefäße. Sie können Entzündungen abklingen lassen und tragen maßgeblich zur Prävention von Arteriosklerose, Bluthochdruck, Herzinfarkt und Schlaganfall bei. Auch hier gilt, was für das Herz und damit die Durchblutung des Körpers richtig ist, ist es in besonderem Maße auch für das Gehirn.
- Sekundäre Pflanzeninhaltsstoffe: Sie sind das große Plus einer Frischgemüsekost. Sie sind zwar nicht lebenswichtig, versorgen den Körper aber mit einer Fülle an Schutzstoffen. Speziell für das Gehirn sind von Bedeutung: Glucosinolate (in Kohl

und Kresse), Phytosterine (in Nüssen, Samen und Pflanzenölen), Saponine (in Hülsenfrüchten und Knoblauch), Polyphenole (in Früchten, Kohl, Zwiebelgewächsen) und Sulfide (in Zwiebel, Lauch & Co.), denn sie schützen vor Thrombosen, regulieren den Blutdruck und senken den Cholesterinspiegel und damit auch das Risiko, an einer Demenz zu erkranken.

Natürlich darf man sich ob des hier Beschriebenen nicht der Illusion hingeben, dass eine Handvoll Blaubeeren, eine leckere Forelle oder eine Schale Nüsse die Funktionsfähigkeit unseres Gehirns bis in das hohe Alter hinein erhalten kann oder gar einen verjüngenden Effekt auf die Nervenzellen hat. Aber die richtige Ernährung – vor allem wenn sie nicht nur sporadisch, sondern regelmäßig eingehalten wird – spielt für die Gesundheit des Körpers im Allgemeinen und für die kognitive Leistungsfähigkeit des Gehirns im Besonderen eine wichtige Rolle. Einschränkend muss hinzugefügt werden, dass bisher noch keiner der genannten Nahrungsbestandteile in Form einer Pille einen von Gesundheitsbehörden anerkannten, signifikanten Effekt auf die Leistungsfähigkeit von gesund alternden Gehirnen hatte (für Hochbetagte sieht dieses Bild anders aus). Kurzum, wer sich gesund zu ernähren versucht und sich viel bewegt, tut schon eine ganze Menge für sein Gehirn und kann fürs Erste guten Gewissens seinen Geldbeutel geschlossen halten.

### Gehirnjogging

Isabella Heuser, Direktorin der Klinik für Psychiatrie und Psychotherapie an der Charité Berlin, berichtet aus ihrer Praxis folgende Begebenheit: »Michael B. ist 72 Jahre alt – doch das sieht man ihm nicht an. Seine Haut ist leicht gebräunt, die Figur schlank und sportlich. Wenn er lacht, strahlen seine weißen Zähne. Als mich B. das erste Mal in meiner Praxis besucht, begrüßt er mich im perfekt sitzenden Anzug und mit festem Händedruck. Eigentlich, eröffnet er das Gespräch, habe er in der Sprechstunde einer

Psychiaterin ja nichts verloren. Er habe jedoch im Internet gelesen, dass ich mich mit Altersmedizin und der Wirkung von Hormonen auf das Gehirn beschäftige. Er wiederum sei hochmotiviert, alles zu tun, um den Alterungsprozess in seinem Körper aufzuhalten. Während des Sprechens greift er in seine Tasche und baut auf dem Tisch eine Reihe von Tiegeln, Fläschchen und Tablettenpackungen auf: unter anderem ein Polypeptid-Spray, das ›Wachstumshormone‹ lockt, Melatoninpillen, ein Testosteron-Gel, das ›Powerhormon‹ DHEA, Ginkgo-Dragees, Multivitamine, Crème de Mer und zuletzt Cialis, ein Mittel gegen erektile Dysfunktion. Doch damit nicht genug: B. berichtet, dass er außergewöhnlich viel Sport treibe – schließlich könnten Hormone ihre volle Wirkung nur entfalten, wenn man sich körperlich und geistig betätigt. Muskelkraft und Koordination seien infolgedessen ›im 50er-Bereich‹, würden also den Leistungen eines 50-Jährigen entsprechen. Auch mental sei er topfit: Jeden Abend löse er ein Sudoku und besuche regelmäßig den Memory-Verein. Dann rückt B. mit dem wahren Grund seines Besuchs heraus: Ihm fehle die Zeit für andere Dinge! Mittlerweile sei sein ganzer Tag mit Gehirnjogging und Sport gefüllt. Außerdem gebe er viel zu viel Geld für Anti-Aging-Medikamente aus. Seine Frau – wie auch seine Geliebte – hätten ihn zuletzt beschworen, endlich mit einem Psychiater zu sprechen; denn was er tue, sei doch völlig verrückt!«

**»Um die tatsächliche Arbeit des Denkens zu vermeiden, beschreitet der Mensch jeden möglichen Ausweg.«**
Thomas Edison

Hinter diesem Verhalten steckt eine große Unsicherheit hinsichtlich der Tatsache, was man im Alter, vor allem im Alter von 60 bis 75 Jahren, für sein Gehirn tun kann, damit es leistungsfähig bleibt. Fest steht: Das Gehirn gehört zu den Organen, die durch Gebrauch gestärkt werden und nicht durch dessen schonende Nutzung. Aber woran liegt das, und welche Geistestätigkeiten stärken das Gehirn? Muss man, wie oben beschrieben, seinen gesamten Alltag (und seine finanziellen Ressourcen) darauf ausrichten, um Alterungsprozesse im Kopf zu verhindern? Die Antwort ist schnell gegeben: Nein, muss man nicht – zum einen weil es andere Maßnahmen gibt, die sich gut in den Alltag einbauen lassen, und zum anderen weil man nüchtern feststellen muss, dass wohl nichts in absehbarer Zeit Alterungsprozesse im Gehirn wird komplett anhalten oder gar umkehren können.

Was aber kann Gehirnjogging, also die gezielte Aktivierung des Gehirns, konkret bewirken? Am besten gesichert ist hier die Erkenntnis, dass lebenslanges Lernen das Gehirn länger jung hält, Alterungsprozesse im Gehirn verlangsamt und kognitive Reserven verbessert. Dies hängt unter anderem damit zusammen, dass Lernen anregend auf die Neubildung von Nervenzellen im Hippocampus wirkt, jenem Areal, welches so wichtig für viele Lern- und Gedächtnisprozesse ist. Wie wir gesehen haben, können auch alte Gehirne noch neue Nervenzellen bilden – durch sportliche Betätigung und in der Tat durch Gehirntraining: Wer sein Gehirn mit Denk- und Gedächtnisaufgaben fordert, bei dem, so legen es jedenfalls tierexperimentelle Studien nahe, werden sich in Schaltkreisen vor allem des Hippocampus mehr neue Nervenzellen etablieren können. Ganz nach dem Motto: »Nutze dein Gehirn und mache mehr draus!« – was weit über das lang bekannte Motto »Nutze es, um nichts zu verlieren« *(use it or loose it)* hinausgeht.

Bei der Suche nach einer Antwort auf die Frage, welche Funktion diese neuen Nervenzellen haben, ist eine Theorie von Fred Gage vom Salk-Institut in Kalifornien von Interesse, der als einer der Ersten die adulte Neurogenese im Säugetiergehirn und im menschlichen Gehirn nachweisen konnte: Neue Nervenzellen helfen Assoziationen zu formen, und zwar sollen sie autobiographische Erinnerungen verschiedener Natur (Geruch, Erlebnis, Umstände) zu einem einheitlichen Erlebnis zusammenfügen. Je mehr neue Neuronen man hat, desto mehr Assoziationen bilden sich zwischen einzelnen Ereignissen/Fakten. In diese Theorie passt auch der Befund, dass neue Nervenzellen in den ersten Tagen ihrer Integration in neuronale Schaltkreise leichter erregbar sind; sie reagieren auf den hemmenden Botenstoff GABA (Gamma-Amino-Buttersäure), der durch einen einzigen Schritt aus der Aminosäure Glutamat entsteht. Neue Neuronen saugen GABA aus der Umgebung auf und werden dadurch erregt, während umliegende reife Neuronen gehemmt werden. Im Unterschied zu allen umliegenden Neuronen kodieren neue Nervenzellen Informationen in einer bestimmten Phase der Informationskodierung und fügen all diese Einzelinformationen zu einem großen Ganzen zusammen. Da ihre neuronale Einbindung in bestehende Schaltkreise »einmalig« erfolgt, haben sie ein »zeitlich gestempeltes Gedächtnis«. Dies führt zu einer Erregungsspur, die sich in die Stärke der synaptischen Verschaltung einbrennt und erhalten bleibt.

Hinzu kommt, dass diese neuen Nervenzellen plastischer und leistungsfähiger sind, wie eine Freiburger Arbeitsgruppe um Josef Bischofberger und Peter Jonas zeigen konnte. Dieser Umstand prädestiniert sie dazu, Neues abzuspeichern – und damit arbeiten diese jungen Nervenzellen gegen den Alterungsprozess der alten Nervenzellen an. Gerd Kempermann, ein ehemaliger Mitarbeiter von Fred Gage, hat die Hypothese aufgestellt, dass neue Zellen es dem Menschen ermöglichen sich an immer neue Situationen anzupassen – ohne ältere Erlebnisse löschen zu müssen. Dazu passt auch, dass vielfältige Reize, Lernen und Bewegung die Neurogenese bzw. den erfolgreichen Einbau von neuen Nervenzellen in bestehende neuronale Verbindungen verbessern. Je mehr neue Zellen man im Alter noch bilden kann, umso mehr neue Ereignisse kann man speichern – ganz nach dem Matthäus-Prinzip: Wer hat, dem wird gegeben. Oder anders ausgedrückt: Wer Neues gelernt hat, dem wird weiterer Speicherplatz im Gehirn geschenkt, so wie bei einer Festplatte, die wachsen würde, je mehr sie belegt ist. Daraus ergibt sich, dass die neuen Neuronen den alterungsbedingten Verlust von Nervenzellen im Hippocampus kompensieren können, da sie ein Reservoir, ein hochplastisches zumal, zur Verfügung stellen, welches den Verlust von Synapsen und Nervenzellen ausgleichen kann.

Nun ist die Frage, welche Lernereignisse diese gehirneigene Neubildung von Nervenzellen anregen können, schließlich erleben wir in einem bestimmten Umfang jeden Tag Neues und lernen entsprechend dazu. Wie man heute weiß, funktioniert Lernen analog zum Fitnesstraining: Wir bewegen uns jeden Tag und benutzen z. B. beim Heben der Kaffeetasse unseren Bizepsmuskel im Oberarm. Dieser wächst aber nur dann zu einem beträchtlichen Umfang heran, wenn er intensiv trainiert wird. Genauso muss man dreimal die Woche für 30 Minuten einen bestimmten Puls (etwa 130 Schläge pro Minute) erreichen, um einen positiven Effekt auf Herz und Gehirn beobachten zu können. Und auch dies geschieht nur, wenn beim sportlichen Training große Muskelgruppen angesprochen werden.

Ähnlich verhält es sich beim kognitiven Training: Bestimmte Übungen trainieren nur ganz gezielt einzelne Areale des Gehirns. Dies gilt für Sudokus ebenso wie für Kreuzworträtsel und auch für die meisten Spielkonsolen, die »Gehirnjogging« im Untertitel führen. Sie trainieren nur Spezialfähigkeiten, in denen man zwar besser wird, je häufiger man die Aufgaben ausführt; auf andere kognitive Tätigkeiten wirken sie sich jedoch nicht aus, und schon gar nicht können sie generell das Gehirn verjüngen. Gleiches gilt für spezielles Gedächtnistraining: Wer Zahlenreihen auswendig lernt, wird darin besser, Zahlen zu memorieren, wer Wortlisten auswendig lernt, wird besser, Wörter zu erinnern – aber, soweit man das bisher wissenschaftlich beurteilen kann, leider in keiner anderen Fähigkeit. Dies belegt auch eine Studie, die 2010 in einem der führenden amerikanischen Wissenschaftsjournale, *Nature*, veröffentlicht wurde und an der 11 000 Probanden im Alter zwischen 18 und 60 Jahren teilgenommen haben; es handelte sich also nicht um eine Altersstudie. Nach der sechswöchigen Gehirnjogging-Phase nach Art eines handelsüblichen Gehirnjogging-Spiels absolvierten die Probanden verschiedene kognitive Trainingsprogramme. Das Resultat war, dass die Teilnehmer jeweils in der speziell geübten Denkdisziplin besser geworden waren, nicht aber in anderen kognitiven Tests. »Wir sind uns sicher, dass sechs Wochen regelmäßiges Gehirntraining nicht mehr Vorteile hat, als im Internet regelmäßig etwas nachzuschlagen«, so der Leiter der Studie Adrian Owen.

Allerdings hatten die Versuchsteilnehmer auch nur dreimal die Woche zehn Minuten mit den Tests verbrachten, und keiner der Teilnehmer war älter als 60 Jahre gewesen, so dass hier die Frage offenbleiben muss, wie sich das Training auf das alternde Gehirn auswirkt. Diese sehr prominente Studie ist also in ihren Ableitungen für das alternde Gehirn mit Vorsicht zu interpretieren, da es eine Reihe von Befunden gibt, die belegen, dass Lernen und Gehirntraining auf das alternde Gehirn generell positive Effekte haben. Was diese Studie aber sicher zeigt, ist, dass man sein Gehirn intensiv trainieren muss, um messbare Effekte zu erzielen, und dass es wichtig ist, das Arbeitsgedächtnis zu beanspruchen und nicht nur singuläre Fähigkeiten wie Kreuzworträtsellösen oder Gedächtnisspiele am Computer zu üben. Dennoch spricht natürlich nichts dagegen, sich Letzteren zu widmen, wenn man an ihnen Freude hat. Denn Spielen per se und Freude am Leben sind ebenfalls Maßnahmen, die Gehirnfunktionalität zu erhalten!

Man muss also schon einiges für sein Oberstübchen tun, wenn man seine Leistungskraft erhalten will. Und man muss wissen, welche Fähigkeiten genau man trainieren will. Denn unser

**»Moderne Technik bietet ein großes Potenzial für die soziale und geistige Anregung im Alter. Kommerzielle Anbieter versprechen aber häufig das Blaue vom Himmel und werben damit, geistige Fähigkeiten im Alter durch Hirntraining zu erhalten oder zu steigern. Wissenschaftlich ist dies aber zumeist nicht bewiesen.«**

Ulman Lindenberger, Psychologe

Gehirn noch weiter zu stimulieren ist gar nicht so einfach, leben wir doch schon jetzt in einer extrem vielfältigen und gehirnbeanspruchenden Welt.

Aber es geht. Und dabei verändert sich lernbedingt nicht nur die Anzahl der Nervenzellen, wenn man intensiv Neues lernt, sondern die Nervenzellen werden auch stärker verzweigt und sie bilden mehr Kontaktstellen (Synapsen) untereinander aus (siehe Kapitel 4). Ein eindrucksvolles Beispiel ist das Lernen von Fremdsprachen. Es verändert das Gehirn strukturell, indem es Synapsen und Dendritenbäume wachsen lässt. Wie der Gyrus angularis, ein Gebiet im Scheitellappen der Großhirnrinde, welches sich intensiv mit dem Verstehen von geschriebenen Wörtern beschäftigt und damit entscheidend am Lesen, Schreiben und auch Rechnen beteiligt ist, zeigt, steigt die Dichte der Nervenzellverbindungen in der linken Hemisphäre. Dieser enthält bei zweisprachig aufgewachsenen Menschen mehr graue Substanz, und auch die weiße Substanz ist dichter im Vergleich zu Menschen, die nur eine Muttersprache haben. Das heißt: Zweisprachler besitzen mehr Nervenzellen in diesem Lesezentrum und bauen mehr Verbindungen untereinander auf.

Fast noch spannender ist der Umstand, dass Zweisprachigkeit, die als Erwachsener erworben wurde, die gleiche Vergrößerung des Gyrus angularis nach sich zieht. Zwar gibt es noch keine Daten bildgebender Verfahren, die zeigen würden, was geschieht, wenn Senioren eine Fremdsprache erlernen, aber das Erlernen einer neuen Sprache im Alter gehört zu den intensiven Gehirntrainingsaufgaben, die das Gehirn nicht nur generell kognitiv erhalten, sondern auch seine Denk- und Merkfähigkeit massiv steigern können. Das hängt unter anderem damit zusammen, dass wir in dieser späten Lernphase unser Konzentrationsvermögen und damit die Stirnlappenaktivität hinaufsetzen, da das Gehirn sehr bewusst darauf achten muss, aus welcher Sprache ein Satz oder Wort kommt.

Vergleichbare Gehirnveränderungen finden sich beim Musizieren: Bei Berufsmusikern ist die primäre Hörrinde im Schläfenlappen (der Gyrus temporalis transversus) fast doppelt so groß wie bei Nichtmusikern, und je mehr ein Berufsmusiker in den letzten zehn Jahren trainiert hat, umso größer ist das Areal. Außerdem hebt Musizieren den in Intelligenztests vermessenen IQ und steigert (aus noch unverstandenen Gründen) die emotionale Intelligenz. Wer also einmal ein Instrument gespielt hat und mit sich selbst geduldig ist, sollte durchaus den Versuch wagen, im Alter wieder danach zu greifen oder gar ein neues Instrument zu lernen.

Entscheidend ist hier, dass das Gehirn dabei nicht nur seine Fertigkeiten hinsichtlich des Musizierens oder der Fremdsprache verbessert, sondern dass diese Art von Gehirntraining so viele Gehirnaufgaben beinhaltet, dass das Gehirn generell profitiert und seine Leistungsfähigkeit auch in nicht sprachlichen Bereichen bzw. auch in nicht musischen Fertigkeiten verbessert, vor allem hinsichtlich der Konzentrationsfähigkeit und der Fähigkeit zum Multitasking. Dies unterscheidet diese beiden Tätigkeiten maßgeblich von reinen Gedächtnisübungen oder den beliebten, aber für die Leistungsfähigkeit des Gehirns irrelevanten Kreuzworträtseln.

*Regeln, Tipps und Tricks*

Kognitives Training ist kein Selbstzweck, es sei denn, man betreibt es als Hobby ähnlich wie Briefmarkensammeln oder Bowling. Den meisten älteren Menschen geht es bei diesen Trainingsprogrammen darum, ihr Leben besser zu meistern. Entscheidend ist also, wie nützlich und anwendbar die Methoden des Gehirnjoggings für den Alltag sind. Das Namens-, Zahlen- oder Faktengedächtnis zu stärken ist in jedem Fall sinnvoll. Mit Hilfe von Gehirnjogging und Bewegung lässt sich seine Leistungsfähigkeit erhalten, aber auch andere Methoden können genutzt werden, selbst wenn sie uralt zu sein scheinen – man erinnere sich nur an einen Ratschlag von Konfuzius: »Die blasseste Tinte ist besser als das beste Gedächtnis.« Mit anderen Worten: Manchmal ist es einfacher, sich einen kleinen Zettel zu schreiben, wenn man um seine leichte Ablenkbarkeit weiß, als komplexe Gedächtnistricks zu erlernen. Hilfreich ist auch, klare Regeln für sich aufzustellen, etwa die folgenden:

- wichtige Termine sofort in den Kalender einzutragen
- eine morgendliche Routine zu entwickeln, vor oder nach dem Zähneputzen auch in diesen Kalender zu schauen
- Gegenstände möglichst immer an den gleichen Platz zu legen
- die Dinge, die erledigt werden müssen, mit Achtsamkeit (Aufmerksamkeit) zu verrichten, damit man sich auch daran erinnert, dass man sie getan hat
- mehrere Sinne zu nutzen, etwa beim Ausschalten des Bügeleisens sich laut zu sagen: »Ich schalte jetzt das Bügeleisen aus!« So vermeidet man, dass man nach 10 Minuten unsicher ist, ob man das Bügeleisen nun ausgeschaltet hat oder nicht.
- Routinen zu entwickeln, etwa nachzusehen, ob man Schlüssel, Portemonnaie, Handy etc. eingesteckt hat, bevor man aus dem Haus geht.

Auch Tagebücher und Fotoalben können dabei helfen, die Gedächtnisleistung und das Zeiterleben aufrechtzuerhalten, und es gibt keinen Grund, nicht auf diese Hilfsmittel des Erinnerungsvermögens zurückzugreifen. Bücher von Gedächtniskünstlern nehmen immer Einkaufslisten als Beispiel, aber reichen da z. B. nicht auch Zettel und Stift? Bei Passwörtern und PIN-Nummern dagegen sind Gedächtnislücken füllende Eselsbrücken hochwillkommen, genau wie beim Namensgedächtnis.

Das beste Gehirnjogging ist allerdings immer noch *training on the job*, denn wir erinnern Fakten und Ereignisse immer am besten aus dem Kontext heraus. Und genau das ist das Problem mit »künstlich« herbeigeführten Gedächtnistests – man wird besser in diesen, aber nicht unbedingt in Fragen des Erinnerungsalltags, worauf es eigentlich ankommt! Deshalb sollte man Gedächtnisübungen ganz gezielt in seinen Alltag einbauen. Und hier können Lernen-lernen-Übungen das Gehirn unterstützen und trainieren.

Die folgenden Punkte können Ihnen dabei eine Hilfe sein:

- Gehen Sie Ihren Tagesablauf durch und finden Sie heraus, zu welcher Uhrzeit Sie am leistungsfähigsten sind (statistisch gesehen ist dies bei den meisten Menschen morgens und am frühen Nachmittag).
- Machen Sie Lernübungen und entwickeln Sie ein Gespür dafür, mit Hilfe welcher Strategie Sie persönlich am besten Zahlen behalten können. Dafür bietet sich die folgende Übung an: Jede Zahl wird mit einem Symbol veranschaulicht: die 0 als Spiegelei, die 1 als Baum, die 2 als Schwan, die 3 als Dreizack, die 4 als Stuhl, die 5 als Hand, die 6 als Würfel, die 7 als die sieben Zwerge, die 8 als Schneemann, die 9 als Katze (die neun Leben hat), die 10 als Bibel. Oder man erfindet zu Jahreszahlen, die man sich einprägen möchte, je eine Geschichte, die wesentlich besser zu erinnern ist und auch mehr Spaß macht, als die Zahlen stur auswendig zu lernen. Entscheidend dabei ist, dass das zu Merkende mit etwas Bekanntem kombiniert und damit die so wichtige assoziative Kraft des Gedächtnisses genutzt wird. Diese Methoden lassen sich dann für wichtige Telefonnummern und Geheimzahlen (PIN) von Kreditkarten u. Ä. anwenden.
- Wollen Sie sich Informationen merken, so empfiehlt sich die Loci-Methode (lat. *locus* = Ort): Jeder Gegenstand, Lehrsatz, jedes Argument werden mit einem bestimmten Platz im Haus oder im eigenen Zimmer oder am eigenen Körper in Verbindung gebracht. So kann man etwa jedes Bundesland mit einem anderen Körperteil assoziieren und dabei gleich das Nord/Süd- und Ost/West-Gefälle mit lernen. Ähnlich kann man verfahren, wenn man eine freie Rede halten muss.
- Bestimmte Fakten und Geschichtszahlen lassen sich sehr gut mit Hilfe von Reimen lernen: »753 Rom kroch aus dem Ei«; »nach l, n, r, das merke ja, steht nie tz und nie ck«. Dabei kann man selbst erfinderisch sein oder aber sich von Internetseiten (z. B. www.denkreich.com) inspirieren lassen.

Gewöhnen Sie sich an, kognitive Schleifen zu nutzen, die einen zwingen, das zu Merkende auch zu kodieren und bewusst wahrzunehmen (Achtsamkeit!). Hier einige Beispiele: Um Personen besser wiedererkennen zu können, hilft es, sich die physiognomischen Merkmale genau anzusehen und im Geiste bewusst zu benennen. Bei Erlebnissen können dies kontextuelle Details sein, was fand also wie in welchem Zusammenhang statt; oder bei Wörtern, die man erinnern will, kann man sich fragen, gehören sie eher zu den abstrakten oder konkreten Wörtern etc. Allein durch diese Fragen widmet man dem Begriff mehr Zeit und erhöht dadurch die Chance, dass er auch im Gehirn als Gedächtnisspur haften bleibt.

Wenn man einen Termin nicht vergessen will (z. B. den eigenen Glukosespiegel am nächsten Tag zu messen), so hilft es bereits, sich diesen im Geiste zu visualisieren, um ihn zu erinnern.

Entscheidend bei all diesen Methoden ist, dass man sie üben muss! Sie einmalig auszuprobieren und dann wieder fallen zu lassen ist wenig sinnvoll. Es passiert aber leider oft, da man die Technik des Memorierens ja erst einmal erlernen muss und die Übungen am Anfang etwas mehr Zeit erfordern. Auch hier will das Gedächtnis in der Aufgabe geschult werden – jede neue Lernmethode muss vom Gehirn erinnert und eingeübt werden, wer hier nicht geduldig mit sich und seinem Gehirn ist, wird scheitern. Mit anderen Worten: Je mehr man diese Übungen in den Alltag einbaut, umso schneller lassen sich die Methoden umsetzen. Der Spaß erhöht sich noch mal deutlich, wenn Lebenspartner im Alter diese Mnemotechniken gemeinsam anwenden.

### *Erst speichern, dann erinnern*

Gerade die letzten Punkte machen nochmals deutlich, dass im Gehirn nur abgespeichert werden kann, was einmal kodiert wurde. Diese Kodierung kann man sich vorstellen wie eine besondere Form der Aufmerksamkeit, die gerade stattfindenden Ereignissen gilt und sich auf spätere Ereignisse auswirkt. So hängt es von unserem Arbeitsgedächtnis ab, ob wir uns Zahlen merken können. Und das kann man trainieren. Bei der sogenannten elaborierten Kodierung werden neue Informationen in ein vorhandenes Wissenssystem integriert, und dies fördert die Fähigkeit des Gehirns, sich an solche Fakten und Begebenheiten zu erinnern. Im normalen Lebensalltag ist Lernen ein automatisches Nebenprodukt der Gedanken, die wir uns über ein erlebtes Ereignis machen. Gedächtnisinhalte sind umso besser, je eingehender wir uns Gedanken über neue Informationen machen und sie mit schon vorhandenem Wissen verknüpfen, und zwar schon beim Abspeichern der Information. Die bloße Absicht, sich an etwas zu erinnern, reicht nicht aus. Will man sich eine bestimmte Automarke merken, genügt es nicht, sich zu sagen: »Das Wort muss ich mir merken«, sondern man muss eine elaborierte Kodierung vornehmen, indem man sich Fragen widmet wie diesen: Zu welchem Autokonzern gehört das Fahrzeug, welche Farbe hat es, welchen Treibstoff nutzt es etc.?

In unserem Lebensalltag kodieren wir Dinge nicht auf eine solch explizite Art, vielmehr findet eine natürliche Auslese statt, die im Alter aber zu unbeständig wird. Was wir bereits wissen, determiniert, was wir auswählen und kodieren. Wenn Dinge also Bedeutung für uns haben, lösen sie jene Prozesse aus, die die spätere Erinnerung erleichtern – und genau diesen Prozess kann man durch eine elaborierte Kodierung verbessern. Wenn wir also den Gedächtnisautopiloten eingeschaltet haben und nicht im Detail auf unsere Umgebung achten, bezahlen ältere Menschen das in der Regel damit, dass sie nur skizzenhafte Erinnerungen haben. Ein gutes Beispiel sind hier die Bilder auf der Vorder- und Rückseite von Münzen und Geldscheinen. Obwohl wir täglich mit ihnen umgehen, können wir uns sehr schlecht erinnern, welche Personen oder Gegenstände sie darstellen. Hier reicht eine sehr oberflächliche Kodierung aus, weil wir nur Größe und Farbe erkennen müssen, um sie im Alltag richtig zu verwenden. Gerade die elaborierte Kodierung stärkt den im Alter empfindlichen linken präfrontalen Cortex als Teil des Stirnlappens der Großhirnrinde, der diese elaborierte Kodierung vornimmt. Hippocampus und präfrontaler Cortex arbeiten hier eng zusammen. So lenkt der Hippocampus während eines neuartigen Ereignisses unsere Aufmerksamkeit auf die neuen Reize und stellt ein Netzwerk von semantischen Assoziationen und Kenntnissen zur Verfügung, um es einzuordnen und assoziativ abzuspeichern.

Wir erinnern uns also nur an das, was wir kodiert haben; und was wir kodieren, hängt davon ab, was wir an Erfahrungen gesammelt, welche Kenntnisse wir haben und welche Bedürfnisse. All das beeinflusst ganz wesentlich, was wir behalten können. Und je mehr an Erfahrungen und an Wissen wir haben, umso leichter fällt es uns, uns Neues zu merken. Lernereignisse im Gehirn bewirken eine Aufrechterhaltung bzw. sogar einen Ausbau der am Lernen beteiligten neuronalen Netze. Erinnerungen verändern die Verschaltungseigenschaften in unserem Gehirn, sie schaffen mehr Speicherplatz und bilden Ankerplätze für neues Wissen. Elaborationen hinterlassen in diesem Kontext mehr Verankerungspunkte und schaffen so bessere Voraussetzungen, um etwas zu erinnern!

Aber nicht immer ist bewusstes Nachdenken besser: Begegnet uns der richtige Abrufreiz, sind oberflächlich kodierte Erinnerungen besser als elaborierte Erinnerungen – unser Wiedererkennungsgedächtnis funktioniert besser, wenn wir nicht nachdenken. Müssen wir dagegen ohne Hinweisreize auf die richtige Lösung kommen, d. h. unser aktives Gedächtnis bemühen, ist es besser, wenn die Erinnerung elaboriert vorgenommen wurde.

### *Lernen! Lernen! Lernen!*

Warum ist Lernen für das Gehirn eine Stimulanz gegen das Altern? Und warum verfällt die rechte Hemisphäre mit zunehmendem Alter rascher als die linke Gehirnhälfte? Oder anders herum gefragt, was schützt eigentlich die linke Hemisphäre vor dem Verfall und macht sie zu einer Art »Immergrün« unter den Jahreszeiten des Gehirns?

Generell gilt: Gehirnregionen, die viel benutzt werden, wachsen. Dies ist imposant belegt an Londoner Taxifahrern, bei denen die Größe des Hippocampus proportional zu den Berufsjahren angewachsen war! Wachstum von Nervenzellen wird durch Gebrauch angeregt, und die Auswirkungen einer lebhaften kognitiven Stimulation können für viele Jahre die negativen Effekte des Alterns außer Kraft setzen. Und dies gilt nicht nur für den Hippocampus, sondern auch für Stirnlappenregionen und für die gesamte linke Hemisphäre, weil sie, während wir altern, weiterhin durch kognitive Aktivitäten trainiert und gestärkt wird. Da die linke Hemisphäre vor allem bei der Mustererkennung aktiv ist und neues Wissen mit altem assoziiert, ist sie vergleichsweise aktiver als die rechte Hemisphäre, die vor allem dafür zuständig ist, komplett neue Konzepte zu lernen, was im Alter allerdings weniger häufig erforderlich ist. Das erklärt auch, warum die linke Hemisphäre besser vor dem Altern geschützt ist als die rechte, und es zeigt, was Training bewirkt. Dies sollte Sie ermuntern, im Alter auch die rechte Hemisphäre zu trainieren. Lernen Sie etwas Neues – vielleicht etwas, was Sie immer schon mal machen wollten, aber nie geschafft haben: den Salsa-Tanzkurs, den philosophischen Diskussionsclub, vielleicht sogar das Archäologiestudium.

In Laborsituationen mögen die genauen Mechanismen des kognitiven Trainings (Gehirnjogging) umstritten sein, das Leben hat aber eine Antwort parat: Wer ein geistig anspruchsvolles Leben führt, weil er z. B. einem akademischen Beruf nachgeht, in dem lebenslanges Lernen notwendig ist, oder indem er ein geistig anspruchsvolles Hobby pflegt (wie z. B. Schachspielen), hat im Alter ein besseres Gedächtnis und schneidet bei kognitiven Testaufgaben besser ab. Er halbiert darüber hinaus sein Alzheimer-Risiko – denn ein geistig reger Lebensstil verschiebt den Beginn der Alzheimer-Erkrankung – wie wir bereits gesehen haben – statistisch um sieben Jahre nach hinten (siehe Kapitel 7).

Allerdings wäre es falsch zu behaupten: Wer sich geistig genügend anstrengt, wird kein Alzheimer bekommen! So gerecht ist das Leben – vor allem vor dem Hintergrund einer unterschiedlichen genetischen Ausstattung – leider nicht. Und es gilt auch nicht der Umkehrschluss: Wer mit 70 Alzheimer bekommt oder kognitiv stark abbaut, hätte sich nur mehr anstrengen müssen! Dennoch ist unser Lebensstil nicht ganz unentscheidend. Das MacArthur Project, eine groß angelegte amerikanische Studie über das Altern, in dem Menschen über viele Jahrzehnte in ihren Alterungsprozessen beobachtet und untersucht wurden, kam zu dem Ergebnis: Wer ein geistig reges Leben führt, erkrankt statistisch gesehen später an Alzheimer als eine Vergleichsgruppe, und er altert kognitiv langsamer. Er bildet mehr geistige Ressourcen gegen Krankheit und Verlust. Diese und andere Studien belegten zudem, dass auch künstlerische Tätigkeiten ein exzellentes Training sein können: Malen, Musizieren, Skulpturen-Anfertigen, Theaterspielen und vieles mehr. Alles Dinge, die den Geist in seinen zahlreichen unterschiedlichen perzeptorischen und kognitiven Funktionen trainieren – sie fördern und fordern das Gehirn durch ihre Ziellosigkeit. Darüber hinaus sind solche künstlerischen Tätigkeiten verbunden mit Konzentration und erfordern immer wieder, Entscheidungen zu treffen, Probleme zu lösen und aufmerksam gegenüber dem künstlerischen Schaffen zu sein. All dies sind wunderbare »Übungen« für den Stirnlappen.

Umgekehrt gilt aber auch: Unsere kognitive Leistungsfähigkeit lässt nach, wenn wir unser Gehirn weniger benutzen und anregen. Die beste Methode, das Gehirn und insbesondere dessen Stirnlappen und seine Gedächtnissysteme weiter anzuregen, besteht darin, es zu benutzen, und zwar tagtäglich. So konnte Ulman Lindenberger vom Max-Planck-Institut für Bildungsforschung in Berlin zeigen, dass soziale Teilhabe das Alzheimer-Risiko vermindert und zudem kognitiv fit hält. Umgekehrt ist soziale Isolation ein hoher Risikofaktor für schnelles kognitives Altern und erhöht das Risiko, an Alzheimer zu erkranken (untersucht wurden 516 Probanden im Alter von 70 bis 100 Jahren). Er hat die Studienteilnehmer danach gefragt, ob und wann sie andere Menschen trafen oder ein Restaurant besuchten, welchen Hobbys und kulturellen Veranstaltungen sie nachgingen, wie oft sie verreisten und ob sie karitativ tätig waren. Das überraschendste Ergebnis aller Alzheimer-Studien der letzten Jahre war: Kognitive Funktionen bleiben am besten erhalten, wenn man auch im Alter noch viele soziale Beziehungen pflegt. Das Risiko, an Alzheimer zu erkranken, kann deutlich vermindert werden, wenn Menschen viel reisen, einem Verein angehören, einen großen Freundeskreis haben und karitativ tätig sind.

Jetzt könnte man sagen, am Ende ist das Leben doch gerecht. Neurobiologisch würde man diesen Umstand eher folgendermaßen erklären: Gerade soziale Beziehungen umfassen einen ganzen Strauß an kognitiven Herausforderungen, die das Gehirn, vor allem den Stirnlappen, aktivieren, und diese Aktivierung führt erst dazu, dass das Gehirnniveau gehalten werden kann. Zusammen genommen erlauben soziale Beziehungen, Gedächtnisinhalte zu pflegen, Lücken aufzuspüren, sich manchmal aber auch zu vergleichen und auszutauschen über die vertrackten Fallen der Vergesslichkeit. Das kann durchaus beruhigen. Vor allem trainieren wir den Stirnlappen, denn wer sozial engagiert ist oder reist oder sich mit Freuden trifft, muss kommunizieren und Entscheidungen treffen, sich konzentrieren, und damit werden, um es salopp auszudrücken, die Nervenzellen im Stirnlappen permanent auf Trab gehalten. Gerade Kommunikation mit anderen Menschen fordert dem Gehirn viel mehr ab, als wir ahnen und Wissenschaftler selbst noch vor wenigen Jahren geglaubt haben. Denn bedenken Sie: Bis zu 80 % aller menschlichen Kommunikation ist nicht verbaler Natur. Das Gehirn muss die Gefühle und Absichten nicht nur aus den Worten anderer Menschen ablesen, sondern auch aus der Geschichte, die man mit diesen Menschen teilt (Gedächtnis), und aus der Gesichtsmimik. Unbewusst spielen Gefühle eine wichtige Rolle, Intonation und

Körperhaltung gehen mit ein, außerdem die Analyse dessen, was man sieht, riecht, fühlt und hört. Insbesondere das orbitofrontale Stirnlappengebiet ist hier stark involviert und wird durch Kommunikation und Interaktion mit anderen aktiviert und hält sich damit selbst länger fit.

*Strukturierte Trainingsprogramme für das Gehirn*

Lern- und Gedächtnisübungen sollten nach Möglichkeit in den Alltag eingebettet sein, dies bedeutet im Umkehrschluss aber nicht, dass strukturierte Trainingsprogramme, wie sie in manchen neurologischen Praxen angeboten werden, nutzlos sind.

So evaluieren Wissenschaftler seit 2007 gleich mehrere große Trainingsprogramme: In den Laboren von Michael Merzenich (San Francisco) und Scott Small (New York) werden ältere Menschen, die leichte kognitive Störungen (MCI) haben, in eine Art computerbasiertes Gehirnfitnessstudio geladen und dort jeden Tag für eine Stunde hinsichtlich Merkfähigkeit, Konzentration, Multitasking, räumlichem Vorstellungsvermögen und Bildgedächtnis trainiert. Der Anspruch dieser Programme ist, generell die Gehirnleistung zu stärken und eben nicht nur Spezialfähigkeiten zu trainieren. Und in der Tat könnte dies in dieser Intensität (jeden Tag) und Länge (mindestens eine Stunde) auch funktionieren. Zum einen erzwingen die strukturierten Programme, dass die Gehirne älterer Menschen sich längere Zeit und unter Anleitung (allerdings auch unter Aufsicht) mit einem Problem beschäftigen müssen, sprich, sie müssen den Autopiloten des Denkens, der ohne Stirnlappen funktioniert, ausstellen und müssen ihren Stirnlappen aktivieren. Dies hat möglicherweise mehrere positive Konsequenzen:

- die Exekutivfunktion des Stirnlappens (Willenskraft und Entscheidungsfähigkeit) wird gestärkt;
- die Aktivierung des Stirnlappens hilft, seine Funktion länger zu erhalten;
- es bilden sich neue Verknüpfungen;

- möglicherweise werden durch Nervenwachstumsfaktoren wie BDNF (siehe Kapitel 3 und 7) die Nervenzellen vor dem Untergang geschützt.

Vor allem könnten diese strukturierten Programme bewirken, dass das Gehirn nicht so häufig in seinen Grundzustand zurückfällt, in dem man unfokussiert eigenen Gedanken nachhängt (auch als *dark energy* oder *default mode* des Gehirns bezeichnet). Je älter, desto häufiger nimmt das Gehirn diesen Zustand ein, und diese Schonung schwächt den Stirnlappen immer mehr. Trainieren wir aber das Arbeitsgedächtnis, trainieren wir auch unsere Fähigkeit, schnell wieder vom unfokussierten in den fokussierten (aufmerksamen) Modus zu wechseln. Und dies hat in der Tat eine generell positive Wirkung auf alle kognitiven Funktionen.

Ähnlich wie in Fitnessstudios, in denen man alle Muskelgruppen trainiert, versuchen die oben beschriebenen geistigen Fitnessprogramme die Gehirnareale möglichst breit und großflächig anzusprechen. Sprich, es werden alle Fähigkeiten trainiert. Wie bereits erwähnt, tragen singuläre Hausübungen wie das Lösen von Kreuzworträtseln nicht dazu bei, die generelle Fitness des Gehirns zu steigern. Wer aber etwas tun möchte, dem empfehle ich, unter Anleitung das Meditieren zu erlernen. Gleich mehrere Studien belegen, dass regelmäßiges Meditieren vor allem das so wichtige Arbeitsgedächtnis trainiert. Man kann sogar so weit gehen zu postulieren, dass Meditationstechniken ein hohes Potenzial haben, zukünftig als kognitiv verstärkende Maßnahmen eingesetzt zu werden. Entgegen einigen Vorurteilen sind die meisten Meditationstechniken nämlich zunächst nicht relaxed-entspannend, sondern erfordern ein hohes Maß an Konzentration und an kognitiver Kontrolle. Damit stärken sie die Exekutivfunktion des Stirnlappens, der beim Meditieren eine hohe Aktivität aufweist, wie verschiedene bildgebende Untersuchungen gezeigt haben.

Und noch eine Aktivität hilft uns dabei, im Alter geistig rege zu bleiben: Tanzen. Ältere Menschen, die regelmäßig tanzen gehen, zeigen in kognitiven Tests weit überlegene Resultate im

Vergleich zu Menschen, die aus der gleichen sozioökonomischen Gruppe stammen und sich hinsichtlich der Vorerkrankungen nicht unterscheiden. Egal ob Wiener Walzer, Slowfox, Tango, Jive oder Salsa, Tanzen belebt das ganze Gehirn – auch wenn viele ältere Männer, die eher zur Kategorie der Tanzmuffel gehören, dieses Ergebnis der großen Altersstudien mit wenig Begeisterung aufnehmen werden. Darüber hinaus schützt es auf eine nahezu magische Weise gegen Alzheimer.

Wissenschaftlich lässt sich das folgendermaßen begründen: Tanzen ist eine sehr sportliche Tätigkeit, die eines hohen Maßes an Koordination bedarf, meist länger als 30 Minuten betrieben wird, Ausdauer erfordert und viele Muskelgruppen aktiviert. Vor allem aber ist es eine soziale Aktivität, die den Stirnlappen in vielfacher Hinsicht trainiert: Man muss ständig soziale Signale interpretieren, sich auf die Rhythmen der Musik konzentrieren, sie in Bewegung umsetzen und dabei auch noch die Bewegungen des Partners einplanen. Dadurch müssen beim Tanzen nicht nur die eigenen Gehirnhemisphären koordiniert werden, sondern auch noch die beiden Gehirnhälften des Partners, was in der Tat wahres Gehirnjogging ist. Und wenn man es ein wenig unvoreingenommen geübt hat, macht es auch noch Spaß! Kurzum, Tanzen vereint die drei positiven Faktoren, die kognitives Altern beeinflussen: soziale Interaktion, Bewegung und Konzentrationstraining!

Daneben wirken sich laut epidemiologischen Studien die folgenden Aktivitäten generell positiv auf die Leistungsfähigkeit von alternden Gehirnen aus – einigen sind wir bereits begegnet: soziales Engagement, Musizieren, Schachspielen, künstlerische Aktivitäten, das Lernen von Fremdsprachen. Eine der besten Gehirnjogging-Maßnahmen ist im Übrigen der Umgang mit Enkelkindern bzw. Kindern: Er fordert die Konzentrationsfähigkeit, belebt das soziale Leben, weckt Lebensfreude, und darüber hinaus leistet man einen Beitrag zum Generationenvertrag.

»Es gibt nichts Praktischeres als eine gute Theorie«, hat Albert Einstein einmal bemerkt (und von einem theoretischen Physiker hätte man auch nichts anderes erwartet). Ein wachsendes Verständnis für die Mechanismen, die dem Gehirn erlauben, ein Leben lang elastisch und plastisch zu bleiben und sich das ganze Leben hindurch immer auch wieder in Teilen zu verjüngen, wird einem dabei helfen, das geistige Leben im Alltag zu erweitern und zu bereichern und aus dem Altern einen mentalen Gewinn zu ziehen. Dies ist kein Wunschdenken, sondern fußt auf neurobiologischer Realität. Zwar gibt die biologische Ausstattung, mit der jeder Mensch zur Welt kommt, eine Bandbreite für bestimmte Alterungsprozesse vor, aber wo genau wir innerhalb dieser landen, hängt nicht zuletzt davon ab, was wir mit unserem Gehirn und uns selbst viele Jahrzehnte lang tun! Durch Übung lassen sich viele kognitive Fähigkeiten lange aufrechterhalten. Auch wenn wir das Altern des Gehirns nicht verhindern können, aufschieben können wir es.

### Stress eindämmen

Zwar wächst das Gehirn mit seinen Aufgaben, aber wer sich heillos überlastet, sorgt auch dafür, dass die Stressreaktion des Körpers das Denken und vor allem die Gedächtnistätigkeit auf das Stärkste behindern.

Stress entsteht immer dann, wenn man sich einer Situation ausgeliefert fühlt und meint, diese nicht mehr beeinflussen zu können. Dadurch dass der Bewegungsspielraum im Alter eher kleiner und die Abhängigkeit von anderen Menschen meist größer wird, nehmen solche Situationen zu. Hinzu kommt, dass ältere Menschen leichter ablenkbar sind: Selbst eine harmlose Begebenheit wie die, mit schwerer Einkaufstasche und auf der Suche nach der Geldbörse in einen Bus einzusteigen, hinter einem drängelnde Fahrgäste und vor einem der Fahrer, der einen fragt, wo es denn hingehen soll, kann zu einer ungeahnt starken Stressreaktion des Gehirns führen, die selbst lange nach dem Einsteigen noch wirksam sein kann. Das hängt damit zusammen, dass sich im Alter das Abschalten der Stressreaktion, schwerpunktmäßig über die lange Stressachse über das Blut mit den verschiedenen Glucocorticoiden wie dem Cortisol, langsamer geschieht. Normalerweise führt eine hohe Cortisolkonzentration im Blut dazu, dass die weitere Aktivierung der Cortisolfreisetzung im Hypothalamus beendet wird. Im Zuge des Alterungsprozesses des Hypothalamus nehmen die dafür notwendigen Rezeptoren ab, so dass jede Stressreaktion im Körper weniger effektiv beendet wird. Dies hat eine Reihe von Konsequenzen für das Gehirn: Ein dauerhaft hoher Stresshormonlevel, vor allem der Glukocorticoide, führt dazu, dass ausgerechnet im Hippocampus Nervenzellen absterben und damit die Eintrittspforte des autobiographischen und Faktengedächtnisses geschwächt wird. Außerdem behindert er die adulte Neurogenese im Hippocampus, die entscheidend ist, um neue Ereignisse zu speichern, und einen kompensatorischen Schutz für den natürlichen Alterungsprozess im Hippocampus darstellt.

Entsprechend wichtig ist es im Alter, Stressreaktionen wo immer möglich zu vermeiden, indem man seine Handlungen darauf einstellt: Man sollte gar nicht erst versuchen, Multitasking zu betreiben, und lernen, sehr fokussiert nur die gerade notwendige Aktivität zu verfolgen und dabei alles andere weitgehend auszublenden. Entspannungsübungen, vor allem Atemtechniken, können dabei eine Unterstützung sein. Des Weiteren hilft es, die Informationsaufnahme und den Tagesverlauf den veränderten Bedingungen des Gehirns anzupassen. Denn man lernt im Alter anders, vor allem langsamer, und man wird leichter abgelenkt. Dafür hat man aber, so paradox es ob der Endlichkeit des Lebens klingen mag, endlich Zeit und Muße.

Aber natürlich lösen nicht nur Hektik und Zeitmangel im Alter Stressreaktionen aus. Auch die Angst vor neuartigen Situationen, die Angst zu versagen und Angst, die aus Stressreaktionen resultiert, können dazu führen. Angst ist ein wichtiges Warnsignal des Körpers, das man nicht kleinreden sollte oder negativ belegen muss – schließlich würden Kleinkinder die Kindheit nicht überleben, hätten sie nicht Angst vor bestimmten Dingen, z. B. im Straßenverkehr. Im Alter ist es aber wichtig, über Angstzustände zu reflektieren und diese, wo immer möglich, im Alltag einzudämmen, denn Angst produziert einen bestimmten kognitiven Stil: das rasche Ausführen einfacher gelernter Regeln, sogenannte Handlungsstereotypien. Wenn man so will, sperrt Angst die Gedanken in enge Denkmuster ein, was gut ist, wenn man schnell reagieren muss. Die Kehrseite ist: Es aktiviert nur wenige Gehirnareale und erschwert vor allem lockeres Assoziieren. Wer dagegen entspannt ist und keine Angst verspürt, bei dem werden die Gedanken freier, offener, assoziativer; man ist generell kreativer. Es lohnt sich also, viel Aufwand zu treiben, um seine Angstgefühle in den Griff zu bekommen.

*Anti-Stress: Glücksgefühle zulassen*

Ein Teil der Menschheit wird es nur zu gerne hören, ein anderer wird es als schreiende Ungerechtigkeit bezeichnen, was das Wissenschaftsmagazin *Nature* 2011 zu berichten wusste: Das subjektive Sich-Wohlfühlen (oder weniger wissenschaftlich: Glücklichsein) verlängert das Leben und verbessert die Gesundheit.

Es geht hier nicht um den trivialen Zusammenhang, dass gesündere Menschen die glücklicheren sind. All dies lässt sich mit Hilfe epidemiologischer und sozialpsychologischer Methoden herausrechnen. Hier aber haben Wissenschaftler in einer Meta-Analyse 24 Studien über den Zusammenhang von Gesundheit und Altern verglichen und deren Effekte statistisch analysiert. Und in der Tat zeigte sich, dass Glück, Zufriedenheit und Zuversicht das Leben verlängern und den Menschen gesünder, ja sogar kognitiv leistungsfähiger machen – vor allem deshalb, weil glücklichere Menschen weniger Stress empfinden. In Zahlen ausgedrückt heißt dies: Glücklichere Menschen leben um 14 % länger als weniger zufriedene Zeitgenossen – in Lebensjahren bedeutet dies, sie leben 7,5 bis 10 Jahre länger! Wichtige Aussagen zu diesem Befund lieferten sogenannte Longitudinalstudien, in denen Probanden über ihr Leben hinweg in regelmäßigen Abständen befragt wurden. Einen besonderen Stellenwert haben hier die bereits mehrfach erwähnten Studien mit amerikanischen Ordensschwestern, die alle unter sehr ähnlichen Bedingungen lebten: Sie wurden vor ihrem Eintritt in einen Orden nach ihrer Gemütsverfassung befragt. Glückliche Nonnen hatten eine mittlere Lebenserwartung von 93,5 Jahren, während diejenigen, die sich selbst als weniger glücklich bezeichnet hatten, eine Lebenserwartung von 86,6 Jahren hatten (was im Übrigen durch den insgesamt gesünderen Lebenswandel der Nonnen überdurchschnittlich hoch ist).

Schon Aristoteles hat das Streben nach Glück als eines der wichtigsten menschlichen Ziele bezeichnet. Und die oben zitierten Studien erinnern daran, dass Zuversicht, Zufriedenheit, ja sogar Glück eine ganz neue Bedeutung bekommen hinsichtlich unserer Gesundheit und Lebenserwartung. Die Ergebnisse lassen sich dahingehend interpretieren, dass relative Lebenszufriedenheit mit weniger Stress und den damit verbundenen positiven Folgen für Gehirn und Körper einhergeht. Allerdings muss man sich seine persönlichen Ziele so stecken, dass Erfolgsgefühle auch möglich werden. Senioren, die Freude am Leben haben, sind oft beweglicher, neugieriger und sozial engagiert – drei Faktoren, die das Gehirn herausfordern, damit aktivieren und in der Folge langsamer altern lassen. Erwähnt sei hier auch, dass das Pflegen sozialer Kontakte immer wieder positive Rückkoppelungen und Glücksmomente vermittelt.

Umgekehrt ist aber auch belegt, wie Schicksalsschläge von außen die Lebenserwartung senken können: Männer, die ihre Ehefrauen/Lebenspartnerinnen verlieren, haben einen Monat nach deren Tod eine um den Faktor 2 erhöhte Mortalitätsrate; Ehefrauen, die ihren Ehemann verlieren, gar eine um den Faktor 3 erhöhte Mortalitätsrate. Das heißt, neben unseren Genen und unserem Lebensstil beeinflussen auch Lebensereignisse unser Altern – ein Faktor, den wir nicht kontrollieren können. Es zeigt außerdem, dass man nicht allein seines Glückes Schmied ist. So einfach macht es uns weder das Leben noch das Altern. Das Streben nach Glück und Zufriedenheit ist ein hohes Gut, und es scheint abschließend eine lohnende Frage, ob Unzufriedenheit im Leben nicht auch mit einer unrealistischen Skalierung der Ziele zusammenhängt.

### Selbstbewusstsein und Achtsamkeit

Es ist schon verrückt, was für ein Experiment die berühmte Harvard-Psychologin Ellen J. Langer vor einigen Jahren durchgeführt hat. Aber nicht nur das Experiment selbst hatte etwas Exzentrisches, die Ergebnisse sind in vielerlei Hinsicht nahezu phänomenal: In ihrer klassischen Studie hatte die Psychologin mit ihrem Team Senioren aus Altersheimen für eine Woche in zwei Gruppen eingeteilt – eine Gruppe wurde weiterhin komplett versorgt, lebte aber in einer neuen Umgebung; die andere Gruppe musste sich eine Woche lang selbst versorgen und wurde in die Zeit der 50er und 60er Jahre versetzt – angefangen bei der Musik aus der »guten, alten Zeit«, über Gegenstände des Alltags bis hin zu Magazinen und Büchern, die allesamt aus dieser Phase stammten. Diese Seniorengruppe musste ihre eigenen Entscheidungen treffen, sich mehr bewegen, unter anderem weil sie Besorgungen selbst zu erledigen hatte, und durfte von der Vergangenheit nur in der Gegenwartsform sprechen, so als lebte sie noch in den 50er oder 60er Jahren. Nach einer Woche fühlten sich die Senioren jünger, standen aufrechter und zeigten mehr Eigeninitiative als die rundum versorgte Vergleichsgruppe. Die Teilnehmer beider Gruppen waren direkt nach dem Experiment kognitiv leistungsstärker als davor. Das bedeutet, auch der Gruppe, die weiterhin vollständig versorgt wurde, hat der Ortswechsel gutgetan. Das Entscheidende und Spannende an dem Experiment aber war, dass die Senioren der Aktivgruppe länger lebten, wie sich einige Jahre später herausstellte; sie waren außerdem insgesamt gesünder als die Kontrollgruppe und blieben länger mental leistungsfähig!

Die Menschen, die sich – gesetzt durch die Umweltreize – jünger fühlten, eigenständig und autonom agierten, blieben länger kognitiv leistungsfähig, und zwei Drittel der Teilnehmer konnten sogar ihren IQ-Wert deutlich verbessern. Dies kann man damit erklären, dass der Stirnlappen in dem Moment, in dem die Probanden gezwungen waren, ihr Leben wieder selbst zu organisieren, stärker gefordert war und damit vermehrt aktiviert wurde. Autonomes, selbstbestimmtes Handeln, das einen dazu anhält, achtsam in der Umwelt zu agieren, stimuliert also – ähnlich wie bei intensivem Gehirnjogging – den Stirnlappen. Hinzu kommt: Wer etwas Neues lernen will, braucht Selbstvertrauen. Und genau dies wurde ebenfalls in der Studie gestärkt: zum einen weil die Probanden sich durch Umweltreize geistig und körperlich jünger fühlten, zum anderen weil sie eine Reihe von Erfolgserlebnissen sammeln konnten hinsichtlich ihrer Fähigkeit, den Alltag alleine zu bewältigen (etwas, was ihnen im Altersheim komplett abhandengekommen war). Letzteres zeigt, dass geistige Leistungsfähigkeit auch etwas damit zu tun hat, was wir uns zutrauen. Das heißt im Umkehrschluss: Unsere geistigen Schranken bestimmen mindestens in gleichem Maße, wo die Grenzen unseres Denkens liegen – und dies gilt nicht nur für unsere kognitiven Leistungen: Menschen, die positiv über das Altern denken, leben länger als Menschen, die eine weniger positive Einstellung dazu haben, wie die amerikanische Wissenschaftlerin Becca Levy in einer großen epidemiologischen Studie nachweisen konnte. Der Unterschied macht 7,5 Lebensjahre aus, das ist mehr als der ebenfalls wichtige niedrige Cholesterinspiegel oder ein niedriger Blutdruck (die die Lebenserwartung

**Antwort eines 80-jährigen Literaturpreisträgers, was er denn mit dem Preisgeld machen wolle: »Das viele Geld? Das kommt auf die Bank. Das ist für mein Alter.«**

um jeweils vier Jahre verlängern). Der Effekt ist auch stärker, als nicht zu rauchen oder kein Übergewicht zu haben (damit gewinnt man statistisch ca. drei Lebensjahre). Herausgefunden hat man auch, dass sowohl Männer als auch Frauen, die jüngere Partner heiraten, länger leben, was möglicherweise auf ähnliche Effekte zurückgeht wie die Ergebnisse in der eingangs erwähnten Studie von Ellen Langer. All diese statistischen Besonderheiten sollen hier nicht überbewertet werden, zumal sie in der Interpretation nicht eindeutig sind (wer jüngere Partner heiratet, altert vielleicht auch biologisch anders etc.). Aber es lohnt sich, darüber nachzudenken, inwieweit die eigene Einstellung zum Altern den Alterungsprozess beeinflusst.

Weitere Studien von Becca Levy und Ellen Langer bestätigen dies: So bestimmt die kulturelle Einstellung gegenüber älteren Menschen in erheblichem Maße, wie diese Menschen in Gedächtnistests abschneiden. Wer im Alter geachtet wird, zeigt auch eine stärkere Leistung bei kognitiven Aufgaben und seiner Merkfähigkeit; negative Vorurteile gegenüber Gedächtnisleistungen im Alter führen dagegen zu schlechteren Testergebnissen! Man spricht in diesem Kontext von sogenannten sich selbst erfüllenden Prophezeiungen.

Um dieses Phänomen genauer zu untersuchen, hat Becca Levy in einem Test »Alter« mit positiven oder mit negativen Worten assoziiert, allerdings so, dass es den Probanden nicht bewusst wurde. Hierbei werden die Worte auf einem Bildschirm so kurz einblendet, dass sie nicht ins Bewusstsein gelangen, vom Gehirn aber verarbeitet werden. Das Ergebnis dieser Studien war, dass die kognitiven Leistungen und die Merkfähigkeit besser waren, wenn man Alter unbewusst mit positiven Worten assoziierte; war es mit negativen Worten assoziiert, wurden sie deutlich schlechter. Und das ist schon erstaunlich, denn die Gedächtnisaufgaben und die kognitiven Tests selbst hatten nichts mit dem Alterskontext zu tun. Und doch hat die negative oder positive Assoziation mit dem eigenen Alter dazu geführt, dass die Probanden sich in ihrer Leistungsfähigkeit (!) steigerten oder sogar deutlich abfielen, je nachdem ob ihr Alter mit positiven oder negativen Attributen belegt wurde. Das Gehirn skaliert also seine Leistungsfähigkeit auch danach, was wir von uns erwarten, bzw. danach, was andere von uns erwarten. Die Redewendung »Man ist so alt, wie man sich fühlt« bekommt hier eine ganz neue Bedeutung.

Schon lange ist bekannt, dass Medikamente eine Placebo-Wirkung haben können, so dass jede neue Wirksubstanz in einer Tablette gegen eine gleich aussehende, aber wirkungslose Tablette getestet wird. Hier gibt es Interaktionen zwischen dem Gehirn und dem Immunsystem, die bisher zwar prinzipiell nachgewiesen, aber im Detail noch schlecht verstanden sind. Diese Interaktion zwischen Gehirn und Immunsystem ist jedoch entscheidend daran beteiligt, dass der Glaube an ein Medikament die Chance erhöht, Krebs oder eine andere Krankheit zu besiegen oder Schmerzen zu lindern. In einer Studie, die Ellen J. Langer in ihrem Buch *Die Uhr zurückdrehen?* beschreibt, wurde dieses Phänomen nun ins Extreme getrieben: Probanden wurde eine wirkungslose Tablette als Schmerzmittel verkauft. Wie sich zeigte, fiel die Placebo-Wirkung umso geringer aus, je niedriger der Preis für die Tablette war. Und er fiel noch weiter ab, wenn das »Medikament« als Sonderangebot verkauft wurde! Ein weiteres Beispiel sei erwähnt, anhand dessen die Wirkungsmechanismen des Gehirns deutlich werden: Üblicherweise wird die Sehstärke beim Augenarzt auf Augentafeln ausgetestet, auf denen immer zuerst die großen Buchstaben und Zahlen erscheinen, mit jeder Zeile werden sie kleiner. Wie man herausgefunden hat, können wir eine ganze Reihe mehr lesen, wenn die Durchführung des Tests umgekehrt wird und wir – anders, als wir es gewohnt sind – mit den kleinsten Buchstaben anfangen. Auch hier wirkt sich unsere Erwartungshaltung auf die Sehleistung aus bzw. beeinflusst unser Sehvermögen!

**»Alter ist eine Frage des Kopfes, nicht der Geburtsurkunde.«**
Martina Navrátilová

Diese und andere Untersuchungen zeigen, auf wie vielfältige Weise Anspruch und Selbstvertrauen das Leistungsvermögen des Gehirns beeinflussen – und wie stark Körper und Gehirn interagieren. Dies wird auch bestätigt durch Umfragen, wie sie Jutta Heckhausen von der University of California in Irvine durchgeführt hat: Ältere Menschen stabilisieren ihr Ichgefühl dann besonders effektiv, wenn sie sich mit anderen alten Menschen vergleichen statt mit jüngeren. »Sie fühlen sich nicht weniger leistungsfähig als Jüngere und glauben, dass sie geringere Probleme mit dem Alleinsein, mit den Finanzen oder der Gesundheit haben als Gleichaltrige«, so die Wissenschaftlerin. Und dieser Umstand hat nicht nur etwas mit Wohlfühlen zu tun, sondern wirkt sich auf die Leistungsfähigkeit des Gehirns insgesamt aus: Wenn man älteren Menschen noch etwas zutraut und diese mit Selbstbewusstsein eine Aufgabe angehen, sind sie auch beweglicher im Kopf, erinnern besser und reagieren in Situationen potenzieller Überforderung gelassener. Man kann sogar so weit gehen zu fragen, ob nicht ein Teil des Leistungsverlustes im Alter darin begründet liegt, dass es eine gesellschaftlich induzierte selbst erfüllende Prophezeiung ist.

Erstaunlich ist auch eine weitere Erkenntnis, eigentlich eher eine Begleiterscheinung des Trainingsprogramms zur Steigerung der kognitiven Fitness: Führt man älteren Menschen ihre kleinen Erfolgserlebnisse und ihre Leistungsfähigkeit, die sie beim Lösen von kognitiven Aufgaben in kontrollierten Trainingsstudien erzielen, vor Augen, tanken sie Selbstvertrauen und überwinden zum Teil ihre »erlernte kognitive Hilflosigkeit«. Denn, wie oben bereits ausgeführt, auch Selbstvertrauen ist der Schlüssel zum Erfolg. Viele ältere Menschen, die an einem kognitiven Trainingsprogramm teilnehmen, berichten, dass sie nicht nur das Gefühl hatten, ihre intellektuellen Fähigkeiten seien gestiegen, sondern dass sie vor allem gelernt hatten, ihre eigenen Fähigkeiten besser einzusetzen! Schon die bloße Tatsache zu lernen, wie man das Ausmaß seiner eigenen Schwächen und Stärken abgrenzen kann, hat nachweisbar einen großen therapeutischen Effekt.

Umgekehrt gilt: Wer aufhört, an sein Gedächtnis zu glauben, macht den ersten Schritt in Richtung des Abgrunds namens Vergessen. Man ist so gut, wie man glaubt, dass man es ist. Das Kompetenzerleben ist von überraschender Wichtigkeit für das Altern: Senioren, die sich auf Tätigkeiten verlassen, bei denen sie sich selbstbestimmt fühlen und wo sie ihr Expertenwissen anwenden können, sind körperlich und geistig fitter als ältere Menschen mit niedrigem Selbstwertgefühl. Dies zeigt zusammen genommen, dass das Empfinden von Zufriedenheit und Könnerschaft mehr zur geistigen Fitness beiträgt, als man bisher angenommen hat.

Im Englischen bezeichnet man das kreative Gegen-den-Strom-Denken als *Counterclockwise* (Denken gegen den Uhrzeigersinn). Es bedeutet, nicht alles, was man hört, liest und sieht, unkritisch zu akzeptieren, sondern durch eigenes Nachdenken und Nachfragen mit einer eigenen Einschätzung zu versehen oder sich auf kontraintuitive Lösungsansätze einzulassen. All dies stärkt die Leistungsfähigkeit des Gehirns, vor allem den für Alterungsprozesse so anfälligen Stirnlappen. Wer im Kopf lange jung bleiben will, sollte schon früh damit anfangen, gegen den Uhrzeigersinn zu denken und selbst Verantwortung zu übernehmen. Besonders wichtig wird dies aber im

**»In gewissem Grad sind wir wirklich das Wesen, das die anderen in uns hineinsehen, Freunde wie Feinde. Und umgekehrt! Auch wir sind Verfasser des anderen, wir sind auf eine heimliche und unentrinnbare Weise verantwortlich für das Gesicht, das sie uns zeigen, verantwortlich nicht für ihre Anlage, aber für die Ausschöpfung dieser Anlage.«**

Max Frisch

Alter, da Zweifel, Hinterfragen und kritisch achtsamer Umgang mit der Welt und seinen Mitmenschen (und sich selbst) eine anspruchsvolle und aktivitätssteigernde Wirkung auf den Stirnlappen haben.

**Selektion, Optimierung, Kompensation**

Die fünf bisher vorgestellten Maßnahmen, um den Kopf lange jung zu halten, sollen nicht darüber hinwegtäuschen, dass das Gehirn mit dem Altern Funktionseinbußen in Kauf nehmen muss – und nicht nur das: Dieses Gehirn sitzt in einem Körper, der von der Haut über die Organe bis zu den Knochen hin Abnutzungserscheinungen zeigt. Zum gesunden Altern gehört auch die Einsicht, dass bestimmte Tätigkeiten mit einer anderen Präzision und Geschwindigkeit erfolgen (können), vor allem wenn das 75. Lebensjahr überschritten ist. Neben einer gesunden Ernährung, Bewegung und Gehirnanstrengungen ist es deshalb wichtig, den Stress einzudämmen und die Ziele des Lebens zu justieren. Der Altersforscher Paul Baltes und seine Frau Margret Baltes haben im Zuge des eigenen Alterns vorgeschlagen, dazu folgende drei Strategien einzusetzen: Selektion, Optimierung, Kompensation (abgekürzt SOK).

Am Beispiel des Pianisten Arthur Rubinstein hat Paul Baltes versucht, sein Konzept zu verdeutlichen: Als 80-Jähriger hatte dieser einmal geschildert, mit welchen Tricks es ihm noch immer gelingen würde, erfolgreich auf der Bühne zu stehen und Konzerte zu geben und altersbedingten Schwächen in seinem Klavierspiel entgegenzuwirken. So hat er zunächst einmal sein Programm reduziert und spielte weniger Stücke. Dies veranschaulicht gut das Prinzip der Selektion. Die ausgewählten Stücke würde er häufiger üben als früher, dies spiegelt die Optimierung wieder. Und drittens spiele er vor schnell zu spielenden Passagen besonders langsam, so dass der Kontrast die folgende schnelle Passage schneller erscheinen lasse. Dies veranschaulicht die Kompensation.

Auf der allgemeinen Ebene bedeutet Selektion die unwillkürlich eintretende oder auch bewusst vorgenommene Verringerung der schieren Zahl von Lebenszielen und -aktivitäten, die mit dem Altern einhergeht. Genau genommen gehört Selektion jedoch zu jeder Entwicklungsstufe des Lebens dazu, denn egal welchen Entwicklungsweg man eingeschlagen hat, es bedeutet, dass man sich gegen andere mögliche Optionen entschieden hat. Wer erfolgreich altern will, der sollte selektieren, welche der bislang wahrgenommenen Tätigkeiten und Aufgaben er fortführen möchte. Genau wie die Körperkräfte nachlassen, je älter man wird, weshalb ein Gärtner im Alter einen immer kleiner werdenden Garten bewirtschaften sollte, so sollte auch die Anzahl der Lebensaufgaben achtsam und nicht zu stark (Verantwortung und Autonomie sollte man sich so lange wie möglich zu erhalten versuchen) verringert werden. Mit Optimierung ist gemeint, dass man sich die Gehirnreserven durch genügend Trinken, gesundes Essen, Bewegung und kognitive Trainingsprogramme, die alterstauglich sind, möglichst groß hält. Kompensation schließlich bezeichnet verschiedene Formen des Umgangs mit Funktionseinbußen, ob dies nun das Hörgerät ist oder eine andere Verbesserung des Sinnesapparates. Denn nicht wenige Einbußen des Denkens und Erinnerns sind dem Umstand geschuldet, dass das Gehirn einen maßgeblichen Anteil seiner Gehirnressourcen dem Zuhören oder Hinsehen oder dem Gehen auf unregelmäßigem Untergrund widmet und sich entsprechend weniger auf das Sprechen, Denken oder Erinnern konzentrieren kann.

Natürlich lassen sich auch andere kompensatorische Strategien der Zielerreichung denken. Eine besonders kreative haben sich die Eltern des Altersforschers Gene D. Cohen ausgedacht. Wenn sie im Winter ihre Kinder besuchen wollten und für diese von einem Pizza-Service Pizzen bestellten, stellten sie die Bedingung, dass sie selbst zusammen mit den Gerichten ausgeliefert werden mussten. So ersparten sie sich den gefährlichen Weg auf glatter, schneebedeckter Fahrbahn. Der Trick funktioniert allerdings nicht mit jedem Pizza-Service. In gewisser Hinsicht ist die Kompensation die begleitende Strategie zur Selektion, denn hier versucht man, sich das, was man wirklich noch machen möchte, durch erhöhten Einsatz zu erhalten.

Zusammengefasst bedeutet dies: Zum Altern gehören auch

- die Suche nach dem, was dem Einzelnen wichtig ist (Selektion);
- die Suche nach Wegen der Optimierung;
- die Suche nach Formen der Kompensation.

Und man könnte noch ergänzen: Zum Altern gehört nicht zuletzt die Suche nach der Fähigkeit, auch in der Niedergeschlagenheit noch zur Hoffnung zurückzufinden, und zwar möglichst gelassen. Das Resultat ist zwar ein eingegrenztes, aber möglicherweise doch zufriedeneres Dasein, das erfolgreicher und produktiver sein kann als ein Leben im Jugendlichkeitswahn.

### Technische Rahmenbedingungen verbessern

Alle haben befürchtet, dass die neuen sozialen Netzwerke, die heute über Handys und Laptops, Note- und Netbooks bedient werden, die Generation 60plus vom technischen Fortschritt abkoppeln wird. Denn natürlich ist die Gefahr für Senioren immer groß, irgendwann nicht mehr mitzuhalten, und der beste Schutz davor ist, sich schon während des Berufslebens immer wieder mit technischen Neuerungen vertraut zu machen, statt erst im Alter damit zu beginnen. In der Tat wird die Selbstverständlichkeit des Umgangs mit diesen Techniken bei den heute 20-Jährigen eine andere sein als bei den heute 60-Jährigen. Aber die neuen Techniken und Möglichkeiten scheinen auch für Senioren interessant und nutzbar. So ist in den USA schon heute abzusehen, dass Computer, Internet und diverse digitale, soziale Netzwerke eine hohe Attraktivität auch für Senioren haben. In Deutschland steigen die Zahlen langsamer an, aber auch hier ist die Tendenz eindeutig steigend. Ein Handicap ist noch, dass die Internet-Alten zwar über diesen Weg mit ihren Kindern und Enkeln kommunizieren können, aber immer noch mit relativ wenig Gleichaltrigen, so dass die sozialen Netze der »Alten« selbst kleiner bleiben als die jüngerer Nutzer. Dafür sind die Internet-Senioren zuverlässiger und auch mit größerem Ernst bei der Sache als jugendliche Internetnutzer. Aber so praktisch diese Erfindungen gerade für (gehbehinderte) alte Menschen sind, die mit der jüngeren Generation in Kontakt bleiben wollen, auch für die Senioren gilt, auf die Privatsphäre zu achten und die Sicherheitseinstellungen auf den Anbieterseiten verstehen zu lernen. Warum nicht mit Enkeln und Kindern zusammen die richtigen Einstellungen vornehmen? So wachsen Generationen zusammen.

Während in jungen Jahren die Computer- und Internetnutzung in jedem Fall in ihrer Dauer und Intensität genauestens kontrolliert werden muss, um nachhaltige Schäden z. B. in der Konzentrationsfähigkeit zu vermeiden, zeigt sich, dass es für die Generation 65plus mit erheblichen Vorteilen fürs Gehirn einhergeht, wenn sie lernt, mit Computer und Internet umzugehen, und beide regelmäßig nutzt. Es trainiert wiederum vor allem den Stirnlappen, stärkt das analytische Denken und über die Stärkung des Arbeitsgedächtnisses auch die Merkfähigkeit.

### *Technik im vierten Lebensalter*

Jenseits des 85. Lebensjahres (im sogenannten vierten Lebensalter) geht das Altern selbst bei einem gehirnförderlichen Lebensstil häufig mit erheblichen sensorischen und motorischen Defiziten einher. Es wird immer schwieriger, die kognitiven Fähigkeiten durch die Lebensführung auf einem stabilen Niveau zu halten. Ab diesem Alter, so propagiert der Berliner Altersforscher Ulman Lindenberger vom Max-Planck-Institut für Bildungsforschung, sind »flexibel unterstützende Technologien« ein aktueller und vielversprechender Ansatz. Gemeint sind Geräte, die Gewohnheiten und Handlungsweisen ihrer Nutzer erkennen, ja sogar lernfähig sind und sie aktiv unterstützen, etwa in der Sensorik und Motorik, die im Alter manchmal enorme Gehirnressourcen beanspruchen. Wenn man beispielsweise beim Gehen reden soll, sich aber vollständig auf den Untergrund konzentrieren muss, wird klar, warum es sinnvoll ist, auf einen Gehstock bis hin zu komplexen Fahrgeräten zurückzugreifen. Ein anderes Beispiel sind Hörgeräte für die immerhin 75 % der 70- bis 80-Jährigen, die an deutlichen Funktionseinbußen im Hörbereich leiden. Sie stellen sich heute flexibel auf die Frequenzen und die Art der Geräusche ein (z. B. werden spezielle Sprachbereiche verstärkt und richten sich automatisch an der Raumgeräuschkulisse aus).

Hinsichtlich intelligenter Haustechnologie für ältere Menschen bedarf es noch einer intensiven Entwicklung, die berücksichtigt, dass sie sich an die älteren Menschen anpasst, und nicht wie bisher umgekehrt, dass die Ältesten sich an die jüngste Technologie anpassen müssen. Hier wäre es z. B. spannend, Technologien zu entwickeln, die im Blick haben, dass ältere Menschen leichter ablenkbar sind, und sie deshalb darin unterstützen, die von ihnen verfolgten Ziele nicht aus dem Fokus zu verlieren. Wie das im Zeitalter von GPS und mobiler Hochtechnologie aussehen könnte, hat sich Ulman Lindenberger schon einmal ausgemalt: Frau M., eine noch rüstige Rentnerin, erhält von ihren Enkeln ein elektronisches Gerät. Es sieht aus wie ein zu groß gewordenes Mobiltelefon. Dieses Gerät ist von jetzt an ihr ständiger Begleiter. Anzumerken ist noch, dass Frau M. frühzeitig ein richtiges Mobiltelefon benutzt hat, so dass sie viele Funktionen des neuen Geräts schon kennt. Aber dieses Gerät hat es in sich, nicht nur dass das Display groß und gut ausgeleuchtet ist, es kann auch »lernen«. Etwa die Gewohnheiten von Frau M.: Wann ruft sie wen an, wann geht sie häufig wohin, wo geht sie einkaufen und welche Produkte kauft sie häufig (natürlich garantiert das Gerät den Datenschutz). Das Gerät registriert auch, wann Frau M. normalerweise aufsteht. Wenn bei Frau M. in einigen Jahren die kognitiven Fähigkeiten nachlassen und vor allem ihr Orientierungssinn und ihr Zeitgefühl schwächer werden, kann das Gerät sie an Dinge erinnern, die sie regelmäßig absolviert hat, es kann ihr als Navigationssystem ihre Wege beschreiben etc. Wenn Frau M. ihre Einkaufsliste in das Gerät spricht, kann es automatisch die richtigen Geschäfte ansteuern und im Laden selbst an die Einkaufsartikel erinnern. Wenn Frau M. dann eines Tage nicht wie jeden Tag um 9 Uhr aufsteht, beginnt das Gerät um 9:15 Uhr zu klingeln; erfolgt bis 9:30 Uhr keine Reaktion von Frau M., aktiviert es den Notruf.

**Frischzellenkur für graue Zellen?**

Muss man sich also ganz auf sich selbst und die Technik verlassen, um den Alterungsprozess des Gehirns zu entschleunigen? Schließlich investieren Pharmakonzerne Milliarden in die Erforschung der mentalen Leistungssteigerung mittels Pillen und Präparaten für das gesunde alternde Gehirn. Bisher allerdings können kein Zaubermittel, kein Lebensstil und keine genetische Ausstattung das Altern stoppen. Aber es gibt Pharmaka, die in dem Ruf stehen, die Alterung des Gehirns zu verlangsamen, die versprechen, die kognitiven Fähigkeiten eines Menschen optimal auszuschöpfen. Der Haken ist: Die Wirksamkeit vieler Medikamente lässt sich klinisch nicht eindeutig nachweisen, und langfristige gesundheitliche Schäden sind kaum abzuschätzen. Man kann im Moment nur zur Vorsicht mahnen vor dem Kauf von Produkten auf dem »Markt des Vergessens«! Anders bei demenzkranken Patienten, die ein Medikament verschrieben bekommen; dieses kann in der Tat in der Lage sein, den Krankheitsverlauf zu verlangsamen. Nur funktioniert der Umkehrschluss von den Kranken zu den Gesunden nicht, denn was die Gedächtnisleistung eines kranken Gehirns verbessert, muss sich noch lange nicht positiv auf die Leistungsfähigkeit gesunder alternder Gehirne auswirken. Altern ist eben keine Krankheit und kann auch nicht als solche behandelt werden.

Dessen ungeachtet finden sich weltweit mindestens 40 Kandidaten für Gedächtnispillen in der Entwicklung. Hierbei investieren etwa ein Dutzend Pharmafirmen jährlich 1,5 Milliarden Euro. Der erhoffte Umsatz liegt bei 10 Milliarden Euro – was würde man nicht bezahlen, wenn eine morgendliche Tablette das Vergessen vergessen sein lässt und die Konzentrationsfähigkeit ebenso wie die Multitasking-Fähigkeit erhöht würde. Schon heute liegt der Umsatz für Ginkgo-biloba-Präparate allein in den USA bei etwa 1 Milliarde Dollar, und dies allein ob der Tatsache, dass es die Durchblutung des Gehirns fördert (wobei umstritten ist, ob die Wirkung stärker ist als die von Koffein in Kaffee und Tee, das ebenfalls eine kurzfristig durchblutungsfördernde Wirkung auf das Gehirn hat). Auch in Deutschland wird mit Ginkgo-Präparaten mehr umgesetzt als mit Alzheimer-Medikamenten. Und Medikamente wie Donezepil, Rivastagmin, Galantamin finden immer mehr Abnehmer auf dem Absatzmarkt der »vor dem Vergessen Angst habenden« Menschen. In der Tat konnten bei Substanzen gegen neurologische Erkrankungen wie Donezepil (Demenz), Methylphenidat (ADHS) oder Modafinil (Narkolepsie) in Versuchen die kognitiven Fähigkeiten von Versuchstieren positiv beeinflusst werden (die allerdings unter sehr sterilen und reizarmen Laborkäfig-Bedingungen leben).

Bei gesunden Menschen ließ sich dieser Effekt bislang aber nicht eindeutig nachweisen. Auch ist beim Menschen schwer abzuschätzen, ob nicht doch gesundheitliche Folgeschäden eintreten können. Hier gilt es weiter zu forschen und die Wirkmechanismen dieser Kandidaten-Substanzen zu ergründen. Nach dem momentanen Stand der Forschung darf man hier eher skeptisch sein. Vor allem vor dem Hintergrund, dass man im Alter besonders vorsichtig mit der Einnahme von zusätzlichen Lifestyle-Medikamenten sein sollte. Der Stoffwechsel von Niere und Leber, die normalerweise für die Beseitigung von Medikamenten (und anderen Fremdstoffen) aus unserem Körper sorgen, ist verlangsamt, und entsprechend sind die Nebenwirkungen von Medikamenten im Alter stärker. Empfehlenswert sind hier Ginkgo-Präparate, die die Durchblutung des Gehirns fördern (in einigen Studien fand man positive Effekte auf die kognitive Leistungsfähigkeit), aber wer schon blutverdünnende Mittel einnimmt wie Acetylsalicylsäure (z. B. als Aspirin®), muss mit dem Risiko rechnen, dass Ginkgo-Präparate zu unkontrollierten Blutungen führen.

Furore haben zwischenzeitlich auch Hormonpräparate für Frauen wie für Männer gemacht. Sie sind entwickelt worden vor dem Hintergrund, dass Geschlechtshormone wie Östrogen und Testosteron und deren verschiedene Vorstufen nicht nur an Reproduktionsaufgaben beteiligt sind, sondern auch im Gehirn und darüber hinaus am Muskel- und Knochenaufbau Wirkung entfalten, im Alter aber zum Teil sehr stark abnehmen. Aber auch hier sind die Chancen ebenso ungewiss wie die Risiken, und aus dem momentanen Stand der Forschung kann man nur vor übertriebenen Erwartungen warnen. Männer, die den Muskelaufbau steigern bzw. den Muskelschwund stoppen wollen, sollten lieber im Fitnessstudio unter kontrollierten Bedingungen Krafttraining machen. Ein positiver Effekt von Vorstufen des Testosterons, wie DHEA, ist nur bei extremen Hormonstörungen nachgewiesen. Angemerkt sei auch, dass direkte Testosterongaben weder bei Erektionsstörungen noch bei Gedächtnisschwächen helfen. Etwas komplexer ist das Bild, was die Östrogengaben bei Frauen angeht; aber auch hier sind die Befunde widersprüchlich (siehe Kapitel 5). Zwar gibt es Hinweise darauf, dass Östrogene die Neubildung von Synapsen fördern können, aber ob die Bedingungen dafür im weiblichen Gehirn erfüllt sind, ist offen; außerdem sind Risiken hinsichtlich einer Krebserkrankung, z. B. Brustkrebs, gegeben. Hier gilt es, sich intensiv mit seinem Arzt zu besprechen und die Vor- und Nachteile einer solchen Behandlung abzustimmen. Subjektiv fühlen sich viele Frauen allerdings mit einer Hormonersatztherapie psychisch besser. Hier ist zu prüfen, wie lange der Mangel ausgeglichen werden muss. Oft sind es nur ein oder zwei Jahre, bis sich die Wechseljahre eingespielt haben.

**Postkarte aus dem Leben**

*Während bei der Ruder-Altersklassen-WM in Zagreb 2007 »nur« neun 80-Jährige an den Start gingen, waren es 2009 in Wien bereits 20 Teilnehmer dieses eher hohen Alterssegmentes. Einer von ihnen, Charles Eugster, ein bei Zürich lebender Engländer, war sogar 90 Jahre alt. Ein echter Star der Altersfitness-Szene, immer noch Bodybuilder und Ruder-Weltmeister in seiner Altersklasse. Zwar hat er (zu seinem eigenen Bedauern) mit 82 das Skifahren eingestellt, aber das hat ihn nicht davon abgehalten, mit 87 Jahren noch das Fahren auf einem Wakeboard zu erlernen (ein Wassersportgerät in Form eines Brettes, das an die Füße geschnallt wird, um damit auf dem Wasser zu gleiten; der Fahrer steht dabei seitlich, und so mancher Jugendliche scheitert am Erlernen dieser komplexen Sportart). Eugster hat erst im Alter von 85 das Krafttraining entdeckt, und zwar mit einem eigens entwickelten Trainingsprogramm. Hier verfolgt er nicht nur sportliche Ziele, sondern er sieht das Krafttraining als eine wichtige Möglichkeit, dem altersbedingten Muskelschwund entgegenzuwirken – eine Maßnahme, die mittlerweile von vielen medizinischen Studien bestätigt wird. In jedem Fall hat Eugster es im Alter von 85 Jahren dank des Krafttrainings geschafft, seine Leistung auf dem Ergometer, die – welch Wunder – ab dem 80. Lebensjahr abgenommen hatte, noch einmal deutlich zu steigern… Neben dem Krafttraining hält er vor allem das Ausdauertraining für extrem wichtig, um Alterungserscheinungen der Gefäße und des Gehirns entgegenzuwirken. Auch die Ernährung muss für ihn stimmen – also wenig Fett, viel Obst, Gemüse, kein Koffein, kein Alkohol.*

*Erstaunlich ist auch das Arbeitsleben von Herrn Eugster, der nicht nur bis zum 75. Lebensjahr als Zahnarzt praktiziert und dann bis zu seinem 82. Lebensjahr eine medizinische Fachzeitschrift herausgegeben hat; jetzt soll er als Model für eine Fitnesskette tätig werden.*

*Auf die Frage, was er bedauere, gibt er an, dass er sehr bereut habe, mit 82 Lebensjahren das Skifahren aufgegeben zu haben, und dass es keine Lehrstellen für 60-Jährige gebe. Weiter führt der mittlerweile über 90-Jährige aus: »Wissen Sie, alten Menschen wird vieles eingeredet, man soll das nicht tun und jenes nicht, das Erste sei unvorsichtig, das Zweite gefährlich und das Dritte weiß der Teufel was.« Eugster hat sich nie um solche Warnungen geschert.*

*Wer sich die ersten Wakeboard-Versuche des damals 87-Jährigen ansehen will, kann dies im Internet tun und dabei staunen: www.youtube.com/watch, Suchwort: Eugster, wakeboard*

KAPITEL 9

# Rezepte für eine alternde Gesellschaft – ein Plädoyer

**Der alte Großvater und der Enkel**

*Es war einmal ein steinalter Mann, dem waren die Augen trüb geworden, die Ohren taub, und die Knie zitterten ihm. Wenn er nun bei Tische saß und den Löffel kaum halten konnte, schüttete er Suppe auf das Tischtuch, und es floß ihm auch etwas wieder aus dem Mund. Sein Sohn und dessen Frau ekelten sich davor, und deswegen mußte sich der alte Großvater endlich hinter den Ofen in die Ecke setzen, und sie gaben ihm sein Essen in ein irdenes Schüsselchen und noch dazu nicht einmal satt; da sah er betrübt nach dem Tisch, und die Augen wurden ihm naß. Einmal auch konnten seine zitterigen Hände das Schüsselchen nicht festhalten, es fiel zur Erde und zerbrach. Die junge Frau schalt, er sagte aber nichts und seufzte nur. Da kauften sie ihm ein hölzernes Schüsselchen für ein paar Heller, daraus mußte er nun essen. Wie sie da so sitzen, so trägt der kleine Enkel von vier Jahren auf der Erde kleine Brettlein zusammen. »Was machst du da?« fragte der Vater. »Ich mache ein Tröglein«, antwortete das Kind, »daraus sollen Vater und Mutter essen, wenn ich groß bin.« Da sahen sich Mann und Frau eine Weile an, fingen endlich an zu weinen, holten alsofort den alten Großvater an den Tisch und ließen ihn von nun an immer mitessen, sagten auch nichts, wenn er ein wenig verschüttete.*

Jacob und Wilhelm Grimm

## Die Kraft des Alterns

Das Alter ist jung, jedenfalls dann, wenn man es als gesellschaftliches Phänomen betrachtet. Es ist eine Errungenschaft des 20. Jahrhunderts – bedingt durch eine bessere Ernährung, bessere Arbeitsbedingungen und vor allem den biomedizinischen Fortschritt. Mehr als die Hälfte der Bevölkerung wird mittlerweile über 70 Jahre alt. Dass einzelne Menschen alt werden können, ist bekannt, darüber wird geschrieben, seit es eine Schriftkultur gibt. Aber dass eine ganze Gesellschaft altert, ist eine neue Entwicklung. Und dementsprechend stecken die Kultur und die Wissenschaft des Alters und Alterns noch in der Jugendphase: Es gibt noch keine lange Tradition einer Alterskultur. Auch über die psychologischen, neurologischen und sozialwissenschaftlichen Bedingungen des Alterns wissen wir noch relativ wenig. Neu ist für die Forschung auch die Frage, wie wir das Altern bereits in der mittleren Lebensphase vorbereiten können. Dieses Buch legt den Schwerpunkt auf das Gehirn und seine Funktionen, die sich im Zuge des Alterungsprozesses verändern. Dies sollte aber nicht den Blick darauf verstellen, dass das Altern viele Facetten hat. Aufgrund der genetischen Ausstattung, des individuellen Lebensstils und nicht planbarer Ereignisse fällt diese Lebensphase für jeden Menschen anders aus und kann zu einem jeweils anderen Erleben des Alterns führen.

> **»Erfolg hat nur der, der etwas tut, während er auf den Erfolg wartet.«**
> Albert Einstein

Dieses Erleben wird jedoch maßgeblich durch die gesellschaftliche und individuelle Erwartungshaltung beeinflusst. Sie wirkt sich auf die eigene Leistungsfähigkeit im Alter aus, aber auch auf die Rolle, die Familie, Gesellschaft und Politik dabei spielen. Denn natürlich hat die alternde Gesellschaft Folgen für die betriebliche Organisation von Firmen, Altenheimen und unsere persönliche wie gesellschaftliche Lebensplanung. Diese Aspekte des Alterns sollen hier im Schlusskapitel noch einmal angesprochen und mit möglichen Konsequenzen verknüpft werden. Um es gleich vorwegzusagen: Wir können und dürfen von älteren Menschen noch einiges erwarten, ohne uns dabei der Illusion einer Anti-Aging-Kultur hinzugeben. Aber – und darauf hat Paul Baltes, der verstorbene Nestor der Altersforschung, bereits eindringlich hingewiesen: »Eine der wichtigen Aufgaben der Zukunft ist es, die Bilder vom Alter optimistischer und differenzierter zu gestalten. Wenn es nämlich keine positiven Bilder vom Alter gibt oder nur in geringem Maße, wenn also der gegenwärtig erreichte Zivilisationsstand das Alter vor allem auf der negativen Soll-Seite verbucht, dann ist auch die Wahrscheinlichkeit gering, dass positive Alternsprozesse einschließlich neuer Produktivitätsformen im Alter überhaupt entstehen, und zwar unabhängig davon, ob dies prinzipiell anders sein könnte.«

### Individuelles Altern

Auf welche Zukunft des eigenen Alterns soll man sich vorbereiten? Fest steht: Wer daran glaubt, auch nach dem Renteneintritt noch viele Jahrzehnte vor sich zu haben, lebt anders, plant anders, verhält sich anders. In Kapitel 8 sind bereits viele Aspekte und Maßnahmen genannt worden, wie man zum einen seinen Lebensstil so ausrichten kann, dass man möglichst lange jung und fit im Kopf bleibt, und zum anderen die Risiken einer altersbedingten Erkrankung des Gehirns zu minimieren versucht (siehe auch Kapitel 7). Es sei an dieser Stelle noch einmal darauf hingewiesen, dass sich jede dieser Maßnahmen (z. B. gesunde und maßvolle Ernährung, Bewegung, kognitives Training) zu jedem Zeitpunkt im Alterungsprozess positiv auswirkt. Es ist also nie zu spät, seinen Lebensstil zu ändern. Aber man kann sich auch gezielt auf das Alter vorbereiten, indem man sich bereits frühzeitig, und das heißt vor dem 50. Geburtstag, nicht nur Gedanken über die finanzielle Altersvorsorge macht, sondern damit beginnt, seine Lebensweise auf eine gesunde Alterung des Gehirns auszurichten. Denn die Qualität des Alterns und der Jahre jenseits der 70 werden nicht zuletzt davon abhängen, wie man zuvor gelebt und was man für seine gehirngerechte Altersvorsorge getan hat. Hier gilt es also, frühzeitig Weichen zu stellen und Pläne zu schmieden. Und bewusster, als wir dies meist in hektischen Zeiten tun, im Augenblick zu leben. Denn wer achtsam und aufmerksam das Da-Sein im Jetzt-Sein erlebt, sammelt mehr Erinnerungen, trainiert seinen Stirnlappen im Cortex und lebt intensiver als jemand, der immer schon drei Schritte voraus ist.

Gleichzeitig sei aber auch eine Warnung für die Zeit nach der Pensionierung ausgesprochen: Es ist große Vorsicht geboten bei dem Versuch, im Alter Jugendträume zu verwirklichen. Hier bedarf es eines genauen Blickes in die inneren Begehrlichkeiten. Oft hat das Leben einen verwandelt, Max Frisch sagt: »entfaltet«, und man ist nicht mehr der, der träumt, sondern das, was man in seinem Leben noch tun könnte, wird stärker aus dem Blickwinkel der Endlichkeit des Lebens gesehen. Marcel Proust hat dies auf wunderbare – wenn auch ungeschminkte – Weise in seinem Roman *Auf der Suche nach der verlorenen Zeit* in dem Band *In Swanns Welt* zusammengefasst: »Früher hatte er oft daran gedacht, dass er eines Tages aufhören werde, in Odette verliebt zu sein, er hatte sich vorgenommen, gut aufzupassen, und sobald er ein Nachlassen seiner Liebe verspüren würde, sich daran anzuklammern und sie festzuhalten. Nun aber setzte gleichzeitig mit dem Schwächerwerden seiner Neigung auch eine Verminderung seines Wunsches, verliebt zu bleiben, ein. Denn man kann sich nicht ändern, das heißt eine andere Person werden und dennoch den Gefühlen derjenigen unterstehen, die man nicht mehr ist.« Man muss also sorgfältig sortieren, welche Interessen man wie pflegen möchte.

**»Es gibt kein Verbot für alte Weiber, auf Bäume zu klettern.«**
Astrid Lindgren

So bekunden immer mehr Senioren Interesse an erneuter akademischer Bildung. Viele Universitäten bieten spezielle Seniorenstudiengänge an. Dies kann eine Form der gesunden und anregenden Altersbeschäftigung sein. Hier sei, nicht zur Abwehr solcher Bemühungen, aber als Anregung zum Nachdenken, zitiert, was der Philosoph und Essayist Montaigne bereits vor mehreren Hundert Jahren zum Neuerwerb von Kompetenzen im fortgeschrittenen Alter angemerkt hat: »Der junge Mensch, sagen die Weisen, müsse lernen, der alte aber das Gelernte anwenden, und den größten Makel sahen sie darin, dass unsere Wünsche sich ohne Unterlass verjüngten. Wir fangen das Leben immer wieder von vorne an. Auf unserer Erkenntnis- und Glückssuche sollten wir aber endlich mal unser Alter gewahren.« Montaigne greift hier einen wichtigen Punkt auf: Wer den dringenden Wunsch verspürt, zu studieren und Neues zu lernen, wofür das Berufsleben keinen Raum ließ, tut sich etwas Gutes. Wer es aber macht, weil er es als kognitives Training für das Gehirn sieht, sollte eher nach einer Tätigkeit Ausschau halten, bei der er sein Expertenwissen anwenden kann – schließlich hat er im Laufe seines Lebens bestimmte Wissens- und Verhaltenselemente erworben.

**»Die Zukunft soll man nicht voraussehen wollen, sondern möglich machen.«**
Antoine de Saint-Exupéry

Dieses Buch versucht, wissenschaftlich fundiert Mut zu machen für das Alter und herauszustreichen, dass viele Aspekte des Alterns wesentlich positiver sind, als es bisher wahrgenommen wurde. Wir können unser Altern beeinflussen und etwas dafür tun, es nach hinten zu verschieben. Es wäre jedoch falsch, sich oder anderen den Vorwurf zu machen, man hätte Alzheimer- oder Parkinson-Erkrankungen oder Schlaganfälle verhindern können, hätte man sich mehr angestrengt. Wie ich dargelegt habe, sind die Ursachen dieser Erkrankungen nicht bis in alle Details bekannt. Man kann und darf Ansprüche an sich und, warum auch nicht, an andere stellen, aber man kann das Altern ebenso wenig am Reißbrett planen wie alle anderen Lebensabschnitte. Lebensschicksale und Krankheiten ereilen Menschen immer noch ohne Schuld und Sinn. Und auch umgekehrt gilt, dass Menschen, die alle Regeln brechen, vom rauchenden Helmut Schmidt bis zum »No sports«-verfechtenden Winston Churchill, immer wieder

90 Jahre und älter werden. Wenn ihnen das möglich ist, warum dann nicht auch uns? Hier kann der Wissenschaftler nur nüchtern auf die Statistik verweisen: Die meisten 90-Jährigen haben sich bis in das hohe Alter hinein regelmäßig bewegt, gesund und in Maßen gegessen und hatten vergleichsweise viele soziale Kontakte. Man kann nicht alles im Leben steuern, vielleicht sogar nur den kleineren Teil, aber jeder kann für sich gewisse Wahrscheinlichkeiten verändern – und zwar zu seinen Gunsten.

**Gesellschaftliche Harmonie**

Bis 2030 wird sich die »ökonomische Alterslast« von den derzeit 56 Rentnern, die auf 100 Erwerbstätige kommen, auf 85 Rentner pro 100 Erwerbstätige erhöhen. Noch 1950 waren 23 % der deutschen Bevölkerung unter 15 Jahre alt und nur 10 % zählten mehr als 65 Jahre. Dieses Verhältnis könnte sich im Jahr 2050 umgekehrt haben, prognostiziert sind hier 27 % über 65-Jährige und 12 % unter 15-Jährige. Der demographische Wandel ist nicht Gegenstand dieses Buches, aber natürlich liegt er als Folie hinter dem hier Geschriebenen, denn er steht in seinen Eckpunkten fest, und dies bedeutet: Die Älteren werden an Zahl und Bedeutung zunehmen. Und in diesem Kontext ist die hier beschriebene Sichtweise des Alterns als eine Entwicklungsstufe des Lebens mit Stärken wie Schwächen eine wichtige Hilfe, um den demographischen Wandel zu gestalten – und nicht schon den Pflegenotstand auszurufen, bevor man »die Alten« nach ihrer Leistungsfähigkeit und Leistungsbereitschaft gefragt hat. Denn die hier beschriebenen kognitiven Fähigkeiten der älteren Generation haben einen Einfluss darauf, wie man nicht nur das individuelle Altern gestalten, sondern wie man sich auch im Arbeitsleben ältere Menschen länger und effektiver zunutze machen kann. Heute 75-Jährige haben die kognitive und körperliche Fitness der 65-Jährigen von vor 50 Jahren. Weder gibt es gute Gründe für eine betriebsbedingte Frühpensionierung, noch ist das generelle Renteneintrittsalter von 65 (bald 67) Jahren noch zeitgemäß. Als Otto von Bismarck 1889 die gesetzliche Krankenversicherung eingeführt hat, erreichten nur jeder vierte Mann und jede dritte Frau das 65. Lebensjahr. Es war also eine relativ kleine Minderheit, die die Auszahlung der Rente längere Zeit erlebte. Etwas mehr als 100 Jahre später, nämlich im Jahr 2010, erreichen – erfreulicherweise – 75 % der Männer und sogar 90 % der Frauen das 65. Lebensjahr und können – selbst bei einem Renteneintrittsalter von 67 Jahren – darauf hoffen, noch durchschnittlich 15 Jahre (Männer) oder gar fast 20 Jahre (Frauen) ihren Ruhestand zu genießen.

**Weltlauf**

*Ein Mensch, erst zwanzig Jahre alt,*
*Beurteilt Greise ziemlich kalt*
*Und hält sie für verkalkte Deppen,*
*Die zwecklos sich durchs Dasein schleppen.*
*Der Mensch, der junge, wird nicht jünger:*
*Nun, was wuchs denn auf* seinem *Dünger?*
*Auch er sieht, dass trotz Sturm und Drang,*
*Was er erstrebt, zumeist misslang,*
*Dass, auf der Welt als Mensch und Christ*
*Zu leben, nicht ganz einfach ist,*
*Hingegen leicht, an Herrn und Titeln*
*Und Würden schnöd herumzukritteln.*
*Der Mensch, nunmehr bedeutend älter,*
*Beurteilt jetzt die Jungen kälter,*
*Vergessend frühres Sich-Erdreisten:*
*»Die Rotzer sollen erst was leisten!«*
*Die neue Jugend wiederum hält …*
*Genug – das ist der Lauf der Welt.*

Eugen Roth

Stellt sich nur die Frage, was dies für unser Gesundheitssystem bedeutet. Die Anzahl pflegebedürftiger älterer Menschen betrug 2001 etwa zwei Millionen (nach den Kriterien der Pflegeversicherung), das waren etwa 25 % der Bevölkerung. Im Jahre 2030, so die Prognose unter der Annahme eines linearen Anstieges des Durchschnittsalters, könnten es drei Millionen sein, 2050 fünf Millionen. Diese Zahlen ignorieren allerdings den medizinischen Fortschritt und die Einsichten in einen gesunden Lebenswandel, der schon allein in den zehn Jahren zwischen 1991 und 2001 dazu führte, dass die Zahl der Menschen, die im Alter pflegebedürftig waren, weit unter dem Prognosewert blieb. Was auch heißt, dass der Anstieg der Lebenserwartung nicht die Anzahl der Pflegejahre erhöht, sondern die der gesund gelebten und erlebten Jahre. Dies ändert zwar nichts daran, dass der prozentuale Anteil der pflegebedürftigen Menschen in einer schrumpfenden Gesellschaft bei gleichzeitiger Erhöhung des Lebensalters zunimmt, aber eben nicht in dem Maße, wie er prognostiziert wird!

James Vaupel, Direktor des Rostocker Max-Planck-Instituts für demographische Forschung, fasst die Entwicklung so zusammen: »Die Menschen leben ja länger, weil sie gesünder sind. Der körperliche und geistige Verfall wird nach hinten verlagert und nicht ausgedehnt.« Das bedeutet aber auch, dass die Gesundheitssysteme, wenn sie bezahlbar bleiben sollen, sich noch stärker der Prävention altersbedingter Erkrankungen durch einen gesunden Lebensstil widmen müssen. Wenn man sieht, durch welche vergleichsweise einfachen Maßnahmen man schon Jahrzehnte vor dem Rentenalter Einfluss auf das dritte und vierte Lebensalter nehmen kann, so besteht hier die berechtigte Hoffnung, dass eine alternde Gesellschaft in ihren Sozialsystemen nicht aus dem Ruder laufen muss – ganz zu schweigen von dem individuellen Interesse, das Leben möglichst lange genießen zu wollen.

Allerdings kann man nicht ignorieren, dass uns angesichts der Entwicklung mächtige Probleme ins Haus stehen, die sich nicht rein finanziell lösen lassen. Es gilt schießlich, die alternde

Gesellschaft funktionsfähig zu halten. Hier ist eine mögliche Idee, stärker das karitative Potenzial von Senioren abzurufen. Ältere Menschen sind eher bereit, sich für andere einzusetzen – das Vorurteil des Altersegoismus ist ein Mythos, schon im Hinblick auf die eigenen Kinder und Enkel. Und ältere Menschen, die sich sozial engagieren, altern kognitiv langsamer – gemeinschaftliches Engagement zahlt sich also aus. Und – last but not least – wird es möglicherweise ohne die Senioren gar nicht mehr gehen. So schrieb der Arzt Dr. Michael Feld 2011 in der *Frankfurter Allgemeinen Zeitung* einen alarmierenden Artikel über den Fachkräftemangel gerade im medizinischen Bereich: Demnach sollen bereits im Jahre 2020 über 56 000 Ärzte fehlen und darüber hinaus 140 000 nicht ärztliche Fachkräfte; und diese Zahlen steigen weiter: Bereits 2030 wird es einen nicht gedeckten Bedarf an 165 000 Ärzten und 800 000 nicht ärztlichen Fachkräfte geben!

Aber selbst wenn es genügend Fachkräfte gäbe: Wovon sollen sie bezahlt werden? Der Vorschlag von Dr. Feld besteht darin, einen Teil des Problems durch ehrenamtliche Tätigkeit zu lösen – indem fitte Senioren sich um kranke kümmern. Naiver Idealismus? Wunschdenken? Vielleicht! Aber nicht unrealistisch in einer werteorientierten Gesellschaft, wie Michael Feld hofft: »Ein positiv besetztes Klima sozialer Verantwortung und Bindung, Selbsterfahrung, altruistische, humanistische, moralische und religiöse Werte inklusive hoher Anerkennung, wird dafür unverzichtbar sein.«

Wie das Modell funktionieren könnte, zeigt ein Verein auf Gegenseitigkeit: die Riedlinger Seniorengenossenschaft mit ihren ca. 650 Mitgliedern. Sie wurde bereits 1991 als erste ihrer Art nach einer Idee des Pensionärs Josef Martin gegründet mit dem Ziel, dass die Vereinsmitglieder möglichst lange in den eigenen vier Wänden wohnen bleiben können: Jüngere Senioren, die bei guter Gesundheit sind, helfen älteren, indem sie ihnen etwa Besorgungen abnehmen, Essen für sie zubereiten und die Wohnung putzen.

Wer 100 Stunden Hilfe angespart hat, hat selbst ein Anrecht auf 100 Stunden Hilfe.

Verschiedene Modelle sind hier denkbar, aber ein gesellschaftlich verordnetes Ehrenamt wollen die wenigsten annehmen, denn dann ist es ja keines mehr. Es muss also Freiwilligkeit und eine gewisse Unverbindlichkeit bei diesen karitativen Tätigkeiten geben. Und dennoch: Wer sich als Rentner und Pensionär engagieren möchte, ist nicht allein. Etwa 20 Millionen Deutsche sind derzeit sozial aktiv – vom Miet-Opa/Oma über Sport- und Kunstvereine bis zum Bildungseinsatz. Wir müssen also keinen Krieg der Generationen befürchten, sondern dürfen auf eine neue Harmonie hoffen, wie es schon der Berliner Altersforscher Paul Baltes am Beginn des 21. Jahrhunderts prognostiziert hat: »Die Psychologie der Generationen ist auf wechselseitige Harmonie angelegt, die Jungen wissen ja, dass sie mal alt werden, die Alten erinnern sich an ihre eigene Jugend.«

## Die neue 65plus-Generation im Arbeitsleben

Henning Scherf, ehemaliger Bürgermeister der Hansestadt Bremen und 1938 geboren, lebt heute im Ruhestand mit seiner Frau in einer Art Alten-Wohngemeinschaft. 2006 veröffentlichte er ein viel beachtetes Buch (*Grau ist bunt. Was im Alter möglich ist*), in dem er nicht nur von den wundervollen Jahren erzählt, die er nach dem Beginn der Rente erlebt hat, sondern auch für einen anderen Umgang mit alten Menschen plädiert: »Die Lebensstile alter Menschen ändern sich. Wir müssen lernen, die Alten nicht auf ein unterforderndes Amüsierleben und danach auf ein massenhaft zu versorgendes Pflegeproblem zu reduzieren. Weil alte Menschen teilhaben wollen an unserer Gesellschaft, müssen wir in unterschiedlichen Bereichen ein Arbeiten über das gesetzliche Rentenalter hinaus zulassen. Wir Älteren wollen uns beteiligen, uns einmischen. Arbeit strukturiert unser Leben, über nichts sind wir so stark in die Gesellschaft integriert.«

Viele Jahre waren deutsche Unternehmen dem Jugendwahn verpflichtet, was dazu geführt hat, dass Deutschlands Beschäftigungsquote der 55- bis 64-Jährigen immer noch weit hinter der europäischen Spitze hinterherhinkt: Während in Schweden, der Schweiz und Norwegen nahezu 70 % dieser Altersgruppe noch einer Beschäftigung nachgehen, waren es im Jahre 2005 in Deutschland nur 45 %.

Aber auch hier schafft der demographische Wandel Fakten: In 25 Jahren wird jeder vierte Beschäftigte älter als 55 Jahre alt sein. Bei Wirtschaftswissenschaftlern galt diese Altersgruppe bislang als unproduktiv und überbezahlt. Viele der hier im Buch beschriebenen Beispiele belegen das Gegenteil. Aber woher kommt eigentlich das schlechte Image älterer Mitarbeiter? Unter anderem zeichnen Analysen von Ökonomen dafür verantwortlich, etwa die des in Stanford beheimateten Wirtschaftswissenschaftlers Edward Lazear, der Ende der 70er Jahre noch davon ausging, dass Firmen älteren Mitarbeitern mehr zahlen, als diese erwirtschaften. Im Unterschied dazu bekommen Berufseinsteiger ein Gehalt, das unterhalb ihrer Produktivität liegt – mit der Aussicht auf Lohnsteigerungen mit zunehmendem Alter, wenn sie sich entsprechend anstrengen. Die Folgen sind klar: Wird der prozentuale Anteil der älteren Mitarbeiter zu groß, kann sich der Betrieb ihre Überbezahlung nicht mehr leisten, die Unternehmen würden zwangsläufig pleitegehen. Dies ist aber eine Betrachtungsweise, die sich als falsch erweist: Heute 60-Jährige sind fitter, als ihre Altersgenossen es noch vor 30 oder 40 Jahren waren, sie sind gesünder und leistungsfähiger. Mehr als 100 Studien zur Job-Effizienz belegen, »dass es keine signifikanten Unterschiede zwischen der Arbeitsleistung älterer und jüngerer Arbeitnehmer gibt, wenn als Maßstab das erbrachte Arbeitsergebnis zugrunde gelegt wird«.

Hier sind die Personalabteilungen gefragt, ihre Vorurteile dringend abzubauen. Natürlich nimmt die physische Leistungsfähigkeit im Alter ab, aber wie viel zählt das noch in einer doch im Wesentlichen wissensbasierten Gesellschaft? Die in den vorherigen Kapitel gesammelten Fakten deuten darauf hin, dass ältere Arbeitnehmer hinsichtlich ihrer Erfahrung (Expertenwissen), ihrer Menschenkenntnis (emotionale Intelligenz) und ihres Organisationswissens besondere Fähigkeiten besitzen, auf die Betriebe im Sinne eines guten Altersmixes in der Arbeitnehmerstruktur und die Gesellschaft als Ganzes nicht verzichten sollten. Studien zeigen auch, dass ältere Arbeitnehmer eine höhere Arbeitsmoral und mehr Bewusstsein für Qualität haben. Sie können besser strategisch denken, logischer argumentieren, sind eher bereit zu teilen und haben ein stärker ganzheitliches Verständnis für die Arbeit.

Bereits heute ist abzusehen, dass ältere Mitarbeiter zukünftig leichter Akzeptanz finden werden – allein vor dem Hintergrund des anstehenden Fachkräftemangels, der es erzwingen wird, Ältere länger und gezielter in Betrieben als Mitarbeiter zu halten. Gute Schulungen und mentale Fitnessprogramme können die älteren Mitarbeiter dabei gezielt unterstützen. Wer also seine Mitarbeiter lange gewinnbringend einsetzen möchte, der muss diese Maßnahmen schon frühzeitig mit bedenken, nämlich bevor die Mitarbeiter alt werden – ähnlich wie die geistige Vorsorge für das Altern durch einen entsprechenden Lebensstil gar nicht früh genug beginnen kann. Was nottut, ist eine gezielte betriebliche Entwicklungsarbeit, die systematisch auf den einzelnen Mitarbeiter, die Mitarbeiterin bezogen ist und schon heute das noch kommende Altern mit berücksichtigt. Dass neues Lernen im Alter nicht mehr funktioniert, ist, wie die Altersforscherin Ursula Staudinger meint, »ein Vorurteil, erwachsen aus der Beobachtung, dass sich Menschen natürlich schwertun mit dem Lernen, wenn man sie ein Leben lang nicht gefordert hat«.

**»Die Nützlichkeit des Lebens liegt nicht in seiner Länge, sondern in seiner Anwendung.«**
Michel de Montaigne

Interessant sind aber auch Arbeitsmodelle, bei denen die Mitarbeiter im Laufe des Arbeitslebens nicht immer nur die

Karriereleiter nach oben steigen. Vorstellbar wäre, dass Mitarbeiter jenseits der 60 Aufgaben abgeben und entsprechend ihrer Expertise einen neuen, kleineren Aufgabenbereich übernehmen. Dabei können ganz neue Konzepte erprobt werden, z. B. das reziproke Mentoring, bei dem nicht nur die Älteren die Jüngeren anleiten, sondern umgekehrt auch jüngere die älteren Mitarbeiter in neue Techniken oder Kommunikationsformen einführen, ohne dass dies mit einem Gesichtsverlust bei den älteren, meist hierarchisch höher stehenden Kollegen einhergeht. Je nach Berufsgruppe und Tarifvertrag sind unterschiedlich lange Arbeitszeiten denkbar. Und noch radikaler sind Vorschläge des Demographieforschers James Vaupel, der angeregt hat, über Lebensarbeitszeitkonten nachzudenken, in denen 30-jährige junge Mütter und Väter weniger arbeiten, als sie es heute in dieser Lebensphase tun, und entsprechend mehr arbeiten, sobald die Kinder aus dem Haus sind. Solche Ideen sollte man nicht mit einem schnellen Abwehrreflex vom Tisch wischen, denn wir müssen uns der Tatsache stellen, dass heute geborene Kinder ein reelle Chance haben, im statistischen Mittel und nicht als rühmliche Ausnahme weit über 90 Jahre zu werden, und zwar bei langer Gesundheit und mit einer hohen Wahrscheinlichkeit, bis in das hohe Alter hinein jung im Kopf zu sein. Der bis dahin unbekannte Arthur Winston ging übrigens erst an seinem 100. Geburtstag nach stolzen 76 Arbeitsjahren bei den Los-Angeles-Verkehrsbetrieben in Rente. Ohne dass man dies als Modell zur Nachahmung ansehen sollte, zeigt es, was Menschen möglich ist, wenn sie es wollen und körperlich und geistig fit sind!

Eine neue Herausforderung wird außerdem sein, Mehrgenerationenhäuser zu konzipieren, die einerseits den Bedürfnissen aller Altersklassen genügen und andererseits als Begegnungsstätten für Menschen unterschiedlicher Generationen funktionieren, und Städte so zu gestalten, dass die Alten zusammen mit den Jungen ihren Platz darin haben und sich in ihren unterschiedlichen

Erfahrungshorizonten gegenseitig bereichern. Auch Pflegeheime werden sich verändern müssen hin zu Institutionen, die stärker an die Achtsamkeit, das Verantwortungsbewusstsein und die Selbständigkeit ihrer Bewohner appellieren müssen, als sie dies heute tun.

In diesen Kontext der Überlegungen gehört aber noch etwas: Ältere Menschen sollten sich nicht selbst stigmatisieren, denn es sind gerade die älteren Menschen, die den Begriff »Senior« gerne meiden und niemals in ein Seniorenhotel gehen würden.

Bleiben Sie also neugierig. Trauen Sie sich zu, was Ihnen Freude macht. Engagieren Sie sich, übernehmen Sie früh Aufgaben, die Sie auch im Alter noch genießen können. Denken Sie daran, dass Freunde, Familie und emotionale Bindungen Ihrem Gehirn wie Ihrer Seele zugutekommen. Diese Dinge wollen zu jeder Lebenszeit gepflegt werden, vor allem aber ab 50 aufwärts. Das Wichtigste scheint mir jedoch unser gesellschaftlicher kollektiver Mut, eine radikale Neubewertung des Alters einzuleiten. Wagen wir es doch – jeder Einzelne und wir alle gemeinsam –, unsere Sichtweise, Einstellung und Erwartungshaltung an uns und andere Ältere zu ändern. Nur so halten wir uns und allen anderen die Chance offen, dass wir jung im Kopf bleiben.

**Postkarte aus dem Leben**

*Antonia Winnemöller war eine resolute Frau, die vor bzw. während des Zweiten Weltkriegs vier ihrer fünf Kinder bekommen hat und deren Mann starb, als sie 50 Jahre alt war. Sie hat nicht wieder geheiratet. Ihr Mann hatte ein mittelständisches Unternehmen, das an den einzigen Sohn vererbt wurde, für ein Grundauskommen war also gesorgt, aber Frau Winnemöller arbeitete in verschiedenen Berufen immer mal wieder bis zu ihrem 65. Lebensjahr. Vor allem ab dem 60. Lebensjahr nutzte sie das ihr verbliebene Geld und ihre Zeit für Reisen, meistens Gruppenreisen, die ihr mehr Sicherheit und soziale Kontakte garantierten. Mit ihrer ältesten Tochter bereiste sie die USA und besuchte dort einen ihrer Enkel, sie reiste mit einer Gruppe nach Griechenland und an viele andere Plätze und Orte in Europa. Bis zum Alter von 83 Jahren fuhr sie noch Fahrrad, dann wurde das Auf- und Absteigen zu gefährlich (fanden jedenfalls ihre Kinder). Sie las die Diplom- und Magisterarbeiten ihrer Enkel, ohne je eine höhere Schule besucht zu haben, und war an allem interessiert, was die Kinder (mittlerweile selbst zwischen 60 und 70 Jahren alt), Enkelkinder und Urenkel machten. Ab dem 87. Lebensjahr waren deutliche Symptome einer Altersdemenz vorhanden: Der Tag verlor seinen Rhythmus, die sie aufopferungsvoll pflegende älteste Tochter und deren Mann mussten viel aushalten, wurden aber bis zuletzt noch erkannt. Die Haustürklingel ging in ihrem Kopf mehrfach täglich und auch des Nachts, ohne dass die Klingel betätigt worden wäre. Sie verstarb kurz vor ihrem 93. Geburtstag bei einer Routineoperation – zu der Zeit hatte sie bereits 15 Urenkel. Diese Frau hat nach dem Krieg geholfen, Deutschland wieder mit aufzubauen, hat nach dem Tod ihres Mannes ihr Leben selbst in die Hand genommen, neue Interessen entwickelt und alte, wie die Gartenarbeit, kultiviert. Es gibt hier nichts zu heroisieren, denn sie wurde keineswegs von allen gemocht, war in ihren Urteilen manchmal recht hart und im Umgang oft rau, aber sie zeigte auf vielfältige Weise, wie man sein Leben gestaltet, sozial aktiv (ihr Kegelverein löste sich erst in ihrem 85. Lebensjahr auf) und beweglich bleibt und dabei ein hohes Alter erreichen kann. Nur eines hat sie kategorisch nie gewollt: zum Altenverein zu gehen, da seien ja nur »olle Lüde«.*

*Sicher könnte man dieses Leben genauso als eines des Verlustes beschreiben, vor allem wenn man bedenkt, dass sie in den letzten Jahren ihres Lebens an einer Demenz litt. Dies hätte aber ihrer ebenso nüchternen wie lebensbejahenden Sichtweise nicht entsprochen. Und das ist es doch, was eigentlich zählt. Immerhin war es meine Großmutter.*

# Literaturhinweise und Adressen


## Einleitung

Bovenschen, Silvia: *Älter werden,* S. Fischer Verlag, Frankfurt a. M. 2009.

Flick, Corinne Michaela (Hrsg.): *Das demographische Problem als Gefahr für Rechtskultur und Wirtschaft,* Frankfurter Verlagsanstalt, Frankfurt a. M. 2010.

Gruss, Peter (Hrsg): *Die Zukunft des Alterns,* C. H. Beck Verlag, München 2007.

Kruse, Andreas, und Hans-Werner Wahl: *Zukunft Altern: Individuelle und gesellschaftliche Weichenstellungen,* Spektrum Akademischer Verlag, Heidelberg 2009.

Labes, Andreas, und Stefan Schreiber (Hrsg.): *100 Jahre Leben. Porträts und Einsichten.* Mit einem Vorwort von Giovanni di Lorenzo, DVA, München 2010.

Mitscherlich, Margarete: *Die Radikalität des Alters. Einsichten einer Psychoanalytikerin,* S. Fischer Verlag, Frankfurt. a. M. 2010.

Schirrmacher, Frank: *Das Methusalem-Komplott,* Karl Blessing Verlag, München 2004.

## Kapitel 1: Das bewegte Gehirn der 50plus-Generation

Lehr, Ursula: *Psychologie des Alterns,* Quelle & Meyer, Wiebelsheim 2007.

Lindenberger, Ulman; Jacqui Smith; Karl Ulrich Mayer und Paul B. Baltes (Hrsg.): *Die Berliner Altersstudie,* Oldenbourg Akademieverlag, Berlin, 3. Auflage 2009.

Strauch, Barbara: *Da geht noch was. Die überraschenden Fähigkeiten des erwachsenen Gehirns,* Berlin Verlag, Berlin 2011.

Pöppel, Ernst, und Beatrice Wagner: *Je älter desto besser. Überraschende Erkenntnisse aus der Hirnforschung,* Gräfe und Unzer, München 2010.

**Kapitel 2: Das Alter als Entwicklungsstufe**

Blümner, Heike, und Jackie Thomae: *Let's face it. Das Buch für alle, die älter werden,* Blanvalet Verlag, München 2011.

Cicero, Marcus Tullius: *De senectute (Über das Altern),* Philipp Reclam jun. GmbH, Stuttgart 2008.

Cohen, Gene D.: Geistige Fitness im Alter, dtv, München 2010.

Lindenberger, Ulman, und Jochen Brandtstädter (Hrsg.): *Entwicklungspsychologie der Lebensspanne. Ein Lehrbuch,* Kohlhammer, Stuttgart 2007.

Thane, Pat: *Das Alter. Eine Kulturgeschichte,* Primus Verlag, Darmstadt 2005.

**Kapitel 3: Neuronales Denkstübchen:**
**Wie unser Gehirn alle seine Aufgaben meistert**

Bonhoeffer, Tobias, und Peter Gruss (Hrsg.): *Zukunft Gehirn: Neue Erkenntnisse, neue Herausforderungen,* C. H. Beck Verlag, München 2011.

Carter, Rita; Karin Hofmann und Jorunn Wissmann: *Das Gehirn. Anatomie, Sinneswahrnehmung, Gedächtnis, Bewusstsein, Störungen,* Dorling Kindersley Verlag, München 2010.

Gehirn & Geist, Basiswissen 2/2010: *Das Gehirn. Aufbau und Funktionen,* Spektrum der Wissenschaft Verlag, Heidelberg, 1. Auflage 2010.

Herschkowitz, Norbert, und Elinore Chapman-Herschkowitz: *Graue Haare, kluger Kopf. Warum das Gehirn im Alter immer besser wird,* Herder Verlag, Freiburg i. Br. 2009.

**Kapitel 4: Gedächtnis ohne Ruhestand:**
**Wie Erinnerungen Lebensgeschichte schreiben**

Barnes, Julian: *Vom Ende einer Geschichte,* Kiepenheuer & Witsch, Köln 2011.

Croisile, Bernhard: *Unser Gedächtnis. Erinnern und Vergessen,* Wissenschaftliche Buchgesellschaft, Darmstadt 2006.

Draaisma, Douwe: *Die Heimwehfabrik. Wie das Gedächtnis im Alter funktioniert,* Galiani Verlag, Berlin 2009.

Gluck, Mark A.; Eduardo Mercado und Catherine E. Myers: *Lernen*

*und Gedächtnis. Vom Gehirn zum Verhalten,* Spektrum Akademischer Verlag, Heidelberg 2010.
Halpern, Sue: *Memory! Neues über unser Gedächtnis,* dtv, München 2009.
Kandel, Eric R.: *Auf der Suche nach dem Gedächtnis. Die Entstehung einer neuen Wissenschaft des Geistes,* Goldmann Verlag, München 2009.
Markowitsch, Hans J.: *Dem Gedächtnis auf der Spur. Vom Erinnern und Vergessen,* Wissenschaftliche Buchgesellschaft, Darmstadt, 3. Auflage 2009.
Squire, Larry und Eric R. Kandel: *Gedächtnis. Die Natur des Erinnerns,* Spektrum Akademischer Verlag, Heidelberg, 2. Auflage 2009.

**Kapitel 5: Fröhliche Senioren?**
**Wie das Altern unser Gefühlsleben verändert**

Cohen, Gene D.: *Geistige Fitness im Alter,* dtv, München 2010.
Damasio, Antonio: *Selbst ist der Mensch. Körper, Geist und die Entstehung des menschlichen Bewusstseins,* Siedler Verlag, München, 3. Auflage 2011.
Ekman, Paul: *Gefühle lesen. Wie Sie Emotionen erkennen und richtig interpretieren,* Spektrum Akademischer Verlag, Heidelberg, 2. Auflage 2010.
Lelord, François, und Christophe André: *Die Macht der Emotionen. Und wie sie unseren Alltag bestimmen,* Piper Verlag, München 2007.

**Kapitel 6: Weise Greise: Ältere Gehirne sind clevere Gehirne**

Goldberg, Elkhonon: *Die Weisheitsformel. Wie Sie neue Geisteskraft gewinnen, wenn Sie älter werden,* Rowohlt Verlag, Reinbek 2007.
Goldberg, Elkhonon: *The New Executive Brain. Frontal Lobes in a Complex World,* Oxford Press, Oxford 2009.
Raabe, Kristin: *Oma Hilde, Sokrates und der Dalai Lama. Was wir von weisen Menschen lernen können,* Hoffmann und Campe, Hamburg 2010.
Scobel, Gert: *Weisheit. Über das, was uns fehlt,* Dumont Buchverlag, Köln 2011.
Tügel, Hanne: *Wege zur Weisheit. Der Traum vom richtigen Leben,* S. Fischer Verlag, Frankfurt a. M. 2011.

**Kapitel 7: Kahlschlag im Gehirn: Erkrankungen des alternden Gehirns**

Geiger, Arno: *Der alte König in seinem Exil,* Carl Hanser Verlag, München 2011.

Hansen, Werner: *Medizin des Alterns und des alten Menschen,* Schattauer Verlag, Stuttgart 2007.

Hofer, Scott M., und Duane F. Alwin: *Handbook of Cognitive Aging,* Sage Publications, London 2008.

Kempermann, Gerd: *Neue Zellen braucht der Mensch. Die Stammzellforschung und die Revolution der Medizin,* Piper Verlag, München 2011.

Niklewski, Günter; Heike Nordmann und Rose Riecke-Niklewski: *Demenz – Hilfe für Angehörige und Betroffene,* Stiftung Warentest, Berlin, 3. Auflage 2010.

Suter, Martin: *Small World,* Diogenes Verlag, Zürich 1999.

Weitere Informationen und Adressen zum Thema

**Demenz / Alzheimer**

www.wegweiser-demenz.de/medizinischer-hintergrund.html

**Parkinson**

www.kompetenznetz-parkinson.de

**Schlaganfall**

www.schlaganfall-hilfe.de (mit Schlaganfallsrisikotest)

Stiftung Deutsche Schlaganfall-Hilfe
Service- und Beratungszentrum
Carl-Miele-Str. 210
33311 Gütersloh
Telefon: 01805 093093
Telefax: 01805 094094
E-Mail: info@schlaganfall-hilfe.de

**Kapitel 8: Frischekur fürs Gehirn**

aid infodienst Ernährung, Landwirtschaft, Verbraucherschutz e.V.: *Gesund und aktiv ins Alter,* Bonn 2007.

aid infodienst Ernährung, Landwirtschaft, Verbraucherschutz e.V.: *Ernährung im hohen Alter,* Bonn 2010.

Blech, Jörg: *Bewegung. Die Kraft, die Krankheiten besiegt und das Leben verlängert,* S. Fischer Verlag, Frankfurt a. M. 2007.

Burgerstein, Lothar: *Burgersteins Handbuch Nährstoffe,* Haug Verlag, Heidelberg, 1997.

Herbst, Vera: *Anti-Aging. Fit fürs Alter,* Stiftung Warentest, Berlin 2011.

Hirschhausen, Eckart von: *Glück kommt selten allein,* rororo Verlag, Reinbek bei Hamburg, 4. Auflage 2011.

Keller, Sabine: *Leben und Wohnen im Alter,* Stiftung Warentest, Berlin 2011.

Klein, Stefan: *Der Sinn des Gebens. Warum Selbstlosigkeit in der Evolution siegt und wir mit Egoismus nicht weiterkommen,* S. Fischer Verlag, Frankfurt a. M., 2. Auflage 2010.

Kochsiek, Kurt: *Altern in Deutschland Band 7. Altern und Gesundheit,* Wissenschaftliche Verlagsgesellschaft, Stuttgart 2009.

Küpper, Claudia: *Ernährung älterer Menschen,* Umschau Buchverlag, Frankfurt a. M. 2003.

Langer, Ellen J.: *Die Uhr zurückdrehen? Gesund alt werden durch die heilsame Wirkung der Aufmerksamkeit,* Junfermann Verlag, Paderborn 2011.

Langer, Ellen J.: *The Power of Mindful Learning,* Da Capo Press, Cambridge 1997.

Leitzmann, Claus et al.: *Ernährung in Prävention und Therapie,* Hippokrates Verlag, Stuttgart 2009.

Lindenberger, Ulman; Jürgen Nehmer; Elisabeth Steinhagen-Thiessen und Julia Delius: *Altern in Deutschland Band 6. Altern und Technik,* Wissenschaftliche Verlagsgesellschaft, Stuttgart 2011.

Rahn-Huber, Ulla: *So werden Sie 100 Jahre. Das Geheimnis von Okinawa,* mvg Verlag, München 2010.

Rüegg, Johann Caspar: *Mind & Body. Wie unser Gehirn die Gesundheit beeinflusst,* Schattauer Verlag, Stuttgart 2010.

Vaillant, George E.: *Aging Well: Surprising Guideposts to a Happier Life from the Landmark Study of Adult Development*, Little Brown and Company, New York 2003.

**Kapitel 9: Rezepte für eine alternde Gesellschaft – ein Plädoyer**

Dürr, Heinz: *Über das Alter: Ein Gespräch mit Cato über Jugendwahn, Weisheit und Vergänglichkeit*, Bastei Lübbe (Quadriga), Köln 2011.

Fuchsberger, Joachim: *Altern ist nichts für Feiglinge*, Gütersloher Verlagshaus, Gütersloh 2011.

Grün, Anselm: *Gelassen älter werden. Eine Lebenskunst für hier und jetzt*, Herder Verlag, Freiburg i. Br. 2011.

Heinzen, Georg: *Von der Nutzlosigkeit, älter zu werden*, Gütersloher Verlagshaus, Gütersloh 2012.

Hildebrandt, Dieter (Hrsg.): *Jünger werden mit den Jahren. Gedichte vom Älterwerden*, Carl Hanser Verlag, München 2011.

Kuntze, Sven: *Altern wie ein Gentleman*, C. Bertelsmann Verlag, München 2011.

Nuland, Sherwin B.: *Die Kunst zu altern. Weisheit und Würde der späten Jahre*, Goldmann Verlag, München 2009.

Otten, Dieter: *Die 50+ Studie: Wie die jungen Alten die Gesellschaft revolutionieren*, rororo Verlag, Reinbek 2011.

Scherf, Henning: *Grau ist bunt*, Herder Verlag, Freiburg i. Br. 2008.

Staudinger, Ursula M., und Heike Heidemeier: *Altern in Deutschland Band 2. Altern, Bildung und lebenslanges Lernen*, Wissenschaftliche Verlagsgesellschaft, Stuttgart 2009.

Eine ausführliche Bibliographie finden Sie unter
**www.dva.de/altern**

MIX
Papier aus verantwortungsvollen Quellen
FSC® C014496

Das für dieses Buch verwendete FSC®-zertifizierte Papier *Munken Premium Cream* liefert Arctic Paper Munkedals AB, Schweden.

3. Auflage 2013

Grafiken: © Angelika und Peter Palm, Berlin
Bildnachweis S. 20: Westfälisches Landesmuseum für Kunst und Kunstgeschichte, Münster
Typografie und Satz: DVA / Brigitte Müller
Gesetzt aus der Minion
Druck und Bindung: GGP Media GmbH, Pößneck
Printed in Germany
ISBN 978-3-421-04434-1

www.dva.de